"十二五"普通高等教育本科国家级规划教材

西安电子科技大学教材建设基金重点资助项目

西安电子科技大学杭州研究院研究生课程建设资助项目

电子封装、微机电与微系统

（第二版）

田文超　陈志强　杨宇军　辛　菲　主编

西安电子科技大学出版社

内 容 简 介

本书共三篇。第一篇为电子封装技术,详细地介绍了电子封装技术的概念、封装的主要形式、封装材料、主要的封装技术、封装可靠性,从机械、热学、电学、辐射、化学、电迁移等方面重点阐述了封装失效机理和失效模式,同时介绍了 MCM、硅通孔技术、叠层芯片封装技术、扇出型封装技术、倒装芯片技术等。第二篇为微机电技术,系统地介绍了微机电技术的概念和应用、封装的特点、封装的形式以及气密性和真空度问题等,同时阐述了压力传感器、加速度计、RF MEMS 开关、智能穿戴设备等典型微机电器件的封装。第三篇为微系统技术,基于前两篇基础,系统地讲述了电子封装技术的发展趋势——SoC、SiP、微系统和 Chiplet 技术,利用大量图片、实例阐述电子封装的发展及其面临的问题,此外还介绍了封装摩尔定律等。

本书可供相关专业高年级本科生和研究生使用,也可作为相关领域工程技术人员的参考书。

图书在版编目(CIP)数据

电子封装、微机电与微系统 / 田文超等主编. 2 版. —西安:西安电子科技大学出版社,
2022.11
ISBN 978–7–5606–6652–5

Ⅰ. ①电…　Ⅱ. ①田…　Ⅲ. ①微电子技术—封装工艺—高等学校—教材　Ⅳ. ①TN405.94

中国版本图书馆 CIP 数据核字(2022)第 182731 号

策　　划　李惠萍
责任编辑　李惠萍
出版发行　西安电子科技大学出版社(西安市太白南路 2 号)
电　　话　(029)88202421　88202421　　　　　　邮　　编　710071
网　　址　www.xduph.com　　　　　电子邮箱　xdupfxb001@163.com
经　　销　新华书店
印刷单位　陕西天意印务有限责任公司
版　　次　2022 年 11 月第 2 版　　2022 年 11 月第 1 次印刷
开　　本　787 毫米×1092 毫米　1/16　印　张　15.75
字　　数　365 千字
印　　数　1~2000 册
定　　价　38.00 元
ISBN 978-7-5606-6652-5 / TN

XDUP 6954002–1
如有印装问题可调换

前　言

当今世界已经进入信息化时代，信息化程度的高低成为衡量一个国家综合国力的重要标志。微电子技术是发展电子信息产业和各项高新技术不可缺少的基础，而微电子工业领域的两大关键性技术分别是芯片制造和电子封装。微电子技术的发展与电子封装的进步是分不开的，芯片需依靠封装来完成信号引出，实现与外界的连接和信号传输，进而才能实现其功能，因此封装技术是芯片功能实现的重要保证。

电子封装是在保证芯片可靠性的前提下，实现传输速度提高、热量扩散能力增强、I/O端口数增加、器件尺寸减小和生产成本降低的主要技术。电子封装除包括芯片设计、芯片制造等半导体技术外，还包括芯片载体设计、电子元器件组装和互连等技术，是一门由电路、工艺、结构、元件、材料紧密结合的多学科交叉的工程技术，涉及微电子、物理、化学、机械、材料和可靠性等多个研究领域。

电子元器件按照摩尔定律的预测，在集成度、密度不断提高的同时，产生了新的问题，即高功率、高热量、超多传输线、强寄生效应、高热应力、强辐射、串扰过冲等机、电、热、磁及其相互耦合问题。此外无铅焊料的应用对封装又提出了新的挑战。随着电子元器件集成度的提高，封装成本占总成本的比例快速增长。但是目前，有关综合描述电子封装中的机、电、热、磁及其相互耦合问题的书籍却还不多。

微机电(MEMS)是以微细加工技术为基础，将微传感器、微执行器和电子线路、微能源等组成在一起构成微机电器件、装置或系统。微机电系统既可以根据电路信号的指令控制执行元件，实现机械驱动，也可以利用传感器探测或接收外部信号，经电路处理后，再由执行器变为机械信号执行相应的命令。微机电系统是一种获取、处理和执行操作的集成系统。回顾过去近三十年的发展，MEMS 技术由于具有能够在狭小空间内进行作业而又不扰乱工作环境的特点，因而在航空航天、精密机械、生物医学、汽车工业、家用电器、环境保护、通信、军事等领域展现出强大的应用潜力，成为广大科技工作者研究的热点。

微系统则是利用封装技术，将 MEMS、IC 和光电子集成在一起完成多种功能的系统，是目前发展的新热点，在航空航天、军事医学等领域迫切需要。随着半导体工艺技术的发展，集成电路设计者能够将愈来愈复杂的功能集成到单硅片上，SoC 正是在集成电路向集成系统转变的大方向下产生的。相对多数单芯片封装，SiP 系统包括有源器件、无源器件和分离器件，它利用封装工艺将多芯片集成在一起，以实现多种功能。异类器件通过 3D 封装技术，形成具有更高集成水平、更强功能的芯片级微小型电子系统。异类器件的 3D 封装，对封装技术提出了新的挑战，也是多功能元器件微型化发展的必然结果，同时又是下一场电子封装革命所必须面临的问题。

尽管微机电产品市场不断增长，前景令人鼓舞，但是微机电产业化，却没有如人们所期待的那样迅速到来。大量的微机电产品，还只是一个美好的设想，多数停留在实验室研究阶段。微机电产品构想陷入了困境，主要是没有找到有效且合适的封装方法。

目前有关 MEMS 的论著，要么仅侧重于 MEMS 材料、工艺等方面的介绍，要么仅介绍 MEMS 的基本概念、应用等，涉及 MEMS 工作原理、仿真设计、分析软件、形貌特性、检测控制等系统综合知识的图书很少。随着 MEMS 技术发展，封装占 MEMS 产业比重已经上升到 60%～75%，然而有关 MEMS 封装的图书少之又少，且非真正意义上的 MEMS 封装，仅是 IC 封装的重复。

微机电封装是电子封装的特殊部分，本书从封装功能、封装形式、封装方法、封装层次、气密性要求等方面，介绍了微机电封装所特有的技术，并就目前微机电广泛应用的加速度计、压力传感器、RF MEMS 开关的封装方式做了详细介绍。

作为国家级"十二五"规划教材，本书第一版受到广大读者的一致好评。本书第一版出版于 2012 年，距今已经 10 年了。在这 10 年里，封装技术取得了长足的进步。因此，我们对其做了大量修订与补充。第二版在第一版的基础上主要增加了如下内容：平行封焊技术、扇出型封装技术、水气失效、冷焊失效、智能穿戴设备封装，以及 SoC、SiP、微系统技术的应用、先进封装技术和封装摩尔定律。此外，第二版还增加了《国家集成电路产业发展推进纲要》、中国载人航天技术等与本书相关的课程思政内容。

本书从封装概念出发，由浅入深，配合大量图片实例，分别介绍电子封装技术、微机电封装和微系统技术。全书共十一章，分为三篇，各篇内容相对独立。各章主要内容如下：

第一章是电子封装技术概述，依次概述了封装的定义、内容、层次和功能，最后介绍了封装发展历程。

第二章梳理了封装的主要形式，包括双列直插式封装、小外形封装、针栅阵列插入式封装、四边引线扁平封装、球栅阵列封装、芯片级封装、3D 封装和多芯片模块封装。

第三章介绍封装的主要材料，包括陶瓷、金属、塑料、复合材料、焊接材料和基板材料。

第四章阐述了封装技术，包括薄膜技术、厚膜技术、基板技术、钎焊技术(波峰焊和回流焊)、引线键合技术、载带自动焊技术、倒装芯片键合技术、薄膜覆盖封装技术、金属柱互连技术、通孔互连技术、扇出型封装技术、倒装芯片技术、压接封装技术和电气连接技术。

第五章主要介绍封装可靠性，包括可靠性的概念、封装失效机理、电迁移、冷焊、回流焊常见缺陷、焊点可靠性、水汽失效、失效分析的简单流程和加速试验。

第六章是 MEMS 概述，介绍了 MEMS 的概念、特点、应用以及 MEMS 技术与 IC 技术的差别。

第七章阐述 MEMS 封装，包括 MEMS 封装基本类型、封装的特点、封装的功能、封装的形式、封装的方法、封装的工艺、封装的层次(裸片级封装、晶圆级封装、芯片级封装、器件级封装和系统级封装)、气密性和真空度，最后介绍了 MEMS 封装的发展与面临的挑战。

第八章列举了几种典型的 MEMS 器件封装，包括压力传感器封装、加速度计封装、RF MEMS 开关封装和智能穿戴设备封装。

第九章主要讨论了 SoC 技术，包括 SoC 技术的基本概念和特点、优缺点、关键技术(IP 模块复用设计、系统建模与软硬件协同设计、低功耗设计、可测性设计技术)以及 SoC 的应用。

第十章主要介绍 SiP 技术，包括 SiP 的概念与技术特性、SoC 技术与 SiP 技术的关系、SiP 技术的现状(新型互连技术、堆叠技术、埋置技术、新型基板)，以及 SiP 的发展及应用。

第十一章在 SiP 和 SoC 技术上，描述了微系统，包括微系统的概念、特点、关键问题，以及微系统技术应用、冯·诺伊曼架构的局限性和 Chiplet 技术。

第一章至第五章构成电子封装技术篇，第六章至第八章构成微机电技术篇，最后三章构成微系统技术篇。

本书在编写过程中，得到了杨银堂教授和贾建援教授的指导和帮助，在此对两位教授在百忙之中给予的支持和帮助表示衷心的感谢，同时还感谢西安微电子技术研究所的樊卫锋研究员，西安电子科技大学机电工程学院的赵旭涛、钱莹莹以及何潇在本书图片处理、校对等工作中给予的帮助。最后感谢西安电子科技大学出版社的大力支持。

由于作者水平有限，加之电子封装技术、MEMS 技术以及微系统技术的发展日新月异，书中不足之处在所难免，恳请广大读者不吝指正。

作　者
2022 年 7 月

英文缩写解释

缩写	名　称	缩写	名　称
BCB	苯并环丁烯	MOEMS	微光机电系统
BEOL	后道工序	PCB	印刷电路板
BGA	球栅阵列	PGA	针栅阵列
CCGA	陶瓷柱栅陈列封装	PIN	正-本征-负
CMOS	互补金属氧化物半导体	QFN	四边无引线扁平封装
CSP	芯片级封装	QFP	四边引线扁平封装
DIP	双列直插式封装	RDL	重布线层
FCB	倒装芯片键合	RF	射频
FCT	倒装芯片技术	SMT	表面贴装技术
FET	场效应晶体管	SOI	绝缘体上硅
FGC	有限共平面	SOP	小外形封装
IC	集成电路	SPM	扫描探针显微镜
LCC	有引线片式载体	TAB	载带自动键合，载带自动焊
LIGA	深层光刻、电铸、注塑	TO	晶体管外形
LLCC	无引线片式载体	TSV	硅通孔
LPCVD	低压化学气相沉积	UBM	金属化层
LSI	大规模集成电路	VLSI	超大规模集成电路
MCM	多芯片模块	WB	引线键合
MEMS	微机电系统	WLP	晶圆级封装、圆片级封装
MMIC	单片微波集成电路		

目　录

第一篇　电子封装技术

第二篇 微机电技术

第一篇　电子封装技术

电子封装是集成电路产业中"设计、制造、封装、测试"的重要环节之一，是电子信息和智能制造的重要组成部分。

2014 年，为支持集成电路产业的发展，国务院印发了《国家集成电路产业发展推进纲要》(后文简称《纲要》)。其中提出了我国集成电路产业在 2015—2030 年间的发展目标，并从集成电路设计业、制造业、封装测试业、关键装备和材料四个方面提出了集成电路发展的主要任务和发展重点。

2030 年

√ 集成电路产生链主要环节达到国际先进水平；

√ 一批企业进入国际第一梯队，实现跨越发展。

2020 年

√ 全行业销售收入年均增速超过20%；

√ 16/14 nm制造工艺实现规模量产，封装测试技术达到国际领先水平，关键装备和材料进入国际采购体系。

2015 年

√ 集成电路产业销售收入超过3500亿元；

√ 中高端封装测试销售收入占封装测试业总收入比例达到30%以上。

中国集成电路 2015—2030 发展目标

《纲要》中提到："集成电路产业是信息技术产业的核心，是支撑经济社会发展和保障国家安全的战略性、基础性和先导性产业"。

《纲要》在"主要任务和发展重点"中提到："提升先进封装测试业发展水平。大力推动国内封装测试企业兼并重组，提高产业集中度。适应集成电路设计与制造工艺节点的演进升级需求，开展芯片级封装(CSP)、圆片级封装(WLP)、硅通孔(TSV)、三维封装等先进封装和测试技术的开发及产业化"。根据《纲要》中提出的发展目标， 到 2030 年，我国集成电路产业链主要环节要达到国际先进水平，一批企业进入国际第一梯队，实现跨越发展。

另外，国家制造强国建设战略咨询委员会发布的《中国制造 2025》中，针对集成电路产业的市场规模、产能规模等提出了具体的量化发展目标。

指　标	2025 年发展目标
国家安全需求	满足国家安全和特点领域应用需求
产业发展需求	占领战略性产品市场
市场规模	中国市场规模在1734～2445亿美元之间，复合增长率3.5%，在全球市场占比约43.35%～45.64%
产业规模	产业规模达851～1837亿美元，全球市场占比达21.3%～34.2%
产能规模	集成电路制造：重点突破20～14 nm制造技术；2025～2030年，12寸制造产能达100～150万片/月 集成电路设计：设计业产值达600亿美元，全球占比达35% 集成电路封装：封装业产值达200亿美元，全球占比达45%

《中国制造 2025》集成电路发展目标

第一章　电子封装技术概述

在真空电子管时代，并没有"封装"这一概念，将电子管等器件安装在管座上，构成电路设备，一般称为"组装或装配"。三极管、集成电路(Integrated Circuit，IC)等半导体元件的发明，改写了电子技术的历史，封装的概念在此基础上开始形成。随后，20世纪70年代末期，无引脚封装器件的导入以及表面贴装技术的兴起，使得封装系统逐渐完整。

"封装"在电子工程上出现时间并不久，它是伴随着三极管和芯片的发明而诞生的。IC器件材料多为硅或砷化镓等，利用薄膜工艺在晶圆上加工，其尺寸极其微小，结构也极其脆弱。为防止在加工与输送过程中，芯片因外力或环境因素造成破坏而导致功能丧失，必须想办法把它们隔离"包装"起来；同时由于半导体元件高性能、多功能和多规格的要求，为了充分发挥其各项功能，实现与外电路进行可靠的电气连接，必须对这些元件进行有效密封，随之出现了"封装"这一概念。

1.1　封装的定义

关于封装、组装、安装，现有产业并无绝对界限划分，因此关于封装的定义不同研究人员也有不同的理解。

美国乔治亚理工学院 Rao. R. Tummala 编写的《微电子封装手册》中对封装的描述为：将具有特定功能的器件芯片，放置在一个与其相容的外部容器中，给芯片提供一个稳定可靠的工作环境。

电子封装的定义为：将集成电路设计和微电子制造的裸芯片组装为可实现特定功能的电子器件、电路模块和电子整机的制造过程，或将微元件再加工及组合构成满足工作环境并可靠工作(可靠性)的整机系统的制造技术。

封装体是芯片的输入、输出同外界的连接途径，同时也是器件工作时产生的热量向外扩散的媒介。芯片封装后形成了一个完整的器件，封装体保护芯片不受或少受外界环境的影响，并使器件通过各种条件下的实验，以测试其性能，确保器件的可靠性，使之具有稳定的、正常的功能。

IC与封装的关系，就像人体大脑与躯体之间的关系，封装起着骨骼支撑、皮肤毛发保护、触摸感受的功能。

1.2　封装的内容

封装所涉及的研究内容主要包括：

(1) 工艺，包括热加工、薄厚膜技术、真空技术、表面处理技术、等离子技术、熔点焊接、微连接技术等。

(2) 材料，包括金属材料、无机非金属材料、聚合物材料、复合材料、组合材料、高分子材料等。

(3) 机械，包括振动、高速驱动、高精度擦拭、光机电耦合、热应力膨胀、热控制技术、伺服自控技术等。

(4) 电磁，包括高频电路、数字电路、射频电路、信号传输完整性、电源完整性、信号串扰、寄生效应、耦合、电磁兼容等问题。

(5) 散热，包括散热路径、热流密度、散热设计等问题。

从工艺上讲，电子封装包括薄厚膜技术、基板技术、微连接技术、封接及焊接技术等四大基础技术，并由此派生出各种各样的工艺问题。

从材料上讲，电子封装涉及各种结构和类型的材料，如引线框架、焊剂焊料、金属超细粉、陶瓷粉料、表面活性剂、有机黏合剂、有机溶剂、金属浆料导电材料、感光性树脂、衬底等。图 1-1 所示为各种封装材料。

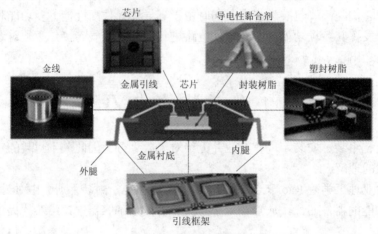

图 1-1　各种封装材料

从设计、评估与检测方面讲，电子封装涉及薄膜性、电气特性、热特征、结构特性及可靠性等方面的内容。如图 1-2 所示，陶封球栅阵列封装(BGA)芯片结构中黏合剂的黏结性能、散热器的热性能、PCB 的电气性能以及整个封装结构的可靠性均是需要考虑的内容。

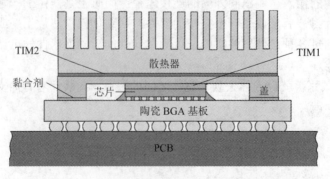

图 1-2　陶封 BGA 芯片结构

从制造过程上讲，电子封装可以分为6个层次：一般称层次1为0级封装，层次2为1级封装，层次3为2级封装，层次4、5、6为3级封装，如图1-3所示。

(1) 层次1：芯片以及半导体集成电路元件的连接。该层级通常涉及器件本身，根据应用场景的不同，器件可以分为标准器件或定制化特殊器件。其中标准器件一般属于通用器件，数量较多；定制化特殊器件则是为了特定功能而专门设计的器件，数目较少。根据芯片形态的不同，裸芯片完全没有经过后续加工，属于典型的0级封装。不过考虑到功能测试、良率等问题，裸芯片很难直接应用于工程实际中。

(2) 层次2：1级封装可分为两大类，包括单芯片封装(Single Chip Package，SCP)以及多芯片模块(Multi Chip Module，MCM)封装。单芯片封装是对单个芯片进行封装，可以实现某个单独特定的功能。经过多年的发展与技术积累，目前市面上销售的单芯片封装器件多数已通过功能测试以及老化测试，出货时已淘汰早期不良产品，可靠性较高。多芯片模块封装是将多个裸芯片装载在陶瓷等多层基板上，再进行气密性封装，可以实现多个功能。随着半导体技术朝着高速、高密度化发展，MCM的重要性日益提升。然而，由于MCM包含多个模块，器件间线路较长，容易产生干扰电容、电阻大等信号传输问题，以及功率密度过高等问题，使得系统性能大幅下降，并会产生不同形态的电路延时。因此，提升MCM的性能对于改善先进电子封装产品性能具有至关重要的作用。

(3) 层次3：板或卡的装配。将多层次单芯片或多芯片安装在PCB等多层基板上，基板周边设有插接端子，用于与母板和其他板或卡的电器连接。

(4) 层次4：单元组装。将经过层次3装配的板或卡，通过其上的插接端子，搭载在大型PCB(母板)上，构成单元组件。

(5) 层次5：多个单元搭装成架，单元与单元间用布线或电缆相连接。

(6) 层次6：总装。将多个架排列，架与架之间由布线或电缆相连接，构成大规模电子设备。

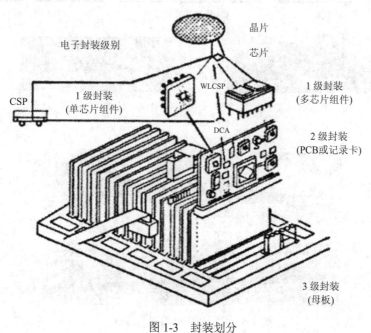

图1-3　封装划分

1.3 封装的层次

图 1-4 所示为 1、2、3 级封装划分。1 级封装利用引线键合将芯片固定在基板上，并进行隔离保护；2 级封装将经 1 级封装后的各器件固定和连接在 PCB 上；3 级封装将电路板装入系统中组成电子整机系统。

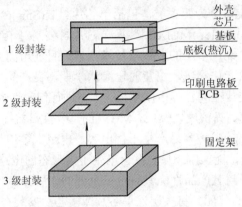

图 1-4   1、2、3 级封装划分

图 1-5 和图 1-6 分别为手机和笔记本电脑的封装过程。此过程涉及上面提到的整个封装流程。

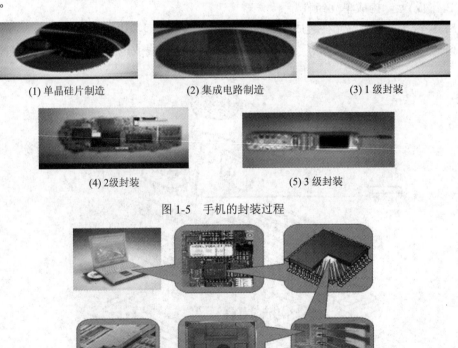

(1) 单晶硅片制造   (2) 集成电路制造   (3) 1 级封装

(4) 2 级封装   (5) 3 级封装

图 1-5   手机的封装过程

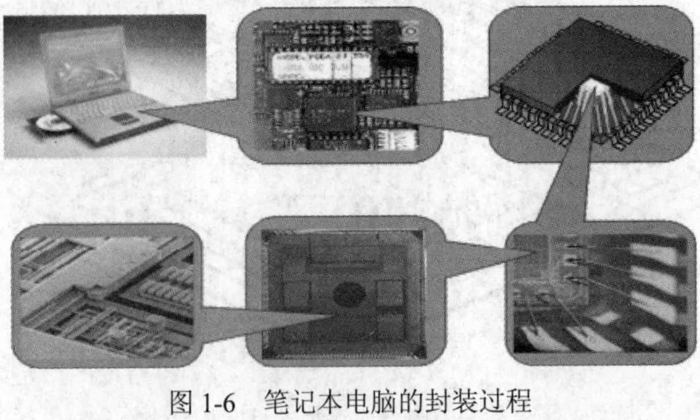

图 1-6   笔记本电脑的封装过程

图 1-7 至图 1-15 为 0 级封装的过程。其主要工艺步骤为：晶圆(Wafer)检测→磨片→装片→划片→贴片→引线键合→塑封→切筋→电镀。晶圆上面布满了矩形的芯片，有切割槽的痕迹。由于晶圆出厂时厚度比芯片封装所需厚度厚，因此晶圆通常要磨片(Back Grinding)。磨片完成后，接下来装片(Wafer Mount)、划片(Die Sawing)、贴片(Die Attach)。贴片是将芯片粘贴到涂好环氧树脂的引线框架上。最后是引线键合(Wire Bonding)、塑封(Molding)、切筋(Trim)、电镀(Plating)。电镀的作用是增强导电性。

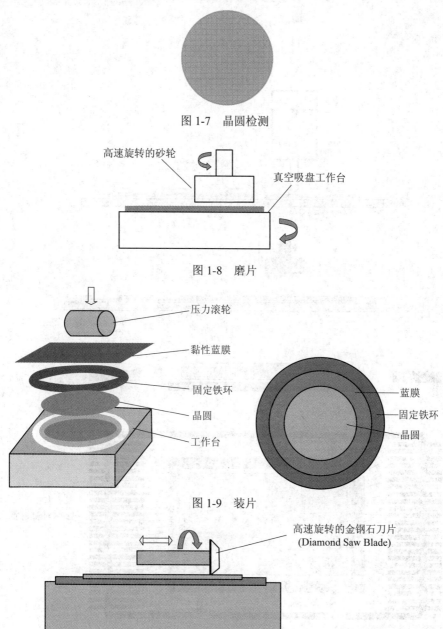

图 1-7　晶圆检测

图 1-8　磨片

图 1-9　装片

图 1-10　划片

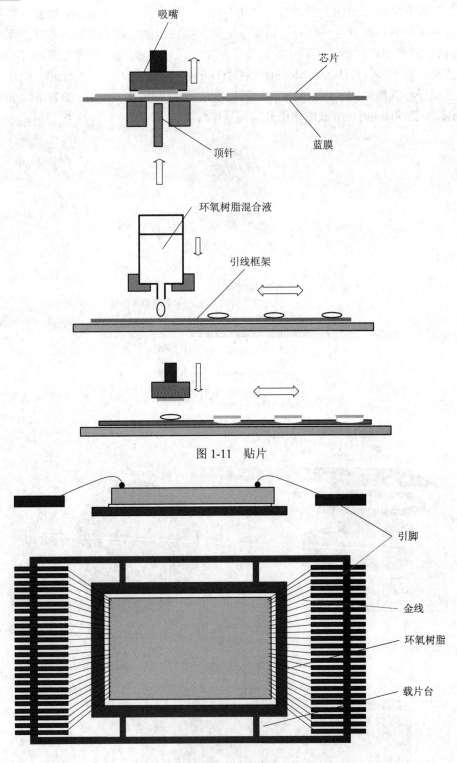

图 1-11　贴片

图 1-12　引线键合

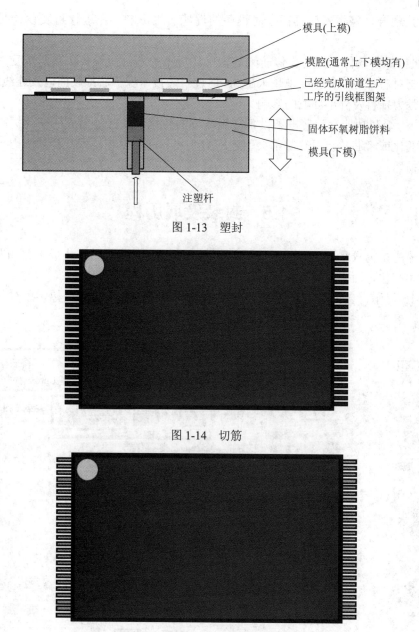

图 1-13　塑封

图 1-14　切筋

图 1-15　电镀

1.4　封装的功能

　　作为用户，所关心的并不是裸片，而是由裸片和相关材料通过封装技术构成的半导体器件或设备及其可靠性。因此，电子封装必须具有以下功能：

　　(1) 电气特征保持功能。由于芯片的不断发展，人们对芯片的高性能、小型化、高频化、低功耗、集成化等要求越来越高。类似信号完整性、电源完整性、趋肤效应、邻近效应、串扰耦合、寄生效应等都会对设备的性能产生影响，在进行封装设计时必须加以考虑。

(2) 机械保护功能。针对类似航天等特殊环境下的芯片及设备，其所承受的高低温、强振动冲击对芯片等的保护要求越来越高。通过封装技术保护芯片表面以及连线和引线等，使其免受外力损害及外部环境的影响。

(3) 应力缓和功能。随着电子设备应用环境的变化以及芯片集成密度的提高，外部环境温度的变化或者芯片自发热等都会引起应力变化。利用封装技术，释放应力，以防止芯片等发生损坏。

1.5　封装发展历程

芯片最先是追求小型化和薄型化的，由 PCB 实现。然而，随着集成电路的发展，芯片开始追求系统化，而采用封装技术实现系统化是一种非常有效的方式。

图 1-16 显示，自贝尔实验室在 1947 年发明第一只晶体二极管开始，就进入了芯片封装的时代，经过 70 多年的发展，芯片封装技术大致经历了四个阶段。

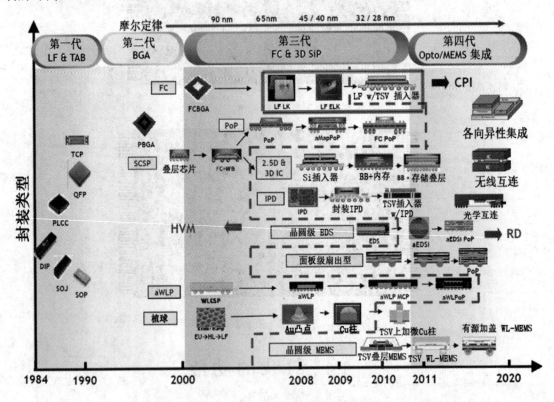

图 1-16　电子封装发展历程

第一阶段以通孔器件和插件为主，芯片封装的形式主要配合手工锡焊装配，如图 1-17 所示。因此该阶段的器件通常有长长的引脚。典型的封装为铁壳三极管等分立器件和塑料双列直插封装。这类封装因为采用手工低成本电路板焊接，至今仍有一定的市场份额。

图 1-17　通孔插接器件

第二阶段是 20 世纪 80 年代，随着自动贴片的需要，各种表面贴装技术(Surface Mount Technology，SMT)迅猛发展，出现了各种表面贴装器件(Surface Mount Device，SMD)封装，如图 1-18 所示。这类封装通常在两翼或周边有扁平的引脚，可以方便地被精确放置到涂了焊膏的电路板上，以配合回流焊连接。因为 SMT 封装成本相对较低，现在还大量生产，甚至很多只有两三个引脚的二极管、三极管也采用 SMT 封装，以适应高效率生产。

(a) 小外形封装器件

(b) 四边引线扁平器件

图 1-18　表面贴装器件

第三阶段出现在 20 世纪 90 年代，随着单芯片功能的复杂化，I/O 端口越来越多，从最早期的两三个引脚一直发展到约 50 个以上，而后遇到了瓶颈。因为第二阶段封装引脚只能分布在封装体四周，只是"线"封装。四边引线扁平(QFP)封装等需要机械冲压切筋成形工艺，将引脚分离。但是随着引脚越来越多，QFP 等封装的引脚只能越来越细，节距越来越窄。到后来，如果引脚大于 500 只，事实上已经很难控制引脚的平整度，SMT 轻微的贴片公差都会导致焊锡搭桥或断路，成品率很难保证。在 20 世纪 90 年代，芯片封装从周边"线"封装成功发展到"面"封装，球栅阵列(Ball Grid Array，BGA)封装是"面"封装的代表，如图 1-19(a)所示。I/O 端口分布于整个封装体背面，保证了足够的焊点尺寸和节距，工艺难度显著降低，而可靠性却大大增加。BGA 封装是目前主流的封装形式。

陶瓷柱栅阵列(Ceramic Column Grid Array，CCGA)封装是在陶瓷 BGA 封装技术的基础上发展而来的，如图 1-19(b)所示。与传统的 BGA 封装器件相比，CCGA 封装器件具有良好的热匹配性、抗震性、抗冲击性、耐高温、高可靠、易清洗等优点，由于使用柱栅取代了球栅，大大缓解了陶瓷载体与环氧玻璃印制板之间由于热膨胀不匹配而带来的热疲劳问题。因此，CCGA 封装成为一种广受研究人员关注的封装形式。

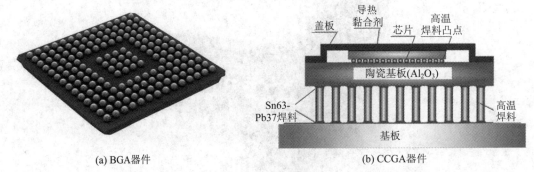

(a) BGA器件   (b) CCGA器件

图 1-19   面封装器件

第四阶段出现在 20 世纪 90 年代末和 21 世纪初。随着电子产品日益微型化，运行速度要求越来越快，尤其是手提电话和个人数据助理(Personal Data Assistant，PDA)等产品越来越集成化、微型化，导致集成电路芯片封装体也相应微型化，这样 BGA 芯片都显得太大了。提高封装率(封装体和晶片的尺寸比例)变得越来越重要，在此背景下，芯片级封装(Chip Scale Package，CSP)、系统级封装(System in Package，SiP)、系统级芯片(System on Chip，SoC)、微系统等技术便应运而生，图 1-20 所示为微型化器件的代表。

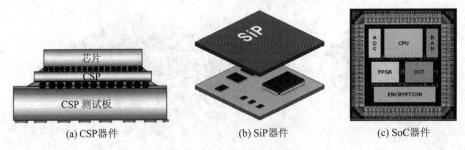

(a) CSP器件   (b) SiP器件   (c) SoC器件

图 1-20   微型化器件的代表

封装发展趋势是高密度、低价格。基于此，封装的基本类型约每 15 年变革一次，如 1955 年起主要是 TO 型圆形金属封装，封装对象为晶体管和小规模集成电路，引线为 3～12 根。1965 年起主要是双列直插式封装(DIP)，封装基板先是陶瓷 DIP，后来为塑料 DIP，引线数为 6～64。1980 年出现了 SMT 的封装形式，主要封装形式有小外形晶体管封装(SOT)、翼型(L 形)引线小外形封装(SOP)等，引线数为 3～300。1990 年起出现了 BGA 和 CSP。BGA 的外引线为焊料球，球栅排列在封装的底面，可焊球数达 100～1000，封装基板可以为陶瓷和 PCB。随着 MEMS 加工工艺的成熟，MEMS 芯片在未来的电子产品中将占据越来越重要的地位，其封装技术也是目前人们重点关注的方向之一。此外，随着科学技术的发展，以光电封装为代表的新一代封装技术越来越引起人们的关注。

第二章 封装形式

　　1947 年，晶体管的发明引起了一次新的技术革命，使人类开始进入电子时代；1958 年诞生的第一块基于晶体管的集成电路，使微电子技术进入了一个快速发展的时期；1960 年 MOS 晶体管的研制成功，使集成电路得到了异常迅猛的发展。从最初的几个晶体管集成在一个芯片上的小规模集成电路(SSI)，经过中规模集成电路(MSI)、大规模集成电路(LSI)、超大规模集成电路(VSI)，直到今天的特大规模集成电路(ULSI)乃至巨大规模集成电路(GSI)，集成度提高了 8 到 9 个数量级。

　　随着集成工艺的不断进步和新技术的发明应用，微电子封装技术也在不断发展。本章介绍封装形式随着微电子技术的发展而发生的变化。

2.1　双列直插式封装

　　图 2-1 示出了双列直插式封装(DIP)的常见结构，芯片由 Au 浆料固定在陶瓷底座上，Al 丝将芯片电极同外基板电路连接。底座与陶瓷盖板由玻璃封接，使芯片密封在陶瓷之中并与外界隔离。玻璃具有封接、密封和应力缓冲作用，可以使陶瓷与 Fe/Ni 系金属的热膨胀系数相匹配，从而减小封装过程中的热应力。

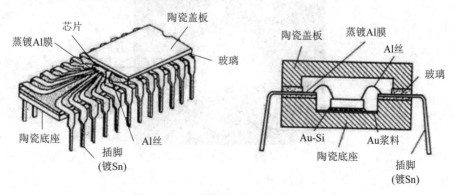

图 2-1　DIP

　　DIP 是芯片最早的封装方法。针脚分布于两侧，且直线平行布置，直插入印刷电路板(PCB)，以实现机械固定和电气连接。DIP 一般仅适用于 PCB 的单面，由于针脚直径和间距都不能太小，故 PCB 上通孔直径、间距和布线间距也都不能太小，这种封装难以实现高密度封装。

2.2　小外形封装

小外形封装(SOP)技术于 1968—1969 年由菲利浦公司成功开发，以后逐渐派生出 J 型引脚小外形封装(SOJ)、薄小外形封装(TSOP)、甚小外形封装(VSOP)、缩小型 SOP(SSOP)、薄缩小型 SOP(TSSOP)、小外形晶体管(SOT)、小外形集成电路(SOIC)等。

SOP 是表面贴装型封装方式之一，引脚从封装体两侧引出，呈海鸥翼状(L 字形)。封装材料有塑料和陶瓷两种。SOP 也叫 SOL 和 DFP，如图 2-2 所示。SOP 标准有 SOP-8、SOP-16、SOP-20、SOP-28 等，其中 SOP 后面的数字表示引脚数。

图 2-2　SOP

2.3　针栅阵列插入式封装

如图 2-3 所示，针栅阵列(PGA)的针脚不是单排或双排，而是在整个平面呈针阵分布。与 DIP 相比，PGA 在不增加针脚间距和面积的情况下，可以按平方的关系增加针脚数，提高封装效率。

图 2-3　PGA 封装

2.4　四边引线扁平封装

如图 2-4 所示，四边引线扁平封装(QFP)呈扁平状，鸟翼形引线端子的一端由芯片四个侧面引出，另一端沿四边布置在同一 PCB 上。QFP 不是靠针脚插入 PCB 上，而是采用 SMT 方式，即通过焊料等黏附在 PCB 表面相应的电路图形上。

图 2-4　QFP

2.5　球栅阵列封装

　　球栅阵列(BGA)封装是在 PGA 和 QFP 的基础上发展而来的。它是基于 PGA 的阵列布置技术，将插入的针脚改换成键合用的微球；基于 QFP 的 SMT 工艺，采用回流焊技术实现焊接。BGA 所占的实装面积小，对端子间距的要求不苛刻，便于实现高密度封装，具有优良的电学性能和机械性能。BGA 封装是高引脚数、高效能 IC 的主要封装类型，常用于芯片组、图形处理芯片、ASIC、微处理器等。

　　BGA 封装是 20 世纪 90 年代初出现的新型封装技术，芯片的 I/O 端是呈面阵排列的球形凸点，凸点可以是 Sn-Pb 焊料，也可以使用有机导电树脂，BGA 封装是封装技术的一个突破。

　　图 2-5 所示为 Sn-Pb 焊料凸点芯片截面。芯片 I/O 电极通常为铝或铝合金，由于铝和焊料难以形成直接连接，因此在 I/O 电极上制作基底金属膜，构成凸点的可焊区。基底金属膜由多层金属组成，具有三个功能：

　　(1) 提供对芯片 I/O 电极的黏附功能；

　　(2) 浸润焊料；

　　(3) 阻挡焊料与 I/O 电极的化学反应。

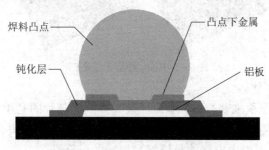

图 2-5　Sn-Pb 焊料凸点芯片截面

　　由铬或钛组成的金属膜与其他金属或电介质之间的黏附力很强，同时还具有阻挡其他金属扩散的功能。通常这层金属称为钝化层，通过蒸发或溅射成膜技术实现，可焊金属如铜、镍和银等，与 Sn-Pb 焊料可形成良好的浸润效果。而用作焊料凸点的可焊金属膜主要通过电镀工艺完成。铬、钛、铜、镍和银等称为凸点下金属。

为防止焊料的侵蚀并提供一个规范的可焊区，保证焊料凸点的形状，使芯片免受污染，通常在芯片表面做一层聚酰亚胺或 SiO_2 等介质材料的钝化阻挡膜(钝化层)。在焊料回流时，钝化阻挡膜形成一个阻焊区。在芯片的可焊区通过蒸发或电镀技术沉积合金焊料，再通过回流焊技术形成焊料凸点。可焊区的面积和形状以及沉积焊料的多少，决定焊料凸点的形状和收缩半径。图 2-6 为 BGA 倒装充胶工艺过程。

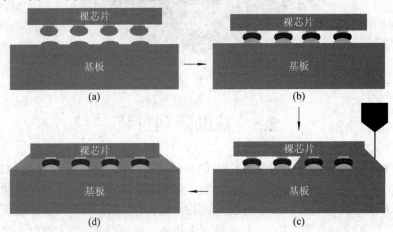

图 2-6   倒装充胶工艺过程

目前，BGA 封装主要应用在中、小功率场合。仙童、国际整流器等公司先后推出 BGA 封装功率器件。图 2-7 所示为英飞凌公司推出的 BGA 封装 MOSFET，焊料凸点采用 Sn63-Pb37 共晶焊料。芯片安装在金属引线框的腔体内，金属引线框包围了芯片的背面和侧面。金属引线框上的焊料凸点是 MOSFET 的漏极，中间是 MOSFET 的源极和栅极，其中左下角的一个凸点为栅极。BGA 封装 MOSFET 的封装结构完全取消了引线键合。

图 2-7   BGA 封装 MOSFET

BGA 封装具有以下优点：

(1) 利用芯片所有面积来获得 I/O 端口，极大提高了芯片的利用率。

(2) 在相同的芯片面积以及引出端数目的情况下，BGA 封装提供较大的焊盘，焊点间短路搭桥故障少，提高了引出电极的载流量和焊接的可靠性。

(3) 引出端短，芯片和基板的互连路径短，产生的寄生参数小。寄生电感小，器件可获得很高的工作频率和很小的噪声，同时，其封装电阻比传统引线键合的封装电阻小 75%。

(4) 器件尺寸小，体薄，占用基板面积小。目前，小型表面贴装器件的封装比为 25%～30%，有些表面贴装器件的封装比接近 15%，而 BGA 封装 MOSFET 的封装比达到 60%～70%。

(5) 焊料凸点作为热量导出路径，有利于功率密度的提高。

(6) 具有自对准效应，对贴片精度要求相对较低。

随着封装技术的不断发展，以传统塑封球栅阵列(PBGA)技术为基础，逐渐衍生出了包括陶瓷球栅阵列(CBGA)、陶瓷柱栅阵列封装器件(CCGA)，以及以载带自动键合(TAB)结合方式取代 BGA 标准键合的 TBGA 封装。

BGA 封装器件广泛应用于微电子封装的倒装芯片技术和表面贴装技术，使用回流焊接可实现多个焊点的一次性贴装，大大提高了生产效率。

2.6 芯片级封装

作为新一代的芯片封装技术，在 BGA 封装的基础上，CSP 的性能又有了很大的提升。图 2-8 所示为 CSP 的芯片。

图 2-8　CSP 的芯片

CSP 的面积(组装占用 PCB 的面积)与芯片尺寸相同或比芯片尺寸稍大一些，而且很薄。这种封装形式是由日本三菱公司于 1994 年首先提出来的。由于 CSP 的面积大致和芯片一样，大大节约了印刷电路板的表面积。其外引线为小凸点或焊盘，既可以四周引线，也可以在底面上阵列式布线，引脚间距为 0.5～1.0 mm。CSP 是在 BGA 封装的基础上发展起来的，被业界称为单芯片的最高封装形式。CSP 和 BGA 封装很容易区分：球间距小于 1.0 mm 的封装为 CSP，球间距大于或等于 1.0 mm 的封装为 BGA。

1. CSP 的定义

CSP 有多种定义，常见的三种定义如下：

(1) 日本电子工业协会对 CSP 的定义为：芯片面积与封装体面积之比大于 80%的封装。

(2) 美国国防部元器件供应中心的 J-STK-012 标准对 CSP 的定义为：LSI(大规模集成电路)封装产品的面积小于或等于 LSI 芯片面积的 120%的封装。

(3) 松下电子工业公司对 CSP 的定义为：LSI 封装产品的边长与封装芯片的边长的差小于 1 mm 的产品封装。

这些定义虽然有些差别，但都指出了 CSP 产品的主要特点：封装体尺寸小。如图 2-9 和图 2-10 所示，CSP 有多种不同形式的内部连接方式。

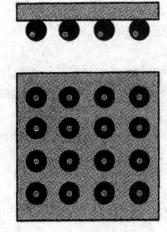

图 2-9   平面阵列端子 CSP   图 2-10   周边分布端子 CSP

CSP 可以让芯片面积与封装面积之比超过 1∶1.14，已经相当接近 1∶1 的理想情况，绝对尺寸也仅有 32 mm²，约为普通 BGA 封装的 1/3。这样在相同封装体积下，CSP 封装可以装入更多的芯片，从而增大封装容量。CSP 的内存芯片不但体积小，同时也更薄，其金属基板到散热体的最有效散热路径仅有 0.2 mm，大大提高了内存芯片在长时间运行时的可靠性，线路阻抗显著减小，芯片信号传输速度也随之得到大幅度的提高。

CSP 的内存芯片的中心引脚形式有效地缩短了信号的传导距离，信号衰减随之减少，芯片的抗干扰、抗噪性能也能得到大幅提升，使得 CSP 的存取时间比 BGA 封装改善了 15%～20%。在 CSP 的方式中，内存通过锡球焊接在 PCB 上，由于焊点和 PCB 的接触面积较大，所以内存芯片在运行中所产生的热量可以很容易地传导到 PCB 上，并散发出去。

2. CSP 的特征

CSP 技术具有下述特征：

(1) CSP 与芯片尺寸等同或略大；

(2) CSP 逐渐向便携式信息电子设备发展；

(3) 拥有更小的引脚、更低的寄生电容(在高频中非常重要)、更高的 I/O 端口密度。

3. CSP 的分类

目前，世界上已有几十家公司可以提供 CSP 产品，各类 CSP 产品品种多达一百种以上。尽管它们在设计、材料和应用上有所不同，但可将它们分为如下 4 类：

(1) 基于定制引线框架的 CSP 产品。这类 CSP 产品又称作芯片上引线(LOC)产品，主要用于管芯扩展和系统封装，以保持封装体在 PCB 上所占用的面积不变，其主要代表产品有：南茂科技的 SoC(Substrate on chip)产品、微型 BGA 产品和四边无引线扁平封装(QFN)产品，Hitachi Cable 的芯片上引线的芯片级封装(LOC-CSP)产品。

(2) 带扰性中间支撑层的 CSP 产品。这类 CSP 产品的主要代表产品有：3M 的增强型扰性 CSP 产品、Hitachi 的用于存储器件的芯片级封装产品，NEC 的窄节距焊球阵列(FPBGA)封装产品，Sharp 的芯片级封装产品、Tessera 的微焊球阵列(μBGA)封装产品、TI 的带扰性基板的存储器芯片级封装(MCSP)产品。

(3) 刚性基板 CSP 产品。这类 CSP 产品的主要代表产品有：IBM 的陶瓷小型焊球阵列封装(Mini-BGA)产品、倒装芯片–塑料焊球阵列封装(FC-PBGA)产品，NEC 的三维存储器模块(3DM)CSP 产品，SONY 的变换焊盘阵列(TGA)封装产品。

(4) 圆片级再分布 CSP 产品。这类 CSP 产品的主要代表产品有：FCD 的倒装芯片技术的超级 CSP 产品，富士通的超级 CSP(SCSP)产品、WL-CSP 产品。

2.7 3D 封 装

3D(三维)封装技术也称叠层芯片封装(Stacked Die Package)技术，是指在不改变封装体外形尺寸的前提下，在同一个封装体内，在垂直方向叠放两个以上芯片的封装技术。3D 封装主要有两类：埋置型封装和叠层型封装。

埋置型封装即将元器件埋置在基板多层布线内或埋置、制作在基板内部，如图 2-11 所示。叠层型封装是将 LSI、VLSI、2D-MCM 或者已封装的器件，利用无间隙叠装互连技术封装而成。这类 3D 封装形式目前应用最为广泛，其工艺技术中应用了许多成熟的组装互连技术，如引线键合(WB)技术、倒装芯片(Flip Chip)技术等。

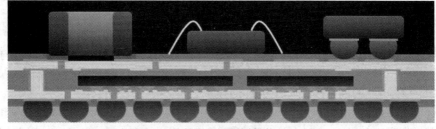

图 2-11 埋置型封装

图 2-12 所示为某应用引线键合技术和 C4 技术制造的叠层型封装产品，芯片间通过连线相连。该产品采用 PBGA 形式封装，共有 4 层芯片。芯片 1、3 是 FLASH；芯片 2 是隔离片，上面没有电路；芯片 4 是 SRAM。芯片 1 和芯片 4 黏合剂是银膏(Epoxy Paste QMl546)；芯片 2 和芯片 3 的黏合剂是粘贴膜(Film HS231)。图中阴影线处为密封剂(Molding Compound)。衬底由三层印刷电路板构成，中间层是 BT(Bismaleimide Triazine，三嗪亚胺)树脂，树脂上下层是焊料阻挡层，焊料阻挡层中还包含铜金属化布线，各层间采用金线键合。图 2-13 所示为某 3D 封装实物图。

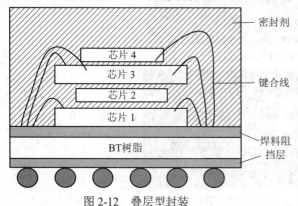

图 2-12 叠层型封装

图 2-13 某 3D 封装实物图

随着工作频率的不断提高，3D 微波集成模块变得越来越重要。图 2-14 为采用 3D 技术加工的 3D 微波集成模块。低噪音放大器(LNA)等有源器件 1 和相关元件利用键合技术连在薄膜基板 3 上。无源器件(带通滤波器等)嵌在多芯片模块中。封盖 2 密闭用于屏蔽射频信号。微波集成模块的目标频率为 29.5～30 GHz，频带平坦度为 0.5 dB。

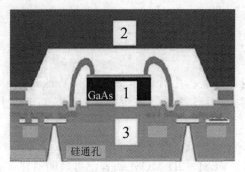

图 2-14   3D 微波集成模块

2.8   多芯片模块封装

多芯片模块(MCM)封装是将多个(2 个或以上)未封装或裸露的大规模集成电路芯片和其他微型元器件组装在同一块高密多层布线互连基板上，并封装在同一外壳内，形成具有一定部件或系统功能的高密度微电子组件的技术。

MCM 是 20 世纪 80 年代中后期首先在美国兴起和发展起来的高密度微电子组件，是高级 HIC(混合集成电路)的典型产品，将多个裸芯片高密度地组装并互连在多层布线 PCB、厚膜多层陶瓷基板或薄膜多层布线(硅、陶瓷或金属基)基板上，再整体封装起来，构成能完成多功能、高性能的电子部件、整机、子系统乃至系统所需功能的一种新型微电子组件。图 2-15 和图 2-16 所示分别为通过导线和通过通孔相连的 MCM 封装。图 2-17 所示为 MCM 封装实物图。

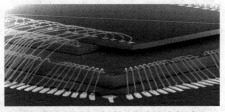

图 2-15   MCM 封装(通过导线相连)

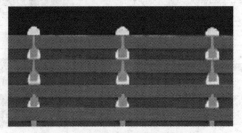

图 2-16   MCM 封装(通过通孔相连)

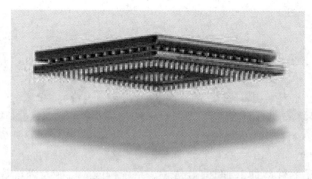

图 2-17　MCM 封装实物图

图 2-18 所示为多层基板 MCM 封装图。多层基板是 MCM 的基础和重要支撑，为裸芯片和外贴元器件提供安装平台，实现 MCM 内部元器件之间的互连，为 MCM 提供散热通路等。多层基板直接影响着电路组件的体积、重[质]量、可靠性和电性能。

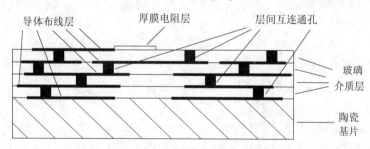

图 2-18　多层基板 MCM 封装图

第三章　封装材料

　　封装提供了电子器件诸如 IC 间信号传输、系统构成、机械及环境保护、散热等多项功能，而这些功能都依赖于封装材料与工艺。陶瓷材料如氧化铝、玻璃陶瓷等，对空气及水分具有良好的密封性，能给 IC 提供良好的湿气保护，同时具有良好的散热性能以及与硅材料相匹配的较低热膨胀系数。但是，塑封材料因其价格低廉、方便加工等，在民用领域目前几乎完全取代了陶瓷材料用于封装。此外，塑封材料的低介电常数也有利于高速信号传输。

　　作为封装的重要组成部分，封装材料必须具有如下的性能要求：

(1) 良好的化学稳定性；

(2) 导热性能好，热膨胀系数小；

(3) 较好的机械强度，便于加工；

(4) 价格低廉，便于自动化生产等。

　　不同器件的封装层次对材料性能的要求不尽相同。在 1 级和 2 级封装中，封装材料最重要的性能指标是导热系数和热膨胀系数。高集成度的 IC 在工作中产生的热量必须及时释放，以防它在过热的状态下工作，影响其寿命和性能。与此同时，封装材料的热膨胀系数 (CTE) 尽量与芯片保持一致，否则，随着工作温度的升高，将不可避免地在相邻部件间及焊接点处产生热应力，从而导致结合处蠕变、疲劳以致断裂。

　　针对 2 级封装的固定架，要求所用材料具有良好的加工性能，同时兼具对电磁场的屏蔽作用。在军事领域，对封装材料的要求除了良好的导热性能和低的热膨胀性能外，重量也是个很重要的因素，此时低密度材料就显得更加重要了。同时，封装基板材料用于承载电子元器件及其相互连线，因此，封装基板应具有足够的机械强度，以满足组装器件的机械性能要求。在航空方面，飞机起飞、导弹发射等，电子系统必须承受机械振动和温度变化，这要求材料必须满足一定的机械强度和热性能要求。另外，封装基板材料还应具有高的电绝缘性能、化学性质稳定、易于加工等特点。当然，在实际应用和大规模工业生产中，价格因素也是不可忽视的一个方面。

　　根据所用材料的性质不同，电子封装常用材料包括陶瓷、金属、塑料和复合材料；根据所选材料的用途不同，电子封装常用材料又可分为焊接材料和基板材料。下面介绍各种材料的性能。

3.1　陶　　瓷

　　Al_2O_3 陶瓷是目前应用最成熟的陶瓷封装材料，其热膨胀系数 $(6.7 \times 10^{-6}/K)$ 接近硅 $(4.2 \times$

10^{-6}/K)的热膨胀系数，价格低廉，耐热冲击性、电绝缘性都比较好，制作和加工技术成熟，使用广泛。但是，Al_2O_3热导率相对较低，限制了它在大功率集成电路中的应用。

氮化铝(AlN)陶瓷导热性能好，其理论导热系数为 320W/(m·K)，实际产品接近250W/(m·K)，是氧化铝的 5～7 倍。AlN 的热膨胀系数小，与硅的热膨胀系数非常接近，比氧化铝的约低一半。AlN 的绝缘性也较好，电阻率大，介电常数和介电损耗小，无毒，且有良好的温度稳定性。其综合性能远优于氧化铝，是 LSI、VLSI 基板和封装体的理想材料，也可用于大功率晶体管、开关电源基板以及电力器件等。

氮化铝(AlN)陶瓷性能优异，但其商品化程度较低，主要原因首先是 AlN 质量对制备工艺条件、原料纯度十分敏感，大规模生产的重复性差；其次 AlN 在潮湿的空气和水中极易水解，AlN 粉末储存困难；此外 AlN 粉末的售价高。

BeO 陶瓷具有较高的导热率，但具有毒性，且生产成本较高，限制了其在生产和应用中的推广。

玻璃封装材料的热膨胀系数较小，可以减小封装过程中应力不匹配导致的失效现象。然而玻璃的热导率较低，限制了其在大功率器件中的应用。

3.2 金 属

金属材料中，铝的热导率很高，其重量轻、价格低、容易加工，是最常用的封装材料。但铝的热膨胀系数(23.6×10^{-6}/K)与硅(4.2×10^{-6}/K)和 GaAs(5.8×10^{-6}/K)相差较大，器件工作时的热循环常会产生较大的应力，导致器件性能失效。铜也存在类似的问题。

镍铁合金和铁镍钴合金系列具有非常低的热膨胀系数和良好的焊接性，但是电阻却很大，只能作为小功率整流器的散热和连接材料。

W、Mo 具有与硅相近的热膨胀系数，且导热性比镍铁合金好得多，故常用作半导体芯片的支撑材料。但由于 W、Mo 与硅的浸润性不好、可焊性差，常需要在表面镀或涂覆特殊的 Ag 基合金或 Ni，这工艺复杂且可靠性差，提高了成本，增加了污染。另外 W、Mo、Cu 密度较大，不适合作航空、航天材料，而且 W、Mo 价格昂贵，生产成本高，这也影响了其推广使用。

3.3 塑 料

常见塑料一般分为两大类，即热塑性塑料和热固性塑料。

在热塑性塑料中，塑料中树脂的分子结构是线型或支链型结构，受热时塑料软化并熔融，成为可流动的黏稠液体，在此状态下成型为一定形状的塑件，经冷却保持原有的形状。如再次加热，又可软化熔融，可再次成型。这种循环是可逆的，可以重复多次，在成型过程中一般只有物理变化而无化学变化。热塑性塑料对温度过于敏感。聚乙烯、聚氯乙烯、尼龙、聚丙烯、聚甲丙烯酸甲脂(有机玻璃)等属于热塑性塑料。

热固性塑料在成型过程中既有物理变化又有化学变化，其反应过程可以分为两个阶段：第一阶段和热塑性材料类似，即生成长链分子，但这种长链分子能进一步发生反应；第二阶段是在模具中的温度和压力作用下，进一步发生化学反应，材料内部形成密集的网状组织，各长链分子相互形成强有力的化学键合，使材料冷却后再次加热时不能软化，若温度过高，则材料碳化并分解，故为不可逆过程。由于强有力的化学键合，热固性塑料非常坚硬，其机械性质对温度不敏感。苯酚塑料、氨基塑料、环氧树脂等属于热固性塑料。

塑料封装属非气密性封装，当前占封装材料整个市场的80%以上。它是以合成树脂和SiO_2微粉为主体，并配入多种辅料混炼而成，其主要产品为环氧树脂系列和硅酮树脂系列。

环氧树脂系列塑封材料是以邻甲酚醛树脂、硅微粉为主体，配入固化剂、偶联剂、阻燃剂、着色剂等辅助材料，经混炼、粉碎、打饼而成。常用的环氧树脂主要有酚醛型(ECN)、联苯型(biphenyl)、二茂铁型(DCPD)和萘型(naphthalene)四种。另外，聚酰亚胺(PI)、硅酮、硅酮-PI、聚对苯二甲基和苯并环丁烯(BCB)等封装材料也越来越引起人们的重视。塑料封装的生产性和经济性好，但其可靠性、导热性相对来说要差一些。为了达到高导热和低热膨胀的要求，可通过添加高导热系数或低热膨胀系数的颗粒状填料和高导热、负膨胀系数的碳纤维来实现。目前环氧树脂添加二氧化硅可用来减小热膨胀系数。

3.4　复合材料

作为导热性电子材料，金属材料能满足导热性要求，但其导电性限制了其使用范围；无机非金属晶体同时具有优良的导热性和绝缘性，是理想的导热性电子材料，但其制备困难、成本高；聚合物成型方便、易于生产，介电性好，但导热性差。

复合材料是由两种或两种以上的物理或化学性质不同的物质组合而得到的一种热固性材料。因为复合效应，复合材料的性能会比它的组成物质更好，或者具有原组成物质所没有的性能。

固化组合后不仅封装材料的导热系数提高了，复合材料热膨胀系数也显著降低了，抗弯曲、抗脱层性能也提高了。

3.5　焊接材料

根据金属母材间隙中焊料熔点的高低，焊料分为两类：熔点高于450℃的焊料，称为硬钎料；熔点低于450℃的焊料称为软钎料。两种焊料对应的钎焊分别称为硬钎焊、软钎焊。

金属柱互连技术、倒装芯片技术、凹陷阵列互连技术等三维封装技术是以软钎焊为基础实现的。软钎焊的焊料主要成分是合金焊料粉，常用的合金焊料粉有锡-铅(Sn-Pb)、锡-铅-银(Sn-Pb-Ag)、锡-铅-铋(Sn-Pb-Bi)等。合金焊料粉的成分、配比、形状、粒度和表面氧化程度对焊料的性能影响很大。

1. Sn-Pb

Sn-Pb系焊料是使用最广泛的软钎料，图3-1所示为Sn-Pb系二元相图。Sn-Pb配比不同时，性能会有很大变化，其中Sn-37Pb共晶焊料可由液相直接转变为固相。Sn-Pb系焊料的优点是熔点较低，浸润性能、导电性能和加工性能较好，且成本低，是应用最多的焊料。

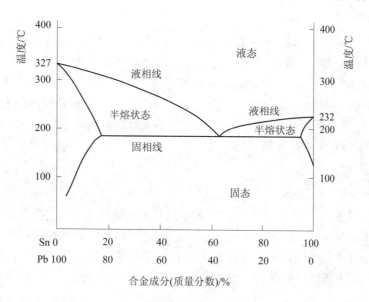

图 3-1 Sn-Pb 系二元相图

由于 Pb 含有毒性，基于环境保护的要求，因此目前发展无 Pb 焊料。无 Pb 焊料以 Sn 为基体，添加 Ag、Cu、Sb、In、Bi 等其他合金元素。

2. Sn-In

Sn-In 二元共晶合金成分是 Sn-52In，共晶温度是 118℃。两相均是金属间化合物相。在 20～60℃之间，Sn-52In 钎料的剪切强度低于 Sn-Pb 钎料，这是由于 Sn-In 共晶的熔点(118℃)远低于 Sn-Pb 共晶的熔点(183℃)。Sn 和 In 均可与 Cu 反应生成金属间化合物。界面反应中，Sn 和 Cu 可反应生成 Cu_6Sn_5 和 Cu_3Sn。

3. Sn-Bi

Sn-Bi 二元合金的共晶成分是 Sn-58Bi，共晶温度为 139℃。室温下平衡相为 Bi 相及含约 4wt% Bi 的 Sn 的固溶体(wt%为质量百分比的缩写)。由于在共晶组织中，Sn 在 Bi 中的固溶度很小，因此 Bi 相为纯 Bi。然而 Bi 在 Sn 中的最大固溶度约为 21wt%。当合金冷却时，Bi 在 Sn 相上析出。在适合冷却条件下，共晶 Sn-Bi 微观组织是片层状的结构。

与 Sn-37Pb 相比，Sn-58Bi 的润湿性不好，勉强可以接受。Sn-58Bi 共晶合金的抗拉强度(54～73 MPa)比 Sn-37Pb(19～56 MPa)略高。在 0～60℃，Sn-Bi 共晶合金的剪切强度(25～50 MPa)与 Sn-Pb 相当。在 100℃时，Sn-58Bi 共晶合金的强度远远低于 Sn-37Pb 共晶的强度。Sn-58Bi 共晶的塑性比 Sn-37Pb 共晶的应变更加敏感，延伸率随着应变速率的增加迅速下降。

4. Sn-Zn

Sn-Zn 二元合金的共晶成分是 Sn-9Zn，共晶温度为 199℃，十分接近 Sn-Pb 共晶合金。共晶组织由两相组成：体心四方的 Sn 基体相和含有不到 19wt% Sn 的密排六方 Zn 的固溶体。快冷时该合金凝固后微观组织显示出大晶粒，并且具有分布十分均匀的两相共晶区。

在 Sn-Zn 合金系中，Sn 和 Zn 均与 Cu 相互作用形成金属间化合物相。Sn-9Zn 钎焊时容易氧化，在波峰焊时有过多的氧化浮渣产生。

5. Sn-Ag

Sn-Ag 二元合金的共晶成分是 Sn-3.5Ag,共晶温度是 221℃。添加 1% Zn,可消除 β-Sn 的粗大枝晶,使 Ag3Sn 分布均匀。

与 Sn-37Pb 相比,Sn-3.5Ag 的润湿性较差,在惰性气氛下,润湿性也不明显。这可能是由于 Ag 具有较高表面张力,而导致 Sn-3.5Ag 钎料和钎剂间具有较高的表面张力。

Sn-3.5Ag 的抗拉强度比 Sn-37Pb 略高,在 20～60℃范围内,共晶 Sn-Ag 的剪切强度 (25～50 MPa)与 Sn-Pb 相当或稍高。在适中的应变速率下,其延展性至少与 Sn-Pb 相当或优于 Sn-Pb 共晶合金。

6. Sn-Cu

Sn-Cu 二元合金的共晶成分为 Sn-0.7Cu,其共晶温度是 227℃。凝固反应时,Cu 形成颗粒状或棒状的 Cu_6Sn_5,金属间化合物弥散分布在树枝状 R-Sn 的基体上。在波峰焊过程中,Sn-0.7Cu 共晶合金展示了替代 Sn-Pb 钎料的优良潜力。由于该合金 Sn 的含量较高,具有 Sn 晶须生长和灰锡转变的倾向,目前还不清楚 Cu 的加入对 Sn 的晶须生长和 α-Sn 转变的影响。

3.6　基　板　材　料

用于制作基板的材料很多,按基板的基本材料,基板可分为有机类、无机类和复合类。电力电子模块封装中,常用的有 DBC 陶瓷基板(也称覆铜陶瓷基板)、绝缘金属基板、有机基板等。

1. DBC 陶瓷基板

常用的陶瓷基板为 Al_2O_3 基板和 AlN 基板。陶瓷基板导热率高、热膨胀系数(CTE) 小,适用于大功率应用场合。

DBC 技术先用于 Al_2O_3 基板上。在 Al_2O_3 基板的两侧各覆上一层铜,在含氧的氮气中高温烧结,使铜箔覆在基板上。烧结时,铜与氧形成的 Cu-O 共晶液相润湿互相接触的铜箔和陶瓷表面,同时还与 Al_2O_3 发生反应,生成 $Cu(AlO_2)$ 等复合氧化物,该复合氧化物可充当共晶钎焊用的焊料,实现陶瓷基板和覆铜层牢固的黏合。

AlN 是一种非氧化物陶瓷,需先行氧化处理,覆铜箔的机理与 Al_2O_3 基板基本相同。

DBC 陶瓷基板的导热性能好,耦合电容小,一般在较大功率的模块中用作基板。

2. 绝缘金属基板

绝缘金属基板(Insulated Metal Substrate)由覆铜层、导热绝缘层和金属基板层组成。一般单面板居多,也有双面板。

覆铜层通常经过蚀刻形成电路图形,实现电路元器件的连接和布线。通常情况下,电路要求具有很大的载流能力,使用的覆铜层较厚,厚度一般为 35～140 μm。导热绝缘层要求具有优良的电气绝缘性能、导热性能和黏合性能,能够承受热应力,且热稳定性和化学稳定性好。导热绝缘层常用的材料为环氧树脂、聚酰亚胺或由特种陶瓷掺杂的聚合物。绝缘材料的厚度根据绝缘要求而定,为几十微米厚。导热绝缘层以最小的热阻提供电学绝缘要求，同时又为金属基板层和覆铜层提供黏合作用。黏合是在高温高压下压制一定时间而成的，导热绝缘层的材料和黏合工艺是铝基板的核心技术所在。

金属基板是整个封装结构的支撑构件，同时也是主要导热材料，要求具有高导热率。铝基板最常用，也可使用铜基板和铁基板等(其中铜基板能够提供更好的导热性)。绝缘金属基板机械加工性能好，尺寸大小随意，可以通过钻孔、冲剪及切割等常规机械加工，获得需要的形状。

3. 有机基板

有机基板一般是由有机树脂和玻璃纤维布为主要材料制作而成的，其中导体通常为铜箔。有机树脂通常包括：环氧树脂(FR4)，BT 树脂(双马来酰亚胺三嗪树脂)，PPE 树脂(聚苯醚树脂)，PI 树脂(聚酰亚胺树脂)等。有机基板常用的铜箔厚度为 17 μm(半盎司)，35 μm(一盎司)，70 μm(两盎司)等多种。柔性有机基板铜箔厚度比较薄，5 μm、9 μm、12 μm 等规格的铜箔在柔性有机基板上应用较多。铜箔厚度和载流量成正比关系，如果需要通过比较大的电流，则需要选择较厚的铜箔和较宽的布线。以 FR4 为例，介质材料根据树脂和玻璃纤维含量的不同，可分为 106、1080、2116、7628 等多种型号。一般型号数值越大，树脂含量越少，玻璃纤维含量越大，硬度越大，介电常数也越高。例如，106 的树脂含量为 75%，1080 的树脂含量为 63%，2116 的树脂含量为 53%，7628 的树脂含量为 44%。另外，还有一种附树脂铜皮(Resin Coated Copper，RCC)，其树脂含量为 100%。树脂含量越多，材质越软，激光打孔时效率就高。

有机基板有其自身的特点和优点，和陶瓷基板相比，有机基板不需要烧结，加工难度较低，并且可制作大型基板，同时具有成本优势，另外有机基板介电常数低，有利于信号的高速传输。当然，有机基板也有自身的劣势，例如传热性能较差，传热系数通常只有 0.2～1 W/(m·K)，而氧化铝陶瓷材料可以达到 18 W/(m·K)左右，氮化铝更是可达到 200 W/(m·K)左右。此外，通常有机基板的热膨胀系数也比芯片的大，这样就容易在热循环时产生和 IC 焊接处电气连接失效的现象。

第四章 封装技术

4.1 薄膜技术

薄膜技术是指采用特殊的方法，在基体材料的表面沉积或制备一层与基体材料性质完全不同的薄膜物质层，包括半导体、平板玻璃等，主要采用真空蒸发、溅射、化学气相沉积、电镀、旋涂、阳极氧化等技术制备所需薄膜。薄膜材料往往具有特殊的材料性能或组合性能。

1. 薄膜技术快速发展的原因

如今，薄膜技术已经得到了快速的发展，主要基于以下三个原因：

(1) 现代科技技术的发展，特别是微电子技术的发展，使得过去需要众多材料组合才能实现的功能，现在仅仅需要少数几个器件或一块集成电路板就可以完成。薄膜技术正是实现器件和系统微型化最有效的手段。

(2) 器件的微型化不仅可以保持器件原有的功能并使之更加强化，而且随着器件的尺寸减小并接近了电子或其他粒子量子化运动的微观尺度，薄膜材料或其他器件将显示出许多全新的物理现象。薄膜技术作为器件微系统化的关键技术，是制备这类具有新型功能器件的有效手段。

(3) 薄膜技术作为材料制备的有效手段，可以将不同材料灵活地复合在一起，构成具有优异特性的复杂材料体系，发挥每种材料各自的优势，打破单一材料的局限性。薄膜技术在科学技术以及国民经济的各个领域发挥着越来越大的作用。

薄膜技术的一个重要用途是生产半导体，包括开发新的光伏电池。半导体的尺寸至关重要，特别是消费者期望得到更小更薄的笔记本电脑、手机和其他电子设备时。薄膜技术提供了一个稳定的表面，不需要批量生产更多的传统涂层，从而大大降低了材料成本。

2. 薄膜技术的优点

薄膜技术的优点如下：

(1) 薄膜技术的多样性可形成多种材料的薄膜，如金属膜、合金膜、氧化物膜、玻璃膜、陶瓷膜、聚合物膜等；

(2) 薄膜平整光洁，以便采用光刻等图形成形技术。

4.2 厚膜技术

厚膜材料是有机介质掺入微细金属粉、玻璃粉或陶瓷粉末的混合物，通过丝网印刷工艺，印制到绝缘基板上。无机相材料的添加可使厚膜具有不同功能。

1. 厚膜的功能

厚膜的功能如下：

(1) 金属或金属合金组成无机相导体；

(2) 金属合金或钌(Ruthenium)系化合物组成厚膜电阻；

(3) 玻璃或玻璃陶瓷无机相组成多层介质、密封剂或高介电常数的电容层。

在制作厚膜材料的过程中，通过连续印制导体、介质，可以形成复杂的多层互连厚膜结构。所刷好的厚膜结构需放置于温度为 85～900℃ 的烧结炉内烧结。

2. 厚膜丝网印刷工艺的优点

厚膜的丝网印刷工艺有下述优点：

(1) 可直接形成电路图形；

(2) 膜层较厚，经烧结收缩变得致密，电阻率低，容易实现很低的电路电阻；

(3) 导体层、电阻层、绝缘层、介电层及其他功能层都可以印刷成膜；

(4) 容易实现多层化；

(5) 设备简单，投资少。

4.3 基 板 技 术

基板为元器件的固定提供了机械支撑，也是元器件之间电气互连信号的传输载体。选择基板材料时，要考虑以下性能：

(1) 机械性能：有足够高的机械强度作为模块的机械支撑；便于加工，尺寸精度高；表面光洁，平整度好，无微细裂纹。

(2) 电气性能：绝缘性能高，介电常数低，介电损耗小，在温度高、湿度大的条件下性能稳定。

(3) 热性能：导热率高，耐热特性好，热膨胀系数与相关材料匹配。

(4) 其他性能：化学稳定性好，无吸湿性，制造容易，成本低。

其中，基板材料的介电常数、CTE、导热率这三个主要参数对基板性能有极重要的影响。

4.4 钎 焊 技 术

焊接技术定义：熔点较高的两种金属被熔点相对较低的第三种金属相连接的过程。钎焊一直被为硬钎焊(Brazing)和软钎焊(Soldering)。随着焊接技术的发展，"硬"与"软"的界线越来越模糊。因此，美国焊接学会(AWS)将 450℃ 作为分界线，规定钎焊液相线温度高于 450℃ 所进行的钎焊为硬钎焊，低于 450℃ 时为软钎焊。

钎焊技术的主要工艺过程如下：

(1) 清洁待焊金属表面，去除表面氧化物等，使表面对钎料具有良好的润湿性；

(2) 熔融焊料，润湿金属表面，在焊料与被焊金属间形成一层金属间化合物。

下面介绍封装中常用的两种焊接方式，即波峰焊和回流焊。

4.4.1 波峰焊

如图 4-1 所示，波峰焊是指将熔化的软钎料，经电动泵或电磁泵喷流成设计要求的焊料波峰(亦可通过向焊料池注入氮气来形成)，使预先装有器件的 PCB 通过焊料波峰，实现元器件焊端或引脚与 PCB 焊盘之间机械与电气连接的软钎焊。

波峰焊的主要流程为：元件插入相应的元器件通孔中→预涂助焊剂→预热→波峰焊(220～240℃)→切除多余引脚→检查。

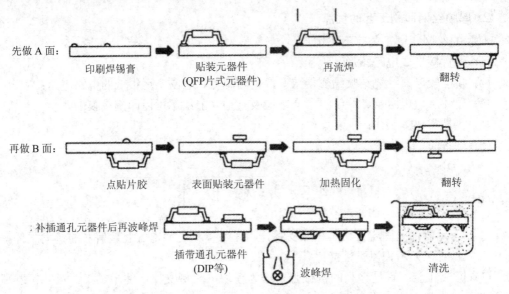

图 4-1   波峰焊

图 4-2 为波峰焊炉。PCB 通过传送带进入波峰焊炉以后，助焊剂涂敷装置，利用波峰、发泡或喷射的方法将助焊剂涂敷到 PCB 上。由于大多数助焊剂在焊接时必须要达到并保持一个活化温度，保证焊点完全浸润，因此 PCB 在进入波峰槽前要先经过一个预热区。涂敷助焊剂之后的预热，可以逐渐提升 PCB 的温度，并使助焊剂活化，减小组件进入波峰焊时产生的热冲击，还可以用来蒸发掉所有可能吸收的潮气，或稀释助焊剂的载体溶剂，以避免在过波峰时沸腾并造成焊锡溅射，或者产生蒸汽留在焊锡里面，形成中空的焊点或砂眼。

图 4-2   波峰焊炉

波峰焊炉预热区的长度，由产量和传送带速度来决定。产量越高，PCB 所需的预热区越长，以满足浸润温度的需要。另外，由于双面板和多层板的热容量较大，因此它们比单面板需要更高的预热温度。

目前波峰焊炉基本上采用热辐射方式进行预热，最常用的波峰焊预热方法有强制热风对流、电热板对流、电热棒加热及红外加热等。在这些方法中，强制热风对流被认为是波峰焊炉最有效的热量传递方法。在预热之后，PCB 用单波(λ 波)或双波(扰流波和 λ 波)方式进行焊接。对穿孔式元器件来讲单波就足够了，PCB 进入波峰时，焊锡流动的方向和 PCB 的行进方向相反，可在元器件引脚周围产生涡流。如同洗刷，将上面所有助焊剂和氧化膜的残余物去除，在焊点到达浸润温度时形成浸润。

随着元器件越来越小，PCB 的器件密度越来越高，在波峰焊中，焊点之间发生桥连和短路的可能性也越来越高。目前解决桥接和短路的技术是风刀技术。这是在 PCB 离开波峰时，用一个风刀向熔化的焊点吹出一束热空气或氮气，风刀宽度和 PCB 一样宽。风刀技术可以在整个 PCB 宽度上进行完全质量检查，从而消除桥连或短路现象，并减小运行成本。

在波峰焊中，还有可能发生的其他缺陷是虚焊或漏焊，也称为开路，这主要是因为助焊剂没有涂在 PCB 上。如果助焊剂不够或预热阶段运行不正确，则会造成顶面浸润不良。焊接桥连或短路可在焊后测试时发现，而虚焊在焊后的质量检查时会显示测试合格，但在以后的使用中出现问题。故虚焊会产生严重影响，不仅仅是因为现场更换器件时会产生费用，而且由于客户发现了质量问题，这对以后的销售也会有影响。

在波峰焊接阶段，PCB 必须浸入波峰中，将焊料涂敷在焊点上，因此波峰的高度控制就是一个很重要的参数。可以在波峰上附加一个闭环控制，使波峰的高度保持不变。将一个感应器安装在波峰的传送链导轨上，测量波峰相对于 PCB 的高度，用加快或降低锡泵速度来保证浸锡高度。

锡渣堆积对波峰焊接有害。如果在锡槽里聚集锡渣，则锡渣可能进入波峰里面。可以通过设计锡泵系统，避免锡渣问题，使锡渣从锡槽的底部抽取，而不是从锡渣聚集的顶部抽取锡渣。采用惰性气体也可减少锡渣，节省费用。

4.4.2　回流焊

回流焊也叫再流焊，是随着电子产品微型化的出现而发展起来的一种焊接技术，主要应用于各类 SMT 表面组装元器件的焊接。

回流焊是预先在 PCB 焊接部位(焊盘)施放适量和适当形式的焊膏，焊膏主要由锡铅合金的粉末和助焊剂混合而成；然后贴放表面贴装元器件，经固化后，再利用外部热源使熔化的焊锡材料中的锡原子和焊盘或焊接元器件(主要成分是铜原子)的接触界面上的原子相互扩散，形成金属间化合物(IMC)。首先形成 Cu_6Sn，它是形成焊接力的关键连接层，从而达到真正的可靠焊接。随着焊接时间的推移，Cu_6Sn 和铜继续生成 Cu_3Sn，这将会减弱焊接力量和降低长期可靠性。

目前回流焊设备主要包括热风回流焊和真空回流焊。其中热风回流焊回流过程中，组件在回流炉中的位置如图 4-3 所示。通过所示的上下炉壁喷口吹风，控制回流炉内各个区域的温度。图 4-4 为单个圆形喷口射流冲击流场示意图，图中 D 为圆形喷嘴的直径，H 是喷嘴到冲击表面的距离，r 是滞止区的半径，x 是铅锤方向。PCB 组件在回流炉内，与热空气通过热对流发生热量传递，与回流炉壁通过热辐射发生热量传递，组件内部通过热传导发生热量传递。

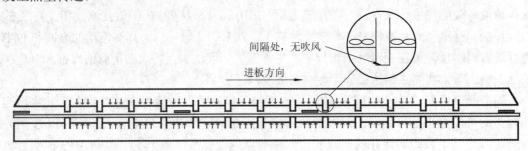

图 4-3 热风回流焊中 PCB 组件加热示意图

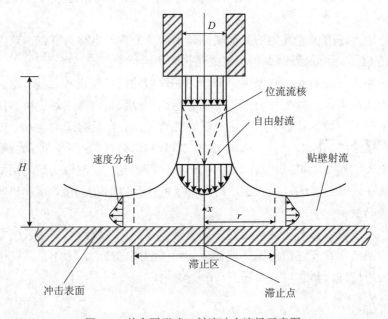

图 4-4 单个圆形喷口射流冲击流场示意图

有研究表明，回流焊温度曲线的变化，会对金属间化合物的生长带来影响。回流焊具有以下特征：

(1) 在回流焊过程中，不需要把元器件直接浸在熔融焊料中，元器件受到的热冲击小；

(2) 仅在需要部位施放焊料，能控制焊料施放量，避免桥接等缺陷产生；

(3) 元器件贴装位置有一定偏离时，由于熔融焊料表面张力的作用，位置可以自对准。

1. 回流焊流程

回流焊流程比较复杂，可分为两种：单面贴装、双面贴装。

1) 单面贴装

图 4-5 为单面贴装回流焊的工艺流程。

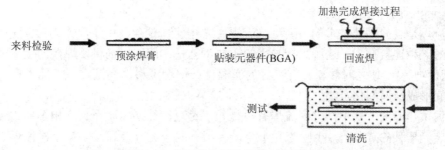

图 4-5　单面贴装回流焊的工艺流程

单面贴装主要工艺过程如下：

(1) 预涂焊膏。

将焊膏涂敷到 PCB 的焊盘图形上，这一步广泛采用的是印刷涂敷技术。印刷涂敷技术的大致过程是：印刷前将 PCB 放在工作支架上，由真空或机械方法固定，将已加工好的印刷图像窗口的丝网/漏模板在金属框架上绷紧，并与 PCB 对准；丝网印刷时，PCB 顶部与丝网/漏模板底部之间有一定距离；印刷开始时，预先将焊膏放在丝网/漏模板上，使其与PCB 表面接触，同时压刮焊膏，通过丝网/漏模板上的印刷图像窗口，将焊膏印制(沉积)在PCB 的焊盘上。

(2) 贴装元器件。

贴装分为手工贴装和机器自动贴装两种方式。SMT 生产中的贴装技术，通常是指用一定的方式，将片式元器件准确地贴放到 PCB 指定的位置上。这个过程称为 "Pick and Place"，是指吸取/拾取与放置两个动作。贴片机的总体结构大致可分为机架、PCB 传送机构及支撑台、XY 与 Z/θ 定位系统、光学识别系统、贴片头、供料器、传感器和计算机操作软件等部分。

近 30 年来，随着表面贴装元器件的不断微型化和引脚间距细化，贴片机已由早期的低速度(1～1.5 秒/片)和低精度(机械对中)发展到高速(0.08 秒/片)和高精度(光学对中)。贴片机是 SMT 生产线中的核心设备，是决定 SMT 产品安装的自动化程度、安装精度和生产效率的决定因素。图 4-6 为日本的 JUKI FX-3 高速贴片机。

图 4-6　JUKI FX-3 高速贴片机

(3) 回流焊。

回流焊是表面贴装技术的主要工艺流程，它是使焊料合金和结合的金属表面之间形成合金层的一种连接技术。这种焊接技术的主要工艺是：用助焊剂将要焊接的金属表面清洁(去除氧化物等)，使之对焊料具有良好的润湿性；熔融焊料，润湿金属表面，在焊料和被焊金属间形成金属间化合物。

根据供热源的方式不同，回流焊有热传导、对流、红外、激光、气相等形式。在一块表面贴装元器件(SMD)上，少则有几十个，多则有成千上万个焊点，一个不良焊点就会导致整个 SMT 失效，所以焊接质量是 SMT 工艺成功的关键，它直接影响电子器件的性能可靠性。图 4-7 为美国的 HELLER 1809MK Ⅲ 9 温区回流炉。

图 4-7　HELLER 1809MK Ⅲ 9 温区回流炉

(4) 清洗。

通常在焊接后，总是存在不同程度的助焊剂的残留物及其他类型的污染物，如孔胶、高温胶带的残留胶、手迹和飞尘等，因此清洗对保证电子产品的可靠性有着极其重要的作用。根据清洗介质的不同，清洗有溶剂清洗和水清洗两种方式。根据清洗工艺和设备不同，清洗又可分为间歇式清洗和连续式清洗。根据清洗方法不同，清洗还可以分为高压喷洗、超声波清洗。

(5) 测试。

芯片在封装完成之后，出货之前会进行一系列的测试，其中最主要的测试是电测试。电测试的主要目的是检测芯片质量，预测芯片的可靠性。

2) 双面贴装

双面贴装工艺类似于单面贴装工艺，主要工艺过程如下：

(1) A 面预涂焊膏；

(2) 贴装元器件，分为手工贴装和机器自动贴装；

(3) 回流焊；

(4) B 面预涂焊膏；

(5) 贴装元器件，分为手工贴装和机器自动贴装；

(6) 回流焊；

(7) 清洗；

(8) 测试。

2. 回流焊加热方式

回流焊技术的核心环节是利用外部热源加热，使焊料熔化而再次流动浸润，完成电路板的焊接过程。目前在业界最常见的两种加热方式分别为强制热风对流加热和红外加热，它们分别是热风回流焊与真空回流焊所采用的加热方法。

1) 强制热风对流加热

强制热风对流加热是一种通过对流喷射管嘴来迫使气流循环，从而实现对被焊件加热的回流焊接方法，如图 4-8 所示。采用此种加热方式的 PCB 基板和元器件的温度接近给定的加热区的气体温度。该加热方式克服了红外加热因物体外表色泽的差异、元器件表面反射等因素而导致的元器件间的温差较大的问题。

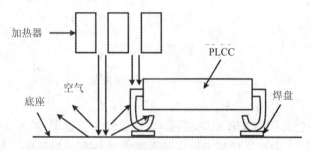

图 4-8 强制热风对流加热

采用此种加热方式就热交换而言，热传输性比红外加热差，因而生产效率不如红外加热方式高，耗电也较多。另外，由于热传输性小，受元器件体积大小的影响，各元器件间的升温速率的差异将变大。在强制热风对流再流焊接设备中循环气体的对流速度至关重要。为确保循环气体能作用于 PCB 的任一区域，气流必须具有足够大的速度或压力。这在一定程度上易造成薄型 PCB 基板的抖动和元器件的移位等问题。

2) 红外加热

红外线(IR)是具有 3～10 μm 波长的电磁波。通常 PCB、助焊剂、元器件的封装等材料都是由原子化学结合的分子层构成的，这些高分子物质因分子伸缩、变换角度而不断振动。当这些分子的振动频率与相近的红外线电磁波接触时，这些分子就会产生共振，振动就变得更激烈。频繁振动会发热，热能在短时间内能够迅速均等地传到整个物体。因此，物体不需要从外部进行高温加热也会充分变热。所以它是目前真空回流焊所普遍采用的加热方法。

红外加热回流焊接的优点是：照射的同一物体表面呈均匀的受热状态，被焊件产生的热应力小，热效率高，因而可以节省能源。而它的缺点是：同时照射的各物体，因其表面色泽的反光程度及材质不同，彼此间吸收的热量不同而导致彼此间出现温差，个别物体因过量吸收热能而可能出现过热。

3. 回流焊的影响因素

影响回流焊工艺的因素很多，也很复杂。在 SMT 生产流程中，回流炉参数设置的好坏是影响焊接质量的关键，而温度曲线又是回流炉中的关键参数曲线。

温度曲线是指 PCB 经过回流炉时，PCB 上某点温度随时间变化的曲线。依据温度曲线，可直观地分析某个元器件在整个回流焊过程中的温度变化情况。通过温度曲线，可以为回流炉参数的设置提供准确的理论依据。在大多数情况下，温度的分布受组装电路板的特性、焊膏特性和所用回流炉性能的影响。温度曲线对获得最佳的可焊性，避免由于超温而对元器件造成损坏，保证焊接质量非常重要。如图 4-9 所示，回流焊的温度曲线主要包括以下阶段。

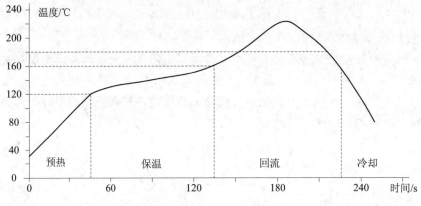

图 4-9　回流焊温度曲线

1）预热段

预热的目的是把室温的 PCB 尽快加热，以达到特定目标温度。升温速率要控制在适当范围以内。升温过快，会产生热冲击，电路板和元器件都可能受损；升温过慢，则溶剂挥发不充分，影响焊接质量。由于升温速率较快，在温区的后段温差较大。为防止热冲击对元器件的损伤，规定最大升温速率为 4℃/s。通常升温速率设定为 1～3℃/s。典型的升温速率为 2℃/s。

2）保温段

保温段是指温度从 120～150℃升至焊膏熔点的区域。其主要目的是使 PCB 上各元器件的温度趋于稳定，尽量减小温差。保温段应保证足够的时间，使较大元器件的上升温度同较小元器件的上升温度同步，保证焊膏中的助焊剂充分挥发。

保温段结束，焊盘、焊料球及元器件引脚上的氧化物被除去，整个 PCB 的温度达到平衡。保温段要保证所有元器件具有相同的温度，否则进入到回流段，将会因为各部分温度不均匀，产生各种不良焊接现象。

3）回流段

在回流区域里，加热温度最高，元器件的温度快速上升至峰值温度。在回流阶段，不同的焊膏其焊接峰值温度不同，一般为焊膏的熔点温度加 20～40℃。对于熔点为 183℃的 Sn-37Pb 焊膏和熔点为 179℃的 Sn-36Pb-2Ag 焊膏，峰值温度一般为 210～230℃。回流时间不要过长，以防对 PCB 及元器件造成不良影响。理想的温度曲线是超过焊料熔点"尖端区"覆盖的面积最小。

4）冷却段

在冷却区域里，焊膏内的铅锡粉末已经熔化，并充分润湿金属表面。用尽可能快的速度进行冷却，有助于得到明亮的焊点，并形成良好的焊点外形和低的接触角度。缓慢冷却，会加剧电路板的分解并进入锡膏中，从而产生灰暗毛糙的焊点，在极端的情形下，将引起焊接不良或焊点结合力减弱现象。冷却阶段降温速率一般为 3～10℃/s，冷却至 75℃即可。

4.5 引线键合技术

引线键合(WB)技术是最成熟的芯片互连技术，也是当前最重要的微电子封装技术。目前 95%以上的芯片均采用这种技术进行封装，满足了从消费类电子产品到高性能大型芯片的需求。引线键合分三种：热压键合、热超声引线键合和超声引线键合。

1. 热压键合(Thermal Compress Bonding)

热压键合是最早用于芯片互连的方法，目前已很少采用。热压键合是指通过加压与加热，使键合区产生塑性变形，实现引线与焊盘的连接。热量与压力通过毛细管形或楔形工具，以静载或脉冲方式施加到键合区。

该方法对键合金属表面和键合环境的洁净度要求十分高，且只有金丝才能保证键合可靠性。Au-Al 键合系统则易形成"紫斑"，减弱了焊点机械强度。

2. 热超声引线键合(Thermo Sonic Wire Bonding)

热超声引线键合是指在热压键合基础上引入超声波，在超声波作用下将引线软化，降低键合温度和压力，提高键合强度。

典型的热超声引线键合过程如图 4-10 所示。

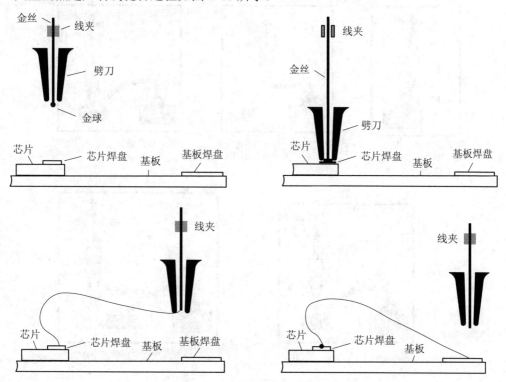

图 4-10 热超声引线键合过程

(1) 直径为 25 μm 的金丝从毛细管形的劈刀中心的孔中穿出，电弧放电将金丝伸出部分熔化，并在表面张力作用下形成直径为 50 μm 左右的金球；

(2) 劈刀向下运动，使金球和芯片焊盘接触，超声波和键合力通过劈刀施加在键合界面上，同时在热量的共同作用下，将金球键合到芯片焊盘上；

(3) 劈刀升起将引线拉起，在空间中形成一个丝拱(Loop)，或称线弧；

(4) 劈刀往下运动，使金丝和基板焊盘接触，在超声波和热量、键合力作用下，将金丝键合到基板引脚或基板焊盘上，并折断金丝。

图 4-11 为正向金球热超声引线键合主要步骤。图 4-12 为热超声引线键合过程示意图。图 4-13 为金丝键合。图 4-14(a)、(b)分别为劈刀和楔形劈刀。图 4-15 分别为球键合和楔键合的键合点。

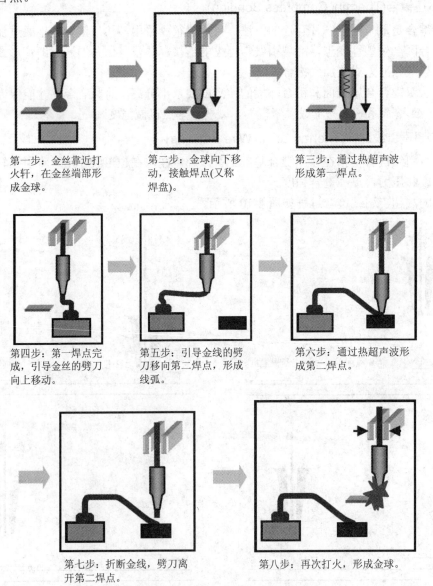

第一步：金丝靠近打火轩，在金丝端部形成金球。

第二步：金球向下移动，接触焊点(又称焊盘)。

第三步：通过热超声波形成第一焊点。

第四步：第一焊点完成，引导金丝的劈刀向上移动。

第五步：引导金线的劈刀移向第二焊点，形成线弧。

第六步：通过热超声波形成第二焊点。

第七步：折断金线，劈刀离开第二焊点。

第八步：再次打火，形成金球。

图 4-11 正向金球热超声引线键合主要步骤

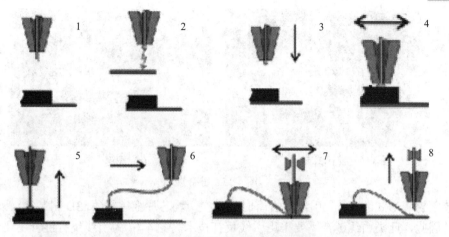

图 4-12　热超声引线键合过程示意图

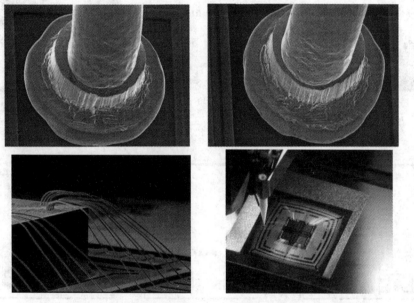

图 4-13　金丝键合

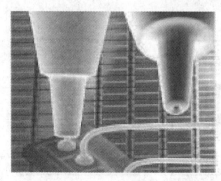

(a) 劈刀

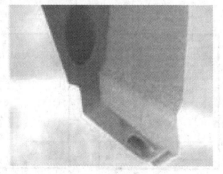

(b) 楔形劈刀

图 4-14　劈刀

 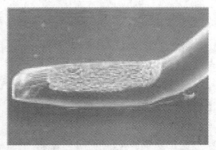

(a) 球键合   (b) 楔键合

图 4-15   键合点

鉴于封装形式的变化，引线键合有时需要在两块芯片上进行(如 3D 封装等)，如图 4-16 所示，因此，此类引线键合需要采用引线反打技术。图 4-17 为引线反打键合主要步骤。

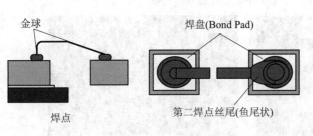 

图 4-16   双芯片引线键合

 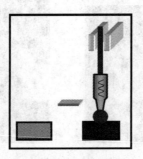 

第一步：金球向下接触焊盘。   第二步：通过热超声波将   第三步：劈刀抬起。
                              金球键合在焊盘上。

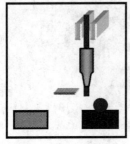  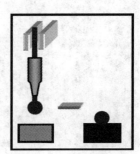

第四步：折断金丝，留下   第五步：再次打火，形成   第六步：金球向下靠近另
金球。   金球。   一焊点(又称焊盘)。

第七步：通过热超声波将
金球键合在另一焊盘上。

第八步：引导金线的劈刀
向上移动。

第九步：引导金线的劈刀移
向第二焊点，形成线弧。

第十步：形成第二焊点。

第十一步：劈刀抬起，折
断金丝。

第十二步：再次打火，形
成金球。

图 4-17　引线反打键合主要步骤

　　由于金丝的价格昂贵，近年来国际上一直在寻求铝丝或铜丝替代金丝实现热超声引
线键合，如 4-18 图所示。由于铝丝或铜丝键合可靠性和强度一直较低，因此并未得到广
泛应用。

图 4-18　铝丝键合

　　热超声引线键合具有操作简单、成本低、可靠性高等优点，但也存在封装密度低的弱
点。综合来看热超声引线键合还是一种相当成功的芯片互连技术，目前仍是芯片互连中最
重要、应用最广的技术。

3. 超声引线键合

　　超声引线键合是指在常温下，施加超声波和键合力(超声波振动平行于键合面，键合力
垂直于键合面)，将引线键合到焊盘上的方法。由于超声引线键合采用如图 4-19 所示的楔
形劈刀，故又称楔键合(Wedge Banding)。

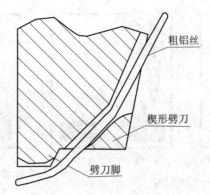

图 4-19　超声引线键合

1) 超声引线键合过程

超声引线键合过程如图 4-20 所示，主要步骤如下：

(1) 在超声波及键合力的共同作用下，将引线的一端键合到芯片焊盘上；

(2) 将引线拉起，形成一个丝拱，同时将拱的另一端键合到基板引脚或者其他芯片焊盘上；

(3) 在键合点将引线切断，则芯片和基板的电路连接在一起。

注意：连接焊盘和引脚的引线必须形成一定形状的拱，并处于自由无引力状态，以承受机械冲击。

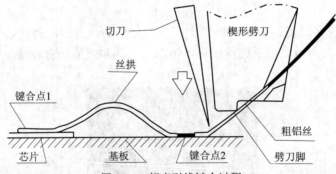

图 4-20　超声引线键合过程

该方法所使用的引线一般为高纯度铝丝或 1% 硅铝合金丝，芯片焊盘表面一般镀铝，这可避免热压键合的"紫斑"，又可解决 Au-Al 系统焊接困难的问题，同时降低了成本。其缺点是尾丝不好处理，不利于提高集成度，生产效率比较低。

目前所采用的引线键合一般为热超声引线键合和超声引线键合，其共同特征是以超声波为主要键合能量。经过四十多年发展，引线键合已成为 IC 封装业的标准技术，具有低成本、适应性强，几乎可以适应各种封装形式的优点。

2) 引线键合的缺点

引线键合的缺点主要如下：

(1) 芯片的 I/O(输入/输出端)必须布置在芯片周边，这限制了芯片的集成密度；

(2) 键合强度和可靠性受环境影响大，存在芯片互连密度低的缺点；

(3) 有相对比较低的生产率和较差的电导性能；

(4) 对于热超声引线键合，还需要大量高质量的金丝。

3) 引线键合的发展方向

近年来，引线键合的新发展方向主要有：

(1) 新的引线材料。使用不同掺杂、不同处理工艺，具有更高强度和更大刚度的金丝，以提供更好的键合性能，形成低而长的丝拱，但是，高掺杂会导致高成本；

(2) 新的控制技术。提高键合头运动精度，精确定位引线键合位置，降低丝拱高度，提高键合跨度。

减小引线直径，缩小焊盘间距等方式是目前提高芯片互连密度的主要思路，但引线直径和焊盘间距会达到其物理极限。在这种情况下，就必须发展其他芯片互连技术，比如：载带自动焊(TAB)、倒装芯片键合。

直到目前，超声引线键合依旧占有最广阔的市场，除非封装技术出现革命性进步，否则众多微电子产品制造商不会轻易放弃这项好用的技术。

4.6 载带自动焊技术

随着超大规模集成电路的发展，微电子器件 I/O 端口数目亦随之增加。超声引线键合作为一种点焊技术，其键合质量和键合效率已经不能适应大规模生产的要求。于是，群焊技术便应运而生，而载带自动焊(TAB)便是群焊技术的一种。

载带自动焊是一种改进的引线键合方法，它是指在柔性载带上粘贴金属薄片，然后在金属薄片上腐蚀出特定图形的引线框，最后将引线框与芯片上的凸点进行连接。

TAB 的封装流程如下所述：

(1) 将芯片放置在金属薄片载带中央，芯片凸点与载带金属焊盘对齐；

(2) 采用引线键合/热压键合技术，将芯片凸点和载带金属焊盘键合在一起，即内键合，经过内键合的产品如图 4-21 所示；

(3) 采用引线键合，将载带金属电路的另一端与外部电路连接起来，实现芯片电路与外电路的互连，即外引线键合。

图 4-21 载带自动焊内键合技术

TAB 用金属载带代替管壳，载带既作为芯片 I/O 引线，又可作为芯片的承载体。载带金属有铜和铝两种，它们各具优势。目前西方各国广泛采用铜载带，载带引脚表面镀金，芯片则采用引线键合制作金凸点，凸点和引线框间采用热压键合技术进行键合。

TAB 的优势在于生产效率高，同时能对芯片进行老化、筛选和考核，保证器件的可靠性，这一点是其他方法不能比拟的。TAB 的缺点是封装集成度不如芯片直接引线键合的高，工艺复杂，载带制作所需设备较为复杂，成本较高，芯片通用性差。

TAB 技术通过减小键合节距，增加芯片 I/O 端口数来提高封装密度。相比引线键合，由于 TAB 的工艺变得更复杂，成本也大幅度提高，使得 TAB 很难取代引线键合，无法向更多民用电子产品普及。TAB 技术在日本得到了改进和发展。NEC、Mitsui-Kinzoku 等公司都对 TAB 技术进行了改进，取得了显著效果，并应用到他们的产品中。

目前，TAB 研究的重点是在高 I/O 端口数、高性能芯片封装中的应用，比如：晶元键合、载带设计、芯片在线测试等技术。值得一提的是一种被称为 Flip-TAB 的一种新型 TAB 技术的应用，该技术借鉴了倒装芯片键合技术的优点，具体为在芯片整个表面分布着高为 25 μm、直径为 50μm 的金球，将其倒装键合到表面镀金的载带上实现焊接。Flip-TAB 技术的芯片 I/O 端口和功率/接地终端分布在芯片的任意位置，使得单位面积的 I/O 端口数目大大增加。

4.7   倒装芯片键合技术

倒装芯片键合(FCB)是一种面阵列芯片互连技术，具有高的芯片互连密度和芯片互连强度。

倒装芯片键合技术最早由 IBM 公司在 20 世纪 60 年代开发。最初的方法是在硅片焊盘处预制钎料凸点，同时将钎料膏印刷到基板焊盘上。然后将硅片倒置，使硅片上的钎料凸点与基板焊盘对齐，经加热后使双方的钎料融为一体，从而实现连接。

倒装芯片键合可满足微电子器件小型化的要求，甚至可直接把芯片粘贴到 FR-4(环氧-玻璃纤维层压板)卡上，从而实现芯片的"最小封装"。但由于钎料凸点制作工艺复杂，焊后检查困难，且需焊前处理和严格控制钎焊规范，因此复杂的制作工艺和高昂的制作成本使得 FCB 技术仅限于高档微电子产品的封装应用。

经过几十年的发展，如今的倒装芯片键合质量，已经远远超过了最初的方法。目前倒装芯片键合技术主要有回流焊接、导电胶键合、热压键合和热超声倒装键合等几种。

1. 回流焊接技术

回流焊接技术，即倒装芯片键合技术最初原型，它有可靠性好、可焊接的 I/O 点多等优点，但其焊盘和倒装凸点的制作技术复杂、成本高，因此主要针对大批量生产的应用。其焊料中含铅，对环境及人体不利，不能满足绿色封装的要求。回流焊接的制作工艺流程包括涂敷助焊剂(Fluxing)、芯片贴装(Die Placement)、回流(Reflow)、底部充胶(Under Fill)和固化(Cure)几个过程。

2. 导电胶键合技术

导电胶键合技术是指在基板上涂敷带有纳米导电粒子的环氧树脂，芯片凸点和基板焊盘通过纳米导电粒子连通。根据导电粒子的导电性，导电胶键合技术可分为各向异性和各向同性导电胶键合两种形式。导电胶键合的工艺简单，可在低温下键合，但有连接强度低、可靠性低和寄生电阻大的缺点。

3. 热压键合技术

热压键合技术是指芯片焊盘通过引线键合的方式植入金凸点，然后将芯片倒置，凸点向下反扣在基板焊盘上，然后采用热压键合的方式，将芯片凸点键合到基板焊盘上。热压键合技术没有铅污染问题，效率也较高，但其存在可靠性差、可键合窗口小，且高温高压的键合条件对芯片不利等缺点。

4. 热超声倒装键合技术

热超声倒装键合技术借鉴了热超声引线键合技术，即在超声波、键合力和热量的作用下，将金凸点键合到基板焊盘上。其具体步骤为：首先在芯片焊盘上用超声引线键合的方式植入金凸点；然后将芯片倒置，凸点向下反扣在基板焊盘上；最后通过超声波、键合力和热量的共同作用，将芯片凸点键合到基板焊盘上。

相对而言，热超声倒装键合技术具有如下优点：

(1) 采用了清洁、无铅、无焊锡、无胶的阵列互连方式；

(2) 超声波能量的引入，使键合工艺简化，键合力和热量降低，键合时间缩短，减小了对芯片和基板的损伤；

(3) 热超声倒装键合所产生的金属间连接强度，比其他方式所产生的连接强度大得多；

(4) 工艺周期和时间可从数分钟缩短到数微秒；

(5) 可兼容大部分传统的装备和技术，比如热超声引线键合机、薄或厚胶片基板技术、倒装键合机和底料填充以及布胶等；

(6) 热超声引线键合凸点制作技术简单、灵活，可满足个性化封装要求，缩短了新产品封装周期和进入市场的时间。

热超声倒装键合技术被认为是最具潜力的芯片互连技术。目前，热超声倒装键合技术以其独特的优势，在低成本、低 I/O 端口数目的封装应用中越来越广泛地被采用。

5. 倒装芯片键合技术的优缺点

1) 倒装芯片键合技术的优点

倒装芯片键合技术的优点如下：

(1) 芯片的 I/O 端口和功率/接地终端可分布在芯片任意位置，不必限制在芯片周边，使得芯片单位面积的 I/O 端口数目增加；

(2) 倒装芯片键合是面阵列互连方式，是封装密度最大的封装方式；

(3) 互连线最短，减小了电阻、电感，有利于提高信号的传输速度；

(4) 凸点反扣技术为集成电路设计工作提供了方便，不必再将焊点引到芯片周边；

(5) 具有高互连密度，使得封装尺寸和质量减小。

2) 倒装芯片键合技术的缺点

倒装芯片键合技术的缺点如下：

(1) 芯片上制作凸点所需的设备、材料价格昂贵，工艺复杂，使封装的成本较高，这一点对于回流焊接技术而言特别突出；

(2) 由于键合点隐藏在芯片下面，难以判定键合质量的优劣。

可靠性、成本、性能和尺寸是选择倒装芯片键合技术作为首选芯片互连技术的关键驱动力量。在移动电话和手持消费电子产品应用中，经常要求采用倒装芯片键合技术，以缩小产品尺寸，提高产品性能。目前，几乎所有的主要微电子产品公司都在开展倒装芯片技术研究，且相当多的技术都已被应用到产品中。

芯片互连通常采用引线键合、载带自动焊或倒装芯片键合技术，具体应用则取决于多种因素，主要包括：

(1) 芯片和基板上的 I/O 端口数量、焊盘间距以及所允许的成本。

图 4-22 显示了每种技术的封装芯片上可能的 I/O 端口数，其中箭头指出了 2000 年生产中所用的技术，而更高的数字则是可能达到的极限。

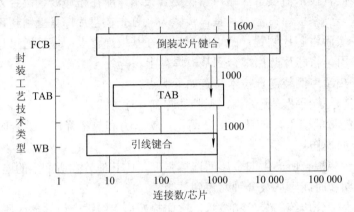

图 4-22　连接技术和 I/O 端口数关系

图 4-22 表明，倒装芯片键合技术的 I/O 端口数最高，TAB 次之，引线键合最小。提高芯片 I/O 端口数的一个途径是减小焊盘间距，这也是目前面临的挑战。除此之外，引线键合边缘上的引线并不能为芯片上的所有晶体管提供良好的散热途径，这一点对于大芯片非常重要。除了 I/O 端口数和焊盘间距差别外，引线键合的芯片面积要比倒装芯片键合的面积大，这将导致每个硅圆片上的芯片数减少。

(2) 引线电感、电阻、芯片返修和失效率。

引线键合技术的返修和失效率最高，倒装芯片键合技术的返修和失效率最低。

(3) 封装可靠性。

倒装芯片键合的可靠性比引线键合高 3 个数量级。

4.8　薄膜覆盖封装技术

图 4-23 所示为通用电气公司采用薄膜覆盖封装技术制成的功率模块。芯片的背面焊接在 DBC 陶瓷基板上，芯片正面粘贴聚酰亚胺绝缘薄膜。粘贴前，薄膜已按要求形成一定距离和大小的过孔，过孔的位置与下面芯片电极的位置对应。然后用溅射法使过孔金属化，过孔提供了芯片到顶层的互连。最后沉积金属层，并光刻出图形。

为得到多层结构以实现更复杂的电路结构，需重复以上的工艺过程。最上层采用表面贴装技术，焊接驱动、控制、保护元器件。

薄膜覆盖封装技术具有以下优点：

(1) 芯片产生的热量主要经过铜垫片传送到 DBC 陶瓷基板，然后通过导热或辐射向大气散发，同时，一部分热量通过金属化过孔传送至顶层的金属层，再通过对流或辐射向大气散发，实现了三维散热；

(2) 外形尺寸小，寄生参数小；

(3) 多层结构便于实现更复杂的电路结构。

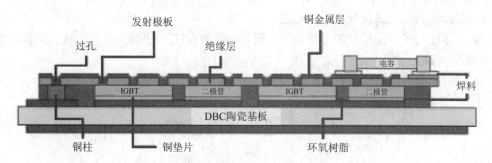

图 4-23　采用薄膜覆盖封装技术制成的功率模块

薄膜覆盖封装技术的缺点是绝缘薄膜和铜垫片层易产生热应力，模块不易返修。

4.9　金属柱互连技术

图 4-24 示出了金属柱互连平行板结构(MPIPPS)的封装示意图。最底层是散热器，散热器上面直接是 DBC 陶瓷基板(或铝基板)。DBC 陶瓷基板上预先蚀刻有相应的线路。芯片的背面焊接到 DBC 陶瓷基板上，而芯片正面的电极通过金属柱引出，并与上层 DBC 陶瓷基板构成电气连接，即借助金属柱完成了芯片之间及上、下 DBC 陶瓷基板之间的互连。上层 DBC 陶瓷基板的顶层焊接驱动、控制、保护元器件。因为芯片的厚度和焊点的大小不同，可使用多种不同尺寸的金属柱，实现上、下层基板的连接和两种不同的芯片与上层基板的连接。芯片可通过基板和金属柱散热。在平行的基板以及金属柱之间的空间，可填充固态的绝缘导热材料。

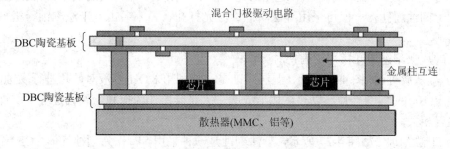

图 4-24　金属柱互连技术封装模块

1. 金属柱互连技术的优点

金属柱互连技术具有以下优点：

(1) 金属柱短而粗，载流量大，寄生参数小；

(2) 金属柱的使用增加了热传输路径，上层基板参与散热，改善了热性能；

(3) 平行板结构提供了使用液态绝缘材料实现主动散热的可能，流动的液体可直接带走元器件产生的热量；

(4) 多层板通过金属柱容易形成堆栈结构，有利于无源元件的集成。

2. 金属柱互连技术的缺点

金属柱互连技术具有以下缺点：

(1) 芯片表面需金属化处理，以实现双面可焊；

(2) 金属柱直接焊在芯片和上层基板之间，材料的 CTE 不匹配，会产生较大的热应力，易导致模块失效；

(3) 需新的安装工具和设备来处理金属柱。

4.10　通孔互连技术

通孔互连技术是一种新颖的互连方式。如图 4-25 所示，与传统的互连方式(如引线键合)不同，它是通过在硅片或玻璃上刻蚀通孔形成的。这种互连技术因为是垂直连接电路的两端，所以电连接距离短、密度高，寄生、串扰等效应也较小。

 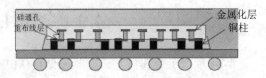

(a) 引线键合技术　　　　　　　　(b) 通孔互连技术

图 4-25　引线键合和通孔互连技术比较

在封装密度不断提高的情况下，通孔互连技术在 IC、MEMS 领域都有广泛的运用。通孔根据基板材料的不同，可分为硅通孔(TSV)和玻璃通孔两类；根据形状的不同，又可分为斜孔和直孔两类。

通孔互连技术典型的工艺步骤如下：

(1) 通孔刻蚀。玻璃材料因其透光的光学性质，在光学器件的封装中常常被用作盖板。在玻璃上刻蚀通孔，一般可采用湿法腐蚀、激光打孔、粉末轰击、干法刻蚀、机械打孔等方法实现。

在硅片上刻蚀通孔常用的有两种方法：

① 湿法腐蚀。如图 4-26 所示，湿法腐蚀是一种利用 KOH 溶液对硅片进行腐蚀的方法，一般使用[100]晶向的硅片，以热氧化形成的二氧化硅层作为掩膜，腐蚀过程中腐蚀速率与溶液温度相关。

② 干法刻蚀。如图 4-27 所示，干法刻蚀是一种采用 SF_6 作为刻蚀气体，CF_4 作为保护气体，以二氧化硅层或光刻胶作掩膜的各向异性的反应离子刻蚀技术。

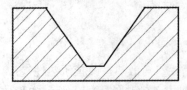 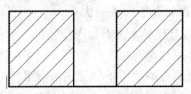

图 4-26　KOH 湿法腐蚀　　　　　　图 4-27　干法刻蚀

（2）绝缘层沉积。硅片本身具有导电性，为了保证硅片上通孔间的绝缘，防止短路，在通孔制作完毕后，必须在通孔的侧壁沉积一层绝缘介质层。采用化学气相沉积的方法，可在通孔的侧壁沉积 Si_3N_4 或 SiO_2 介质层。

（3）孔内电连通。斜孔深度一般有几百微米，要在其侧壁上形成电通路，通常可采用溅射、蒸发、电镀等方法。直孔电连通常采用低温化学沉积、熔融金属沉积、电镀等制作方法实现。

（4）重布线、布置焊球。通孔内金属层制作完毕后，可以采用类似于集成电路的再分布技术对键合好的圆片表面进行重新布线并布置焊球，形成重布线层(RDL)。

（5）通孔寄生电容。在玻璃上制作通孔，一般不考虑通孔寄生电容问题。因为玻璃片本身可认为是绝缘的，所以玻璃上的通孔可以运用于超高频的电路中。

如图 4-28 所示，因为硅片本身的导电性，所以在通孔内沉积金属或多晶硅前，先在通孔的侧壁上沉积一层绝缘层，这样就会在硅片和金属层之间形成一个 MOS 寄生电容。

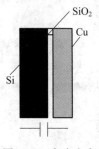

图 4-28　寄生电容

4.11　扇出型封装技术

扇出型(Fan-Out)封装通过模塑扩大芯片的封装尺寸，以提供更多的连接到基板的 I/O 端口数。扇出型封装对很多应用非常重要，特别是用于计算的处理器芯片封装。扇出意味着在封装体之外的区域布置焊球从而增加 I/O 端口数。

图 4-29 为扇出型晶圆级封装(FO-WLP)结构，具体包括：两个或更多的介电层，在元器件 BEOL(Back end of Line，指后道工序，是 IC 制造的第二部分，即将单个器件与晶圆上的金属化层互连)时沉积导电层，在元器件 BEOL 时沉积 Al 或 Cu 盘，嵌入 IC，使用环氧模塑化合物塑封芯片，粘贴 FO-WLP 封装到板上的无铅焊球。

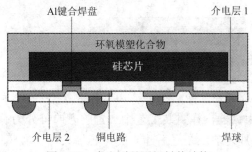

图 4-29　扇出型晶圆级封装结构

图 4-30 所示为一个典型的 FO-WLP 工艺流程,主要分为 6 个部分,具体包括:

(1) 在载体晶圆上粘贴黏合带,最常见的载体晶圆是硅和玻璃;

(2) 从晶圆上拾起单个管芯,并将单个管芯粘贴在直径为 200 mm 或 300 mm 载体晶圆黏合带上;

(3) 使用环氧模塑化合物塑封重组晶圆以扩展芯片表面尺寸从而放置更多的凸点;

(4) 移除载体和黏合带;

(5) 将已模塑或重组的晶圆翻转,然后沉积 RDL,并使用;

(6) 钢网将焊球放置在 RDL 上,然后对晶圆上的焊球进行熔融和回流,随后将器件研磨至最终的厚度、激光打标、分离成最终的包装尺寸并切割成形。通过该工艺加工的 WLP 芯片具有最薄的形状系数,且具有短的信号路径长度和高的电气性能。

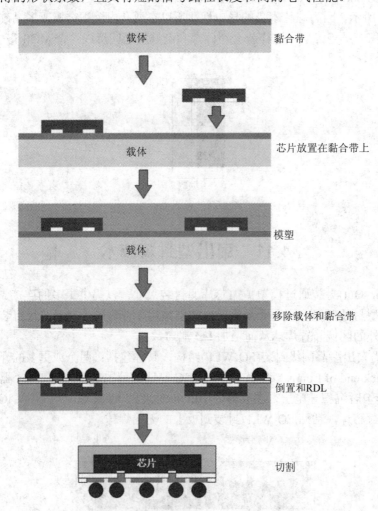

图 4-30   扇出型晶圆级封装工艺流程

对于扇出型封装,根据器件在封装工艺中放置的方向可分为有源面向上和有源面向下两种,根据 RDL 是在芯片之前还是之后建立的,芯片又可分为芯片前置和芯片后置两种。有源面向下工艺是将器件有源面朝下进行塑封,随后将晶圆倒置从而用于再分布层的沉积工艺。有源面向下工艺不需要使用铜柱和焊料,节省了成本,与有源面向上工艺相比降低了封装高度。然而有源面向下工艺是将器件嵌入到黏合带中,在器件取放力和压模力的作用下会导致器件和模塑之间形成一定的表面形态,从而造成了器件模塑过程中的共面性问题。有源面向上工艺将器件的有源面向上进行封装,可以消除器件与环氧模塑封材料间由于表面形态导致的共面性问题。尽管有源面向上和有源面向下工艺在先进的设计规则下可以保证较小的封装面积,但是与此相关的工艺仍面临着诸多挑战。

4.12　倒装芯片技术

倒装芯片技术(FCT)是 1960 年首先由 IBM 公司设想并开发研制出来的,但一直到近几年才大量应用于高速、单芯片微处理器或微电子集成芯片中。倒装芯片技术应用于少数功率器件,则是在最近几年的时间内出现的。

一般的封装技术是将芯片的有源面朝上,背对基板进行互连。倒装芯片技术则是将芯片有源面朝下,面对基板,通过互连媒介实现芯片和基板上相应焊盘的互连。芯片放置方向与常规封装相反,故称倒装芯片。

倒装芯片技术可实现芯片和基板的互连距离最短。根据芯片与基板的互连媒介种类,倒装芯片技术主要可分为焊料凸点倒装互连技术、聚合物倒装互连技术和热压共晶焊技术三种类型。

焊料凸点倒装互连技术通常又称为可控塌陷芯片连接(Controlled Collapse Chip Connection) 技术,如图 4-31 所示。芯片的有源面通过焊料凸点与基板相连,焊点除了起到电气连接、热传导的作用外,同时也在一定程度上作为芯片与基板的机械连接和支撑。

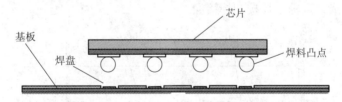

图 4-31　焊料凸点倒装互连技术

作为芯片和基板的连接材料,焊料凸点有三种不同位置,其优点也不同。各种焊料凸点位置的优点如下:

(1) 利用制造芯片的技术和设备,将焊料凸点制作在芯片的电极上;

(2) 将焊料凸点制作在电路基板的焊盘上,缩短芯片的加工时间;

(3) 同时将焊料凸点制作在芯片的电极和基板的焊盘上,增大凸点体积,有效提高芯片与基板之间的互连强度。

考虑到投资成本、技术开发周期和容忍缺陷的能力,通常选择将焊料凸点制作在芯片上。

倒装芯片焊接的关键是芯片每个焊料凸点与基板上相应焊盘的对准。凸点越小,间距越密,对准越困难。在保护气体以及适当的湿度下,通过回流焊接工艺可实现芯片焊料凸点与基板的对准。

通过对芯片上施加的压力来控制焊点的塌陷程度，弥补芯片与基板的缺陷(如芯片凸点的高度不同，板的凹凸、扭曲等)产生的焊接不均匀性，使所有凸点都能可靠互连。由于焊料表面张力的存在，按照基板焊盘尺寸的百分比，即使芯片的焊料凸点与基板焊盘的中心误差达到 25%，也能在回流焊接时使凸点回到焊盘的中心位置，实现凸点和基板焊盘"自对中"，如图 4-32 所示。

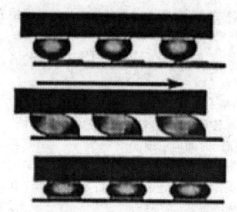

图 4-32   倒装芯片焊接的"自对中"效应

4.13   压接封装技术

压接封装技术是富士、东芝和 ABB 公司最早开发研制出来的一种封装技术。图 4-33 所示为铜块压接封装技术示意图。压接封装技术采用压力装配，其中多个芯片的连接通过过渡钼片扣合完成，取消了焊接和焊接面。

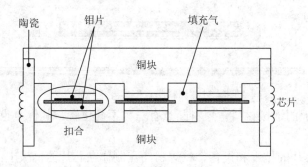

图 4-33   铜块压接封装技术示意图

1. 压接封装技术的优点

压接封装技术具有如下优点：

(1) 无焊接过程，不存在 CTE 匹配的问题，可靠性较高；

(2) 由于是机械连接，安装返修方便；

(3) 采用弹簧片压接方式的模块可允许下层基板的面积更大，实现大功率变换。

2. 压接封装技术的缺点

压接封装技术的缺点主要体现在：

(1) 对芯片、压块、底板等部件平整度要求很高，否则模块的接触热阻增大；

(2) 芯片上受到的压力要合适，压力过大，会损伤芯片，如果压力过小，则正向压降和热阻增大；

(3) 热应力会使弹簧片等紧固件发生较大的塑性形变，使加在芯片上的压力发生变化，造成正向压降和热阻不稳定；

(4) 对电路板的机械尺寸及布线的精确度要求高。

4.14 电气连接技术

1. 电子封装的电气连接功能

电子封装的电气连接主要功能如下：

(1) 作为信号的输入、输出端向外界的过渡桥梁；

(2) 作为功率的输入、输出端同外界的过渡桥梁。

封装提供芯片上驱动电路到接收器的信号传输路径，对芯片提供电能和接地连接，同时还支持器件间的连接。

电子封装中电学设计的关键是对信号频谱的分析。在低频时，信号布线和电源布线都比较容易实现，因为互连的物理几何结构的影响很小。在高频时，因为互连在物理上是足够长的，其表现就依赖于材料和信号包含的电磁场，诸如传输延迟、特性阻抗、寄生电抗等效应，决定着传输信号的性能。因此，信号的失真程度和信号到达终端的传输时间就与互连参数有关。同时，由于信号的频谱支配了芯片的工作速率，所以对于芯片与电源的连接路径和芯片接地的路径，在设计时也应该给予关注。

电子封装的电气连接设计主要是为了满足整个系统需求，通过封装，进行合理的互连安排，得到合格的电信号。设计的最终结果是确定使用的材料类型和合理互连布线结构。电子封装电气连接设计过程还要包括对嵌入封装体内的有关器件进行设计，以保证信号可靠性和片上、片外互连传递。

2. 电子封装的电气连接目标

电子封装的电气连接目标如下：

(1) 芯片间信号互连(网络)并可靠运行。在可接受容差内，保持传输信号不变，包括DC 电平、信号转换时间及由于反射引起的信号畸变；同时控制由各种通道引入的噪声，如线间耦合和公共通路阻抗。

(2) 片上网络性能可靠，电源分配完整。由于互连导线之间包括自感、互感和电容等，因此需保证芯片到封装接口区的信号完整。

(3) 优化封装横截面几何尺寸、材料匹配，避免线间分割和线截面不足或过大。

(4) 设计合适的信号网络布局，实现噪声控制。

(5) 满足性能预测、性能评估。

3. 电子封装的电气连接的分类

电子封装的电气连接技术设计，是对封装电学性能的评估和判断，可以分为建模参数提取与模拟两个步骤。电子封装的电气连接模型分为集总元件模型、分布元件模型和非横向电磁场或全波模型三类。

1) 集总元件模型

实际电路中使用的电路部件一般都和电能的消耗现象及电、磁能的储存现象有关，它们交织在一起并发生在整个部件中。假定在理想条件下，这些现象可以分别研究，并且这些电磁过程都分别集中在各元件内部进行，这样的元件称为集总参数元件，简称为集总元件。图 4-34 所示为电阻、电容和电感的集总元件模型。

电阻   电容   电感

图 4-34   电阻、电容和电感的集总元件模型

2) 分布元件模型

实际电路中参数具有分布性，必须考虑分布参数的电路称为分布参数电路，如电子电路器件周围的分布电感、分布电容等，一般高频电路比较关心分布参数。图 4-35 所示为实际电阻的高频分布元件模型。

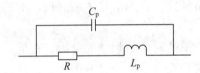

图 4-35   实际电阻的高频分布元件模型

3) 非横向电磁场(non-TEM)或全波模型

非横向电磁场模式主要发生在信号传输频率特别高的场合。

建模和模拟的方法取决于封装结构中信号传输的频率。如果信号传输频率很低，封装结构可看作集总元件，用电子电路理论进行电学性能模拟；当信号传输频率很高时，封装结构可看作分布元件，使用传输线理论建模分析。在这两种情况下，电磁波扩展是横向电磁场(TEM)模式。如果信号传输频率很高，产生非横向电磁场模式，此时封装结构必须用麦克斯韦方程求解电磁场。

大规模集成电路的集成度越来越高，必然导致信号传播延迟和功率消耗增大。高速驱动、密集的输出引脚、PCB 封装后带来的大电容和电感的外部配线、LSI 中 I/O 电路消耗的更大功率等问题，导致 LSI 无法同时实现高性能和低功率耗散的目标。为了解决这些问题，实现 I/O 电路互连，必须减小配线长度，减小芯片尺寸和引脚电容。

采用三维(3D)LSI，可以满足这些要求，可轻易地实现配线长度减小、芯片面积减小，并且可以在提高信号传播速率的同时，降低其功率耗散。因此，3D LSI 具有广阔的发展潜力。通过 3D LSI 技术，可以制备新型的 LSI。

4. 电子封装的电气连接需注意的问题

在电子封装电气连接中，有三个问题格外需要注意，即信号完整性、电源完整性和趋肤效应。

1) 信号完整性

信号完整性用于衡量信号在传输路径上的质量，传输路径可以是普通的金属线，可以是光学器件，也可以是其他媒介。信号完整性是指在不影响系统中其他信号质量的前提下，接收端能够接收到符合逻辑电平要求、时序要求和相位要求的信号，使信号具有良好的物理特性(高低电平的阈值以及跳变沿的特性)，防止其产生信号畸变，导致接收端无法识别信号。信号完整性设计的根本目标是保证信号波形的完整和信号时序的完整。宏观的信号完整性问题可以分为四类：① 单条传输线的信号完整性问题；② 相邻传输线间的信号串扰问题；③ 与电源和地相关的电源完整性问题；④ 高速信号传输的电磁兼容性问题。

　　一个信号传输系统对输入信号的响应情况，取决于传输线长度与信号传输的快慢。在传统的低速电路设计中，由于其传输的时间与信号的电压变化时间相比很小，PCB 走线可以看作一个完美的电气连接点。像中学物理课本中描述的一样，可以认为电信号的速度无穷大，瞬间可以传遍整个导体，只要由一根铜线相连，就可以认为在所有的点看到的信号变化一致。但是在高速系统中，这种理想的互连线就成为工程师不断追求但永远也达不到的目标。在一个信号的传输过程中，如果信号的边沿时间足够快，短于 6 倍的信号传导延时，那么在信号的传输过程中，传输媒介就会表现出传输线特性，即可认为信号按照理想传输线模式传输。

　　信号在媒介上传输就像波浪在水中传送一样，会产生波动和反射等现象。任何从信号源输出到传输线上的电流，都会返回到源端，因此，信号不仅仅是在信号线上传输，同时也是在参考平面(回路)上传输，在信号路径和回路上的电流大小相等，方向相反。信号在传输线上传输的同时，信号线和参考平面之间的电场也在逐步建立。如图 4-36 所示，一个从 0 到 1 的信号跳变在传输，信号的跳变沿传输到哪里，哪里的电场就开始建立，信号传输的快与慢实际上取决于电场建立的速度。

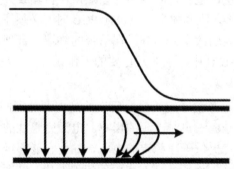

图 4-36　信号传输示意图

　　在信号的传输过程中，在信号到达的地方，信号线和参考平面之间由于电场的建立，就会产生一个瞬间的电流，如果传输线是各向同性的，那么只要信号在传输，就会始终存在一个电流 I，如果信号的输出电平为 U，则在信号传输过程中，传输线就会等效成一个电阻，大小为 U/I，把这个电阻值称为传输线的特征阻抗 Z_0，要格外注意的是，这个特征阻抗是对交流信号而言的，对于直流信号，传输线的电阻不是 Z_0，而是远远小于这个值。

　　造成电子封装中信号不连续的主要原因在于信号传输过程中的阻抗不连续。传输线特征阻抗的值与信号线和回路的特性都密切相关。信号在传输过程中，如果传输路径上的特征阻抗发生变化，信号就会在阻抗不连续的节点产生发射。传输线的宽度变化，导致两段传输线的阻抗不一样，在连接点处就存在阻抗不连续的问题，使得入射信号在此产生反射现象。

如图 4-37 所示，$U_{入射}$表示入射波的电压，$U_{反射}$表示反射波的电压，$U_{传输}$表示沿着传输线继续传送的信号电压，Z_1 和 Z_2 是两段不同的传输线的特征阻抗。$U_{反射}$和 $U_{入射}$的关系满足

$$\frac{U_{反射}}{U_{入射}} = \frac{Z_2 - Z_1}{Z_2 + Z_1} = \rho \tag{4-1}$$

其中 ρ 为反射系数。从反射系数的定义可以分析出，如果 Z_2 大于 Z_1，$U_{反射}$是正值；反之，$U_{反射}$为负值。设想一种极端情况，如果 Z_2 无穷大，即 Z_1 传输线后面是完全开路的，这样的话，ρ 近似等于 1，也就是说入射信号被完全反射回来。

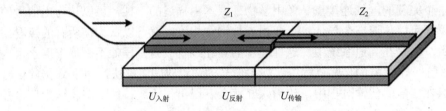

图 4-37 传输线阻抗不连续示意图

在实际系统中，一般来说，工程师总是尽量想办法减少信号在传输过程中的反射问题，因为信号在传输线上来回反射对系统并不是一件好事。

在实际系统中，也有利用反射机制的实例。例如，PCI 总线与其他的许多总线不同，它在总线的终端没有匹配电阻，而是利用反射的机制实现其需要的时序。

在 PCB 设计过程中，造成传输线阻抗不连续的原因很多，例如线宽改变，传输线与参考平面间距改变，信号换层、过孔，回路中存在缺口，传输线分支、分叉、短线，等等。导致阻抗不连续的原因很多，不胜枚举，在设计 PCB 时，必须注意保持传输线由始至终阻抗尽量连续，不要出现较大的改变。另外，在信号的终端，合理利用终端电阻吸收信号，防止其反射，这也是 PCB 设计中一项非常重要的工作。

2) 电源完整性

电源完整性用于衡量电源波形的质量，研究的是电源分配网络(PDN)，并从系统供电网络综合考虑，消除或者减弱噪声对电源的影响。电源完整性的设计目标是把电源噪声控制在运行的范围内，为芯片提供干净稳定的电压，并使它能够维持在一个很小的容差范围内(通常为 5%以内)，以便实时响应负载对电流的快速变化，并能够为其他信号提供低阻抗的回流路径。关于电源完整性，有四个比较重要的层面：芯片层面、芯片封装层面、电路板层面及系统层面。在电路板层面的电源完整性要满足以下三个需求：① 使芯片引脚的电压驻波比规格小一些；② 控制接地反弹；③ 降低电磁干扰并且维持电磁兼容性。

电源噪声的主要来源：供电模块(VRM)的输出噪声、传输线的直流电阻与寄生电感、同步开关噪声(SSN)、电源与地平面谐振噪声、临近电源网络耦合噪声、其他部件耦合噪声。VRM 供电模块通常包括 LDO 和 DC/DC 两种。

大量的芯片引脚在进行逻辑状态切换时，会有一个大的瞬态电流流过回路，造成地平面的波动，从而使芯片的地与系统的地不一致，称为地弹；造成芯片和系统的电源有差压，称为电源弹。在进行 PCB 叠层设计时，尽可能增大电源平面叠层之间的垂直距离，减少电源平面和地平面之间的垂直间距。图 4-38(b)示出了实际的电源、地和信号的示意图。

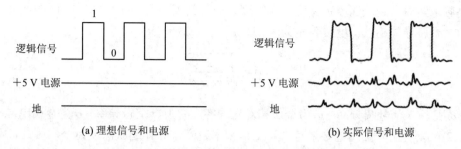

(a) 理想信号和电源 (b) 实际信号和电源

图 4-38　信号、电源理想情况与实际情况对比

电源之所以会产生波动，是因为实际的电源平面总是存在阻抗的，这样在瞬间电流流过时，就会产生一定的电压浮动，大部分数字电路器件对电源波动的要求在正常电压的正负 5%范围之内。为了保证每个芯片都能够正常供电，就需要对电源的阻抗进行控制(即降低电源平面的阻抗)。对于器件的供电系统来说，需要在一定的时间内，以恒定的电压向负载提供足够的电流。因此保证足够低的电源目标阻抗，是实现电源完整性设计的唯一方法。电源目标阻抗 = 最大允许波纹电压/瞬时动态电流。当然，目标阻抗设计方法是目前进行电源完整性设计的有效可靠的方法。目前在电子系统内，对于电源系统整体的供电阻抗要求小于 0.001 Ω。

随着芯片信号传输速度越来越快，集成度越来越高，电源完整性问题会愈加显得重要，从而对芯片的设计与封装提出了越来越高的要求。

3) 趋肤效应

如图 4-39 所示，当导体通入高频交变电流 I 时，会产生绕着导体电流逆时针方向的涡旋磁场 H。相应地，涡旋磁场又会产生新的涡旋电场，继而产生涡旋电流(如图 4-40 中 I_W)，此即为电磁感应。越靠近导体中心，电磁感应产生的涡旋电场越强。如图 4-40 所示，靠近导体内部，新产生的涡旋电场与原有电场相抵消；靠近导体表层，新产生的涡旋电场则与原有电场相叠加，从而使金属导体内部电流集中在金属导体表层。

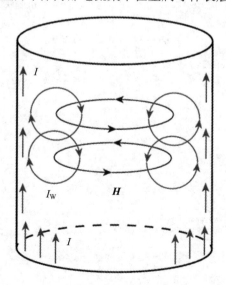

图 4-39　涡旋电流示意图

高频电路中，趋肤深度定义为电流密度衰减为其表面值 1/e(大约 0.37)时的深度。工程实际中，金属导体趋肤深度可表示为

$$\delta = \sqrt{\frac{2}{\omega \mu_r \mu_0 \sigma}} \qquad (4-2)$$

式中，ω 是输入信号圆频率，μ_r 为金属相对磁导率，μ_0 为真空磁导率，σ 为金属电导率。从公式(4-2)可以看出，金属电导率越大，工作频率越高，导体趋肤深度越小。因此，对于当前工作在射频波段的电子封装产品而言，趋肤深度尤其显著，从而对于器件性能的影响也愈加明显。图 4-40 示出了金属 Cu 趋肤深度与工作频率之间的关系。图 4-40(a)表明金属 Cu 趋肤深度为金属表面很薄的一部分，且随着工作频率升高迅速减小。当频率从 0.1 GHz 增加至 100 GHz 时，金属 Cu 趋肤深度迅速从 6.8 μm 减小至 0.4 μm。当频率大于 20 GHz 时，金属 Cu 趋肤深度小于 0.5 μm，如图 4-40(b)所示。

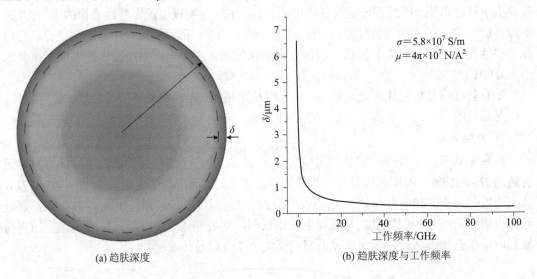

(a) 趋肤深度　　　　　　　　　　　(b) 趋肤深度与工作频率

图 4-40　Cu 趋肤深度

第五章　封装可靠性

自从可靠性概念在二十世纪四五十年代，由美国军方提出并应用于设计和生产以来，集成电路可靠性与可靠性物理在二十世纪六十年代后期迅速崛起，并逐步成为一门新兴的交叉科学。

作为首位太空驻留突破 100 天的中国航天员，聂海胜已经三上太空，并两次担任指令长，还执行了空间出舱活动，也获得了很多荣誉。在 2021 年 12 月 7 日举行的神舟十二号航天员乘组与记者见面会上，谈及三次飞行任务的不同，航天员聂海胜表示，最直接的感受就是"可靠性越来越高"。

2021 年 12 月 17 日，载人航天领域代表围绕"飞天逐梦写忠诚"与中外记者见面交流。北京航天飞行控制中心空间站任务总工程师孙军说，载人航天飞行控制最主要的特点就是保障绝对安全，系统的可靠性要达到 4 个 9，即 0.9999。中国载人航天工程办公室总体技术局局长董能力说，我们载人航天领域里有一个"质量归零"，包括"管理归零""技术归零"。归零有五条标准，叫"定位精准、机理清楚、故障复现、措施有效、举一反三"。

图 5-1 所示为"天宫"对接，航天是一个高风险的事业，所以在从事航天的过程中必须要把质量和可靠性放在第一位，航天不能有任何闪失，任何闪失都会造成飞行试验的失利。

图 5-1　"天宫"对接

近年来，电子设备在提高功能和性能的同时，也向小型化和轻量化方向迅速发展。这就要求在尽量缩短产品的开发时间的同时，必须确保产品的可靠性及安全性。为了满足这一矛盾的要求，就必须更有效地实施环境试验。随着电子、电气工业的不断发展，现代工业产品发生故障现象的原因变得越来越复杂。

随着产品性能提高和密度加强，在此之前不被认为是问题的事项，由于产品特性的微小变化，都变成了故障的原因。因此有必要进一步提高可靠性评价的准确度。另外，为了更准确地进行评价，还应精确地捕捉可靠性试验中所发生的故障现象，增加解析工作所需的信息量。

5.1　可靠性的概念

可靠性是指产品在规定的条件下和规定的时间内，完成规定功能的能力。可靠性在现代电子产品中的地位已与产品的技术指标相提并论。保证和提高各种电子产品的可靠性，已成为国内外电子产业的共同目标。电子封装的可靠性是保证电子产品的可靠性的技术关键。1957 年美国先锋号卫星，因一个价值 2 美元的器件失效，造成价值数百万美元的卫星原地坠毁。不同工业产品对于可靠性有不同的要求。个人计算机期待能够持续使用 5～7 年，汽车电子系统则期待能够持续使用 10～15 年，部分通信、军用电子组件则要求持续使用超过 30 年。

可靠性的方程简单描述如下：

$$R(t) = 1 - F(t) \tag{5-1}$$

式中，$R(t)$ 为可靠性函数，$F(t)$ 为故障函数。故障函数包括四个主要变量，分别是瞬间故障率、平均故障率、平均故障发生时间、平均故障间隔时间。

一般电子产品生命周期内的可靠性呈图 5-2 所示的"浴盆"曲线。利用老化试验可以剔除早期失效产品。至于老化测试条件，如何设定早期失效期与使用期的界限，事前均须审慎评估。近年来，电子产品生命周期及更换率发生了明显变化，而许多测试标准是参照早期美国军用标准制定的，目前是否适用仍旧值得商榷。

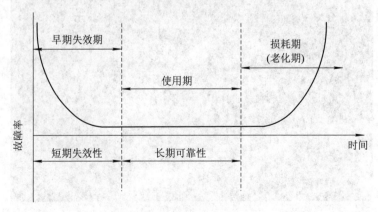

图 5-2　可靠性"浴盆"曲线

5.2 封装失效机理

封装给 IC 提供电气及机械保护,以免电子器件受污染、湿气影响,进而影响电子产品寿命。电子封装及其组件在加工和工作中,因材料的热膨胀系数(CTE)失配,在封装结构内将产生热应力、应变,从而导致电子封装的电、热和机械失效。失效机理是产品失效的根本原因,往往发生在器件级或板级上。例如手机屏幕失灵或者无法拨打电话的现象,其失效机理可能是芯片因热应力而开裂,或者是焊料互连的开裂引起的电气开路,又或者是芯片、基板内结构界面之间的分层。通常器件失效机理有如下几个方面。

1. 机械方面

一般的冲击、振动(如汽车发动机罩下面的电子装置)、填充料颗粒会导致硅芯片产生应力、惯性力(如火炮外壳在发射时引信受到的力),材料和结构产生相应的弹性形变、塑性形变、弯曲(Buckle)、脆性或柔性断裂(Fracture)、界面分层、疲劳裂缝、蠕变(Creep)及蠕变开裂等。图 5-3 为某种类型芯片由于振动导致的 BGA 焊点开裂。

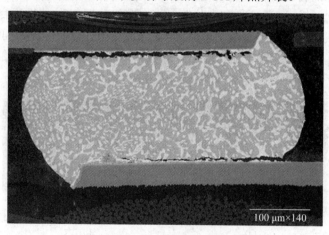

图 5-3　BGA 焊点开裂

2. 热学方面

芯片黏合剂固化,引线键合前的预加热、成型、后固化,邻近元器件的重新加工(Rework)、浸锡、波峰焊、回流焊等过程释放的热量会导致材料热膨胀,由于材料之间的CTE 失配,引起局部应力,最终导致器件失效。图 5-4 示出了因 CTE 不匹配导致的焊点与焊盘之间的分层现象。

仅仅由于吸潮,封装体并不能开裂。水汽在封装器件内的分布、芯片大小、塑封厚度、回流温度、引线框架设计等等,对开裂都会有影响。由于金属的引线框架与塑封材料间 CTE失配,芯片越大,发生开裂的概率就越大。有试验结果表明,芯片边长大于 4 mm 的封装器件,在回流焊过程中更易开裂。

为避免封装开裂的发生,将塑封器件置于干燥的环境中,并伴有干燥剂。放置时间过长器件,还需要在回流焊前预干燥。一般有两种预干燥方式,一种是高温干燥,即在(125 ± 5)℃

下干燥 24 h。另一种是低温干燥，在 40℃下，湿度 R.H. < 5%，至少干燥 192 h (8 天)。

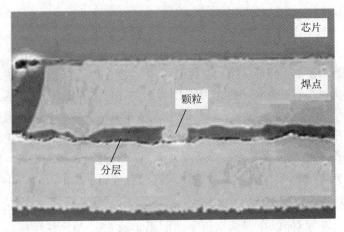

图 5-4   CTE 不匹配引起的分层

3. 电学方面

对于电子产品而言，所有的电子产品故障最终都表现为电气性能失效。突然的电冲击(如汽车发动时的点火)、电压不稳和电传输过程中突然的振荡(如接地不良)引起电流波动、静电放电、电过载或输入电压过高、电流过大，会造成电击穿、电压表面击穿、电能热损耗、电迁移，引起电锈蚀、漏电流、电热降解等。图 5-5 为电迁移导致的焊点裂纹萌生与扩展。

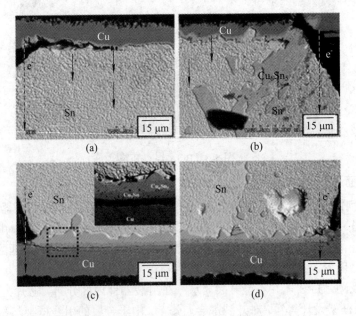

图 5-5   电迁移导致的焊点裂纹萌生与扩展

4. 辐射方面

封装材料中微量的放射性元素(如铀、钍等放射性元素)引起粒子辐射，导致器件(尤其是存储器)性能下降，封装材料凝聚力降低。

5. 化学方面

环境造成的潮气进入、锈蚀、氧化、离子表面生长等会引起器件失效。进入塑封材料中的潮气，将封装材料中的催化剂等其他添加剂中的离子萃取出来，生成副产品，进入芯片上的金属焊盘、半导体结构、材料的界面等，也会导致器件失效。图 5-6 为密封元器件 Al 键合线腐蚀拉断。

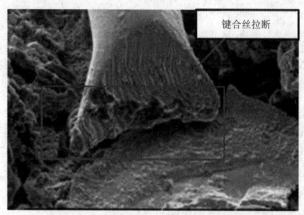

键合丝拉断

图 5-6　密封元器件 Al 键合线腐蚀拉断

6. 特殊失效

较大机械应力会影响双极型器件中的小信号电流增益和 MOS 器件的互导。从封装设计、材料选择和工艺参数中分配热收缩应力，可以减小应力诱导参数变化。

由于发热而导致的材料形变和热膨胀失配，产生的热应力而导致的可靠性问题，已成为各种可靠性问题之首。有数据表明，美国空军总部曾经对沿海基地的装备做过一次产品故障调查，发现有 52% 的失效是由于环境引起的，其中由温度引起的失效占 40%～47%。可见热应力对产品的可靠性有很大的影响。

电子器件与材料对应力的响应的主要模式如下：

(1) 应力-强度模式：当且仅当应力超过极限强度值时，产生失效，如脆性断裂等；

(2) 损伤-疲劳模式：应力引起的损伤进行不可逆积累，在损伤积累过程中不会降低器件功能，但当且仅当累计损伤超过持久极限，就会产生失效。

损伤-疲劳模式，是电子封装中最常见的失效模式。如引线和导带在热循环或振动下的疲劳断裂，焊点在应力/应变下的蠕变断裂，热、功率循环导致材料界面分离等等都属于这种失效模式。

5.3　电　迁　移

电迁移现象是在高电流密度作用下，金属中的原子迁移所致。在高电流密度下，电流的传输将引起原子的运动，并导致质量输运。这种由自由场和载流子引起的质量输运，就叫电迁移。电迁移会导致焊点内部出现空洞，进而增大电阻，最终使电子元器件出现电气失效。

电迁移是固体中发生的一种常见现象。在半导体器件和 IC 电极系统中，电迁移是主要的失效机理之一。图 5-7 为高电流密度下的短导线电迁移现象示意图。一根很短的铝线在发生电迁移后，其引线阴极一端形成一个大空洞，而阳极端则出现堆积。

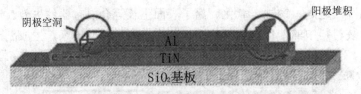

图 5-7   短导线电迁移现象示意图

互连引线的电迁移首先表现为电阻值的线性增加，当增加到一定程度后就会引起金属膜局部亏损而出现空洞，此外还引起金属膜局部堆积，出现小丘或晶须，造成金属互连线短路失效，严重影响集成电路的寿命。

在器件向亚微米、深亚微米发展中，金属互连引线宽度不断减小，引线长度增加，接触面积减小，接触孔数增加，多层引线的限制等，致使引线宽度减至 150 nm，电流密度增至 2×10^6 A/cm^2。由于电流所产生的焦耳热，在接触电阻大的部位，产生局部热击穿，从而加速电迁移的发生。

电迁移引起的失效形式表现为以下四个方面：

(1) 在互连引线中形成空洞，增加电阻；

(2) 空洞增大，最终贯穿互连引线，形成断路；

(3) 在互连引线中形成晶须，造成层间短路；

(4) 晶须长大，穿透钝化层，产生腐蚀源。

总的来说，金属互连结构在高电流密度的作用下，电迁移的主要驱动力包括：① 电子风力；② 应力梯度驱动力；③ 温度梯度驱动力。从本质上来说，金属原子在通电作用下产生的定向迁移就是一个扩散累积的过程。原子扩散通量定义为在单位时间内通过垂直于扩散方向的单位截面积的物质的通量。

电迁移的另外一个显著影响是可以加速互连结构的界面反应，以焊点结构为例，金属原子在电子风力的作用下从阴极扩散到阳极，导致阴极焊点下金属化层(Under Bump Metallization，UBM)与界面金属间化合物(Intermetallic Compound，IMC)溶解，而阳极界面处析出大量 IMC，这种现象被称为"极性效应"。一般而言，电迁移会加速阴极界面 UBM 和 IMC 的溶解，使得阴极界面处空洞裂纹扩展并最终贯穿整个界面，从而导致器件断路失效。同时由于电流具有聚集效应，使得电流入口处的电流密度比一般平均值大 10 倍以上，从而加速失效。对于阳极界面，金属原子的定向移动至阳极并在阳极界面处聚集形成凸起或晶须，长时间通电晶须互连将造成器件短路失效。在电迁移末期的焦耳热效应也会引起焊点温度过高而导致钎料熔化，发生固-液电迁移，产生断路。

5.4 冷 焊

1. 现象与特征

冷焊是焊接中焊料与基体金属之间没有达到最低的焊接温度要求，或者虽然局部发生了润湿，但冶金反应不完全而导致的现象。它表明 PCB 及元器件的可焊性不存在问题，出现此现象的根本原因是焊接温度不合适。

在现代电子装联焊接中，冷焊是间距小于或等于 0.5 mm 的 μBGA 焊点、CSP 封装芯片再流焊接中的一种高发性缺陷。μBGA 封装又称为 CSP，是一种采用焊球直径为微米量级的 BGA 焊球的封装方式，其封装尺寸比 BGA 小，且封装尺寸与芯片面积比小于或等于 1.2。在这类器件中，由于焊接部位隐蔽，热量向焊球、焊点部位传递困难，因而极易造成器件的失效。

2. 产生机理

冷焊发生的原因主要是焊接温度不合适，焊接温度未达到焊料的润湿温度，因而结合界面上没有形成 IMC 或 IMC 过薄，如图 5-8 所示。有的情况下，界面上还存在着裂缝，如图 5-9 所示。这种焊点，其焊料是黏附在焊盘表面上的，有时毫无连接强度。

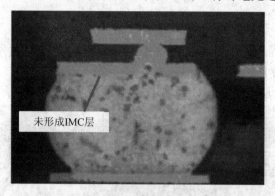

图 5-8　未形成 IMC

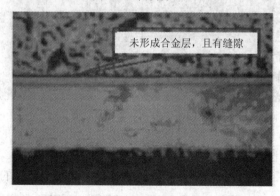

图 5-9　伴生微裂缝

3. 冷焊焊点的判断依据

IMC 生长发育不完全(前面已经进行了分析和介绍，此处不再重复)、表面呈橘皮状、坍塌高度不足，是 μBGA、CSP 冷焊焊点具有的三个最典型的特征，这些特征通常可以作为 μBGA、CSP 冷焊焊点的判据。

焊点表面呈橘皮状、坍塌高度不足，这是 μBGA、CSP 冷焊所特有的物理现象。其形成机理可描述如下：

μBGA、CSP 在回流焊时，由于封装体的重力和表面张力的共同作用，正常情况下都要经历阶段 A 开始加热→阶段 B 第一次坍塌→阶段 C 第二次坍塌这三个基本的阶段，如图 5-10 所示。

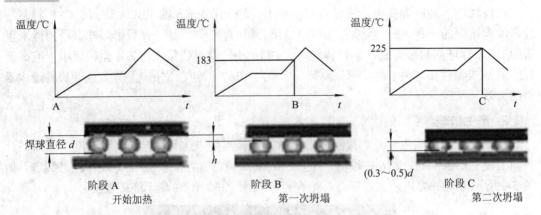

图 5-10　μBGA、CSP 再流焊的物理化学过程

如果回流焊接过程只进行到阶段 B 的第一次坍塌，因热量供给不足而不能持续进行到阶段 C，便形成冷焊焊点。

(1) 阶段 A：开始加热时，μBGA、CSP 焊点的形态如图 5-11 所示。

图 5-11　开始加热时的形态

(2) 阶段 B：经阶段 A 加热后的焊球，在温度接近和达到熔点时，将经受一次垂直塌落，直径开始增大。此时的钎料处于一个液、固相并存的糊状状态。由于热量供给不足，焊球和焊盘之间冶金反应很微弱，且焊球表面状态是粗糙和无光泽的，如图 5-12 所示。

图 5-12　焊球在温度接近或达到其熔点时的形态

从上面描述的 μBGA、CSP 在回流焊中所发生的物理化学过程可知，冷焊焊点的形成

几乎都是在回流焊的阶段 B 时因热量补充不足，未能达到峰值温度便结束了回流焊过程而形成的。因此当采用微光学视觉系统检查 μBGA、CSP 焊点的质量时，便可以根据焊球表面橘皮状的程度和坍塌高度，来判断冷焊发生的程度。

4. 诱发冷焊的原因及其对策

(1) μBGA、CSP 在热风回流焊中冷焊率高的原因。

热风对流是以空气作为传导热量的媒介，对加热那些从 PCB 面上"凸出"的元器件，如高引脚与小元器件是理想的，如图 5-13 所示。然而在该过程中，μBGA、CSP 与 PCB 表面的间隙已接近附面层厚度。受对流空气与 PCB 之间形成"附面层"的影响，热风很难透入底部缝隙中，因而当热量传导到如 μBGA、CSP 底部焊盘区时，传导效率明显降低。

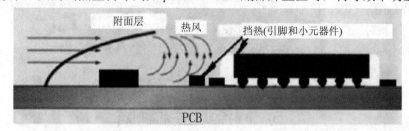

图 5-13　附面层导致热风对 μBGA、CSP 底部焊盘区传热不良

在相同的峰值温度和回流时间的条件下，与其他在热空气中焊点暴露性好的元器件相比，μBGA、CSP 焊球焊点获得的热量将明显不足，从而导致一些 μBGA、CSP 底部焊球焊点温度达不到润湿温度而发生冷焊，如图 5-14 所示。

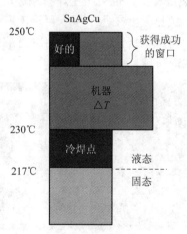

图 5-14　冷焊形成原因

在上述状态下，μBGA、CSP 回流焊过程中，热量就只能是先对 μBGA 和 CSP 的封装体以及 PCB 加热，然后依靠封装体和 PCB 基板等传导到焊盘和 μBGA、CSP 的钎料球，形成焊点。例如，如果 240℃的热空气作用在封装体表面，焊盘与 μBGA、CSP 钎料球将逐渐加热，温度上升的程度与其他元器件相比将出现了一个滞后时间，假如不能在要求的回流时间内上升到所要求的润湿温度，便会发生冷焊。

(2) 解决 μBGA、CSP 冷焊发生率高的可能措施。

适量降低回流峰值温度，而延长峰值温度时间，可以改善小热容量元器件与大热容量元器件间的温差，避免较小元器件的过热。一个现代复合式回流焊系统可将 45 mm BGA 与小型引脚封装(SOP)的封装体之间的温差减小到 8℃。回流焊就是将数以千计的元器件焊在 PCB 基板上。若在一块 PCB 上同时存在质量大小、热容量、面积不等的元器件时，就会形成温度的不均匀性。

"IR + 强制对流"是解决 μBGA、CSP 冷焊的主要技术手段。国外业界在针对 QFP140P 与 PCB 之间、45 mm 的 BGA 与 PCB 之间的焊接研究时发现，当分别只有对流加热或"IR+强制对流"复合加热系统时，两种条件下加热的温度均匀性差异如下：

① 对流加热：QFP140P 与 PCB 之间的温差为 22℃；

② "IR + 强制对流"加热：QFP140P 与 PCB 之间的温差只有 7℃，而对 45 mm 的 BGA 温差进一步减小到 3℃。

"IR + 强制对流"加热的基本概念：使用红外线作为主要的加热源达到最佳的热传导，并且抓住对流的均衡加热特性以减小元器件与 PCB 之间的温差。对流加热方式在加热大容量的元器件时有帮助，同时对较小热容量元器件过热时的冷却也有帮助。

5.5　回流焊常见缺陷

在回流焊过程中，除了冷焊外，还常常出现下面的焊接问题。

1. 桥连

如图 5-15 所示，焊接加热过程中，也会产生焊料塌边，从而导致桥连现象，主要出现在预热和主加热两种场合。当预热温度在几十至一百摄氏度范围内，溶剂黏度降低，并流出。如果溶剂流量大，会将焊料颗粒挤出焊区外。熔融时溶剂如不能及时返回到焊区内，其内部的合金颗粒将滞留形成焊料球。

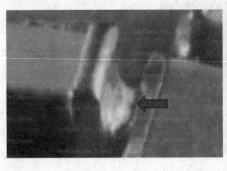

图 5-15　桥连

导致桥连的因素主要有以下几个：

(1) 元器件端电极是否平整良好；

(2) PCB 布线设计与焊区间距是否规范；

(3) 阻焊剂涂敷方法的选择是否合适；

(4) 涂敷精度是否满足要求。

2. 立碑(曼哈顿)现象

立碑为片式元器件在遭受急速加热(急热)情况下发生翘立的现象。导致立碑的原因主要为急热。急热使元器件两端存在温差，电极端一边的焊料完全熔融后获得良好的润湿，而另一边的焊料未完全熔融而引起润湿不良，元器件翘立。因此，加热时温度分布应均衡，避免急热的产生。图 5-16 为锡膏熔化时间不一致导致的立碑现象。

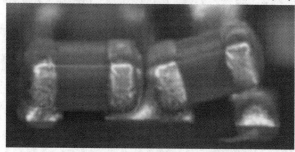

图 5-16　立碑现象

防止立碑现象的主要措施有以下几点：

(1) 选择黏结力强的焊料，焊料的印刷精度和元器件的贴装精度也需提高；

(2) 元器件的外部电极需要有良好的润湿性和润湿稳定性；

(3) 采用小的焊区宽度尺寸，以减少焊料熔融对元器件端部产生的表面张力，同时可适当减小焊料的印刷厚度；

(4) 合理设定焊接温度，在元器件两连接端的焊接圆角形成之前，均衡加热。

3. 润湿不良

润湿不良是指焊接过程中焊料和电路基板的焊区(铜箔)或元器件的外部电极，经浸润后不生成相互间的反应层，造成漏焊或少焊故障。图 5-17 示出了因 BGA 焊球与焊盘之间润湿不良造成的焊点开裂。

图 5-17　润湿不良造成的焊点开裂

润湿不良主要原因是焊区表面受到污染或沾上阻焊剂，或是被接合物表面生成金属化合物层。银的表面有硫化物或锡的表面有氧化物，都会导致润湿不良。焊料中残留的铝、锌、镉等超过 0.005％以上时，由于焊剂的吸湿作用使活化程度降低，也可发生润湿不良。因此在焊接基板表面和元器件表面要做好防污措施，同时选择合适的焊料，并设定合理的焊接温度曲线。

表 5-1 为回流焊常见缺陷和解决办法。

表 5-1 回流焊常见缺陷和解决办法

缺 陷 种 类	可 能 原 因	解 决 办 法
(1) 冷焊	(1) 焊接时热量供给不足。 (2) 回流曲线的回流时间太短。 (3) PCB 板有大的吸热元件	(1) 采用"IR＋强制对流"回流方式。 (2) 确认回流曲线熔化时间。 (3) 重新调整工艺曲线
(2) 焊点不亮	(1) 工艺曲线的加热区温度过低，阻焊剂活性未充分作用。 (2) 冷却不好。 (3) 锡膏可能过期或储藏有问题	(1) 增大回流区温度。 (2) 检查冷却区温度曲线。 (3) 检查锡膏
(3) 锡珠	(1) 回流曲线不好，发生溅锡。 (2) 锡膏氧化。 (3) 锡膏印得太高、太宽，覆盖到焊盘外。 (4) 焊盘设计存在问题。 (5) PCB 板有湿气	(1) 检查回流曲线的斜率和均热时间。 (2) 换锡膏。 (3) 缩小钢网开孔。 (4) 修改焊盘设计。 (5) 预先烘 PCB 板
(4) 元器件或焊点开裂	(1) 冷却不好。 (2) 贴片机损坏。 (3) 温度太高。 (4) 元器件吸潮	(1) 检查工艺曲线。 (2) 检查贴片机。 (3) 预先烘元器件
(5) 元器件翘起	(1) 元器件偏位，造成两端焊锡的张力不一致。 (2) 两边焊盘大小不一致。 (3) 焊盘间距设计有问题。 (4) 锡膏太高，增加了两边的张力。 (5) 回流曲线不合理,如加热时间不够,元器件两边焊锡不能同时熔化。 (6) 元器件本身两端润湿速率不一致	(1) 将元件贴正。 (2) 改焊盘设计。 (3) 减低锡膏。 (4) 调整工艺曲线。 (5) 更换元器件
(6) 焊点有空洞	(1) 焊锡预热和加热不够。 (2) 锡膏本质不好，溶剂不能充分挥发	(1) 检查工艺曲线。 (2) 更换锡膏

5.6 焊点可靠性

由于早期的插孔式元件是通过引脚插孔在 PCB 背面进行焊接的，焊点的机械强度一般都比较高，不存在焊点可靠性问题。然而，采用表面贴装或高密度的 BGA、倒装芯片等封装形式，器件仅保留焊盘而无引脚，是直接通过焊料焊接在 PCB 表面上的，由此导致焊点可靠性问题。

随着 BGA 封装方式产品的增加，焊球也越来越多。焊点通常为封装结构中最弱的地方。

研究表明,焊点最常见的破坏,都是由于热循环造成的,主要原因为蠕变与应力松弛(Stress Relaxation)。

焊点的力学行为是很复杂的,除了时间、温度等外部变量对焊料的力学行为有影响外,焊料的成分、组织和晶粒尺寸等材料因素对焊料的力学性能也有很大影响。在室温下,共晶 SnPb 焊料能发生明显的蠕变和应力松弛,其变形与时间有关,具有明显的黏性效应。SnPb 焊料的瞬时拉伸应力和屈服应力与应变速率密切相关,随应变速率的增加,应力水平显著增加。SnPb 焊料的瞬态拉伸应力强度和屈服应力强度还与温度密切相关,随温度的增加,应力强度显著降低。

由于各材料间的热膨胀失配,微小的焊点内将产生周期性的应力应变过程,导致裂纹在焊点中萌生和扩展,最终使焊点失效。研究表明,电子器件的失效中,70%是由封装的失效引起的,而在电子封装失效中,SnPb 焊点的失效是主要原因。1986 年欧洲空间科技中心对无引脚陶瓷芯片载体(LCCC)封装的温度循环试验表明,在 100 周温度循环之后,发现焊点出现电失效和可视裂纹。1989 年在美国 JPL Magellan 宇宙飞船的地面试验中,也发现了电子封装 SnPb 焊点的热循环失效。由此可见,研究焊点的可靠性有很重要的意义。

在电子封装中,为提高集成度,减小器件的尺寸,广泛采用 SMT、CSP、BGA 及 MCM 等封装技术,通过焊点互连,直接实现异质材料间电气及机械连接(主要承受剪切应变)。因此,如何保证焊点的质量,是一个重要问题。电子设备的可靠性常归根于焊点的可靠性。随着焊点尺寸的逐渐减小,焊点成为最薄弱的连接环节,必须进行仔细设计,以防疲劳失效。

焊点可靠性研究主要目的如下:

(1) 焊接及焊点服役过程中,哪些因素会影响焊点的可靠性,从而给焊接工艺和焊点的设计提供依据;

(2) 研究焊点在服役过程中的变化规律,从而找到焊点寿命的疲劳预测方法。

目前,国内外关于电子封装 SnPb 焊点可靠性研究主要集中在以下方面。

1. 新型基板材料

研究热膨胀系数相匹配的电子封装新型基板材料,以降低焊点在服役条件下的应力应变,提高焊点的可靠性。新型基板材料的工艺复杂,价格相对昂贵,其实用性受到限制。

2. 基础理论和测试技术

焊点热循环可靠性的基础理论和测试技术,包括热循环寿命预测方法、钎料热循环条件下的失效机制、焊点可靠性的加速试验方法等。

焊点的寿命预测,一直是焊点可靠性问题的重要内容。目前已经有多种寿命预测模型,如基于应变范围的 Coffin-Manson 经验模型、基于断裂力学的裂纹扩展模型、基于损伤累积的能量模型等。SnPb 焊点在热循环条件下的失效,是由蠕变疲劳的交互作用导致的。SnPb 焊点的失效断口,既有疲劳断裂特征的疲劳裂纹,又有蠕变断裂特征的沿晶裂纹。目前对焊点失效机制的研究还不多。

3. 焊料合金

对焊料合金的研究内容包括开发高可靠性焊料合金、构造焊料的力学本构方程等。

通过在 SnPb 焊料中添加合金元素(如 Cu、Ag、In 等)或稀土元素,以开发多种 SnPb

焊料合金。鉴于环境保护的要求，铅被禁止使用，无铅焊料的研究和使用成为新的问题。由于软焊料合金在热循环条件下存在明显的蠕变和应力松弛行为，基于时间相关形变机制的力学本构关系研究成为人们关注的热点。

4. SnPb 焊点应力应变

在热循环过程中，SnPb 焊点失效是焊点周期性的应力应变所致，SnPb 焊点的应力应变分析是焊点可靠性预测的基础。由于在电子封装中，SnPb 焊点细小，应力应变过程复杂，因此焊点应力应变的实验测量十分困难。

虽然已经采用多种方法(如应变计、激光全息、光栅云纹等)对 SnPb 焊点热循环过程的应力应变进行测量，但是现有的测试技术还只能提供平均的或表面(断面)的测量结果。因此，SnPb 焊点的应力应变分析主要采用理论分析方法，如有限元方法。有限元方法能处理复杂的加载条件和几何结构，在焊点应力应变分析中得到了广泛应用。

5. SnPb 焊点结构优化

SnPb 焊点的几何结构，是影响焊点机械性能和热循环可靠性的重要因素。改善焊点形态，是提高焊点可靠性的有效途径。目前已有多种方法，模拟多种封装形式(TQFP、PLCC、球栅阵列 BGA、倒装焊)的 SnPb 焊点形态，对有关焊点缺陷的形成也有模拟研究，例如基于最小能量原理的 Surface Evolver 方法。

6. 焊点可靠性的测量

焊点可靠性的测量方法有很多，其中最为普遍的是功率循环、热循环和机械循环三种加速疲劳试验方法。功率循环和热循环试验被认为是理想的测试焊点疲劳方法。特别是当芯片或芯片载体与 FR-4 基板材料之间存在较大的热失配时，多采用温度循环试验。在温度循环试验中，升温速率以及在高低温滞留时间，对实验结果有一定的影响。通常，焊点实际使用寿命要比由温度循环加速试验结果预报的疲劳寿命要短一些。这是因为加速试验中，高低温滞留时间比实际条件短，焊点在此过程中未能完全实现应力松弛。因此，焊点在实际使用中会比温度循环试验预报的失效时间提早些。

7. 温度循环失效机理

图 5-18 和图 5-19 分别为有无高低温两种条件下焊点的应力应变曲线。应力应变环的面积对应于焊点在该循环周次下的疲劳损伤程度。应力应变环越大，焊点的疲劳寿命越短。

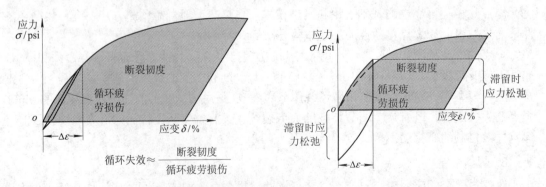

图 5-18   焊点在无高低温时的应力应变曲线(1 psi = 6.895 kPa)   图 5-19   焊点在高低温时的应力应变曲线

　　焊点内部的热应力和外界的机械冲击都会导致裂纹的萌生和扩展，并且应力越大，应变越大，裂纹萌生和扩展的可能性越大。目前，电子技术的发展使得电子封装必须适用于各种恶劣环境，特别是在要求高可靠性应用的场合，如航天和军事应用方面。封装器件的功率越大，集成度越高，受到的热和机械冲击越大，焊点可靠性问题越重要。因此，从焊点内部的应力应变分布，来研究焊点的失效行为，是解决焊点内裂纹的萌生和扩展的有效方法。

　　随着器件尺寸不断缩小，性能不断提高，越来越多的各种各样的手持电子产品为人们所使用并受到喜爱。这些产品包括数码相机、计算器、移动电话、掌上电脑以及各种智能卡。由于这些电子产品在使用的过程中易发生跌落，因此这些产品除一般的可靠性问题外，还存在跌落可靠性问题。电子产品在跌落冲击下，其外壳首先会产生机械失效。由于冲击能量传送到 PCB，因此 PCB 也会发生电学失效，可能的失效模式包括芯片碎裂、PCB 互连失效、封装体和 PCB 间的焊接失效等。造成这些失效的主要原因是，在跌落冲击过程中产生了极大的加速度，冲击能量传递到 PCB，导致 PCB 的过度弯曲。而 PCB 的弯曲又导致了 PCB 与贴装在其上面的封装元器件之间的相对运动，从而导致了封装、互连或者 PCB 的失效。这类失效和 PCB 的设计、结构、材料和表面处理情况、互连材料、封装结构、跌落高度和方向都有很大的关系。

　　改善焊点可靠性的策略有两种：降低造成故障的应力、增强器件承受应力的能力。这些策略可通过选择合理材料、增加强度、优化封装结构、导入保护强化设计等方案达成。

5.7　水 汽 失 效

　　塑封材料具有价格低廉、重量较轻、绝缘性能好、抗冲击性强等优点，因此在消费电子领域得以广泛应用。除了塑封材料以外，还有其他环氧材料，如倒装焊器件(Flip Chip)和球栅阵列中的底部充胶材料(Under fill)等也在电子产品中有着广泛应用。

　　这些材料有个共同特点，就是气密性不好，对湿度敏感。在很多塑封器件中，许多失效模式可以归因于制造、储存或操作过程中的湿气扩散。在器件组装的过程中，塑封器件的不同材料界面之间会由于长期在湿热环境之中而存在集中湿气，由于湿度梯度以及材料的湿膨胀系数不匹配，塑封材料，如环氧模塑料(Epoxy Molding Compound，EMC)在吸湿之后会逐渐膨胀，对周围的其他材料产生挤压，从而在塑封器件产生湿应力。在湿气的集中应力作用下塑封器件容易产生分层失效或者开裂。此外，在封装器件内部的湿气也会迅速导致封装材料之间临界面的层间开裂及破裂，如图5-20所示，严重的甚至导致"爆米花"现象。湿气也会将环境之中的 Na^+，Cl^- 等离子带进封装器件的引线框架，键合丝等金属材料，加速塑封器件的引线框架和键合线的腐蚀，从而使引线框架的部分物理特性发生剧烈变化，如材料脆性增强，硬度变小等，严重则会拉断键合丝，最终导致塑封器件完全失效，如图5-21所示。最后，塑封材料中吸收的湿气也会使塑封材料的热膨胀系数、储能模量、玻璃化温度、湿气参数如湿膨胀系数等性能发生显著性变化。

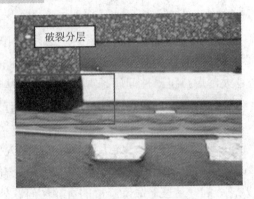

图 5-20 芯片黏结层分层　　　　　图 5-21 密封元器件 Al 线腐蚀拉断

被吸收后的水在高分子材料中的形态问题，已受到人们的关注。一般认为，水汽吸收与高分子材料内部纳米大小的微孔有关。高分子材料吸湿后膨胀增大的体积，比吸收的水的体积要小，因为有一部分吸收的水分残留在材料的微孔中，另一部分水分子参与膨胀，与环氧高分子材料发生作用。尽管环氧类材料的氨基($-NH_2$)和羟基($-OH$)对水分子有较强的亲合能力，但并不是每一个这样的基团都能够结合到水分子，这与氢键能否在这些极性分子之间形成有关。微孔的大小以及微孔总体积影响水的吸收。而微孔的结构、极性以及环氧分子运动与水汽在塑封材料中的扩散密切相关。水分子在塑封材料中的形态对深入研究水汽的扩散，以及所导致的封装失效有极其重要的意义。

在湿气等环境因素作用下，电子封装器件最容易发生的失效是分层。电子封装器件产生分层失效的形式大致是以下三种类型：(1) 硅芯片和塑封材料之间的临界面分层；(2) 金属引线框架的表层或者基板材料的表面与塑封材料之间的界面分层；(3) 封装器件引脚与塑封材料界面的脱层。

塑料封装集成电路在包装、储存和运输过程中容易吸收水分。塑封材料中水分对微电子器件的完整性和可靠性构成了严重威胁。因此，正确认识封装器件内部的湿度分布以及湿气对塑封材料的力学性能的影响，对保证电子封装器件的可靠性至关重要。

5.8 失效分析的简单流程

失效分析的简单流程，如图 5-22 所示，主要按以下步骤进行。

(1) 失效模式验证。

失效模式是否重现十分重要。如果失效分析工程师所看到的失效模式与顾客看到的不一样，那么接下去的分析就没有意义了。因为失效分析的对象，不是顾客感兴趣的东西。

(2) 失效位置和失效机理假设。

运用产品的电路知识、制造工艺知识和产品的历史数据，假设可能的失效位置和失效机理，并在此基础上，设计失效分析流程。该步骤直接影响失效分析的成功率和耗时长短。

(3) 失效点逻辑物理定位。

通过电性能测试仪，找到失效的逻辑点，从而找到相应的逻辑位置。通过失效物理定位仪，找到在器件表面上的物理点。

分析失效逻辑点和物理点是否吻合，是决定该步骤是否成功的关键。若不一致，应重新寻找失效的逻辑点和物理点，直到吻合为止。

(4) 制备样品。

在做失效点物理定位时，需要成功进行样品制备，使芯片处于工作状态，由失效物理定位仪，找到失效的物理点。可见成功率高的样品制备方法对失效点物理定位起很大的作用。在下一步物理失效分析中，也会用到样品制备。

在各种样品制备目的中，为进行失效点的物理定位而进行的样品制备是最为重要的。如果这个样品制备没有成功，失效器件或者被破坏，或者不能帮助完成失效点的物理定位，那么会使得后续的失效分析手段和方法均不能实施，导致失效分析的中断和失败。

(5) 物理失效分析。

失效点物理位置明确后，打开封装器件，通过物理失效分析仪，找到失效物理点、失效形貌或引起失效的物质。只有找到失效物理点，整个物理失效分析才称为成功。

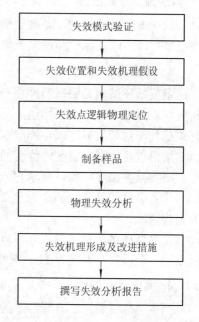

图 5-22 失效分析简单流程

(6) 失效机理形成及改进措施。

利用得到的数据，结合产品的电路知识、制造工艺知识和产品的历史数据，分析失效机理，提出避免失效的措施和建议。

(7) 撰写失效分析报告。

撰写失效分析报告，反馈给顾客，并存档。失效分析报告是一个很好的培训教材，可以帮助了解产品发展的过程，以及产品和生产工艺中的薄弱环节等。

5.9 加速试验

联合电子设备工程委员会(JEDEC)、电子工业协会(EIA)以及美国军用标准(MIL-STD)，规定半导体企业的新产品或改进产品，均需进行可靠性试验，进行可靠性监测统计，以确定试验监测的潜在失效机理。下文简单介绍常见的可靠性试验。

1. 表面贴装器件的预处理

表面贴装器件(SMD)，有封装开裂和分层方面的质量和可靠性问题。空气中的水汽，会通过扩散进入到渗透性封装材料中，水汽聚集在非相似材料结合面上。预处理包括将SMD 焊接到印刷电路板上，将封装体暴露在 200℃以上的高温中。在回流焊过程中，水汽的膨胀和材料的失配，将导致封装内关键结合面的开裂和分层。

非气密性表面贴装器件可靠性试验前的预处理，是非气密 SMD 的工业标准预处理过程，在对 SMD 进行室内鉴定和可靠性检测之前，用该试验方法进行预处理，再分析回流焊对可靠性的影响。

2. 偏压寿命试验

偏压寿命试验目的，是确定偏压条件和温度在较长的时间内，对固态器件的影响。当超过参数极限或在标称和最差条件下，不能完成其功能时，则器件视为失效。

3. 温度循环试验

温度循环试验是测试器件在一定时间内对极端温度的耐久性。温度通常在停留一段时间后，以恒定斜率在某平均值上下变化。温度循环试验把封装器件暴露在机械应力下，对有关芯片与封装材料之间热膨胀系数差异的失效模式进行加速。不同温度的停留时间对实验结果很重要，因为温度停留时间关系到应力释放的过程。

进行温度循环试验，要求有一个温度控制环境试验箱和加热设备以及低温冷却设备，这些设备必须能够满足斜率规范要求。试验结束时，封装器件要进行电测试和视觉检查，确定失效区。

温度循环试验针对的失效机理包括芯片开裂、芯片短路和开路、钝化层开裂、芯片连接断开、塑料封装开裂/裂纹、焊线焊盘凹孔、焊线金属间化合物过量、焊点不良等。

4. 高压蒸煮试验

高压蒸煮试验，是测量器件抗潮湿侵入能力和电腐蚀影响的环境试验，是破坏性试验。试验使用条件包括 121℃高温和 100%相对湿度。最短试验时间为 96 小时。

测试的失效机理包括金属化腐蚀、潮湿进入和分层。高压蒸煮试验时，试验箱内的污染物可能引起器件失效，而污染物失效不能代表器件的失效。

5. 温度湿度偏压试验

温度湿度偏压试验，用于测试潮湿引起的失效。和高加速应力试验(HAST)或高压蒸煮试验相比，温度湿度偏压试验要求的温度和相对湿度条件没那么严格。试验要求器件经受恒定温度、相对高湿度和偏电压。一旦水汽达到芯片表面，电热能量把器件变成电解电池，从而加速腐蚀失效机理。

温度湿度偏压试验针对的失效机理包括电解/电池腐蚀、分层和开裂延伸。

常见的失效位置包括指状引脚与封装材料、焊线以及芯片金属化之间的结合面。

6. 高加速应力试验

高加速应力试验(HAST)，是在湿度环境中评价固态器件的非气密性。高加速应力试验采用高温(通常为 130℃)、高相对湿度(约 85%)、高大气压(约 3atm)条件来加速水汽通过外部、保护材料或芯片引线周围的密封。当水汽到达基片表面，电势能可把器件变成电解电池，从而加速腐蚀失效。试验时要测试有关金属化腐蚀、材料界面处的分层、焊线失效和绝缘电阻下降等的失效。对于在 130℃以上高温下进行的 HAST 试验，对其结果的评价要特别注意。这类试验可能会加速器件正常操作过程中不会出现的失效。

第二篇　微机电技术

　　2021年3月12日，中国共产党发布了《中共中央关于制定国民经济和社会发展第十四个五年规划和二〇三五年远景目标的纲要》。其中明确指出："在事关国家安全和发展全局的基础核心领域，制定实施战略性科学计划和科学工程。瞄准人工智能、量子信息、集成电路、生命健康、脑科学、生物育种、空天科技、深地深海等前沿领域，实施一批具有前瞻性、战略性的国家重大科技项目。制定实施战略性科学计划和科学工程，推进科研院所、高校、企业科研力量优化配置和资源共享。推进国家实验室建设，重组国家重点实验室体系。布局建设综合性国家科学中心和区域性创新高地，支持北京、上海、粤港澳大湾区形成国际科技创新中心。构建国家科研论文和科技信息高端交流平台"。

　　"十四五"规划瞄准了人工智能、量子信息、集成电路、生命健康、脑科学、生物育种、空天科技、深地深海等科技前沿领域，明确指出集成电路接下来要发展的重点技术是先进工艺、MEMS、先进存储和第三代半导体。MEMS是"十四五"科技前沿攻关技术，事关国家安全和发展的基础核心领域技术。

第六章　MEMS 概述

随着电子科技的不断进步，机械电子系统向着微型化的方向迅速发展。微机电系统(Micro Electro Mechanical System，MEMS)以其体积小、重量轻、功耗低、速度快、灵敏度高等优势深受青睐，被广泛地应用于航空、航天、军事、生物、医学、信息等领域。

MEMS 的设计与制造于 20 世纪 50 年代被提出，其中代表人物为诺贝尔物理学奖获得者 Feynman(费曼)教授。Feynman 教授于 1959 年，在美国的物理学会年会上，发表了著名的"There's Plenty of Room at the Bottom"的演讲，该演讲不但预示了制造微小机械技术的出现，而且涉及的一些微机械机理观点，至今仍是该领域的重要研究课题。1983 年，他在 Chltech 的"喷气推进实验室"做了题为"Infinitesimal Machinery"的报告，在报告中预示了多种新的技术，如用牺牲层方法制造硅微马达、静电致动驱动器的应用等，并指出了微机械中摩擦和接触黏附等一系列重要问题。

MEMS 一词，首次出现在 1989 年美国国家自然科学基金会主办的微机械加工技术讨论会的总结报告"Microelectron Technology applied to Electrical Mechanical system"中，该会议中，微机械加工技术(Micromaching Technology)被 NSF 和美国国防部先进技术署(DARPA)确定为美国急需发展的新技术。从此，作为 Micro Electro Mechanical System 缩写词的 MEMS 被广大科技工作者所接受。

6.1　MEMS 的概念

MEMS 是美国的惯用词；在欧洲称为微系统(Micro System Technology，MST)；在日本称为微机器(Micro-Machine)。由于美国的 MEMS 总体研究水平处于领先地位，因此，人们通常沿用 MEMS 叫法。

MEMS 是以微电子技术和微细加工技术为基础，将微传感器、微执行器、信号处理器、电子线路、通信接口和微能源等组成在一起的微机电器件、装置或系统。微传感器用于接收外界的信息，信号处理器用于处理从外部接收的信号，微执行器则用于接收信号处理器发来的指令并做动作反应。

如图 6-1 所示，微传感器接收信息并将信号输入到系统，由电路对微传感器输出信号进行识别和处理，微执行器负责根据电路产生的电信号发生响应。MEMS 既可以根据电路信号的指令，控制执行元件，实现机械驱动，也可以利用微传感器探测或接收外部信号，经传感器转换后的信号再经电路处理，最后由微执行器变为机械信号，完成执行命令。

MEMS 是一种获取、处理和执行操作的集成系统。图 6-2 为典型的 MEMS 器件。

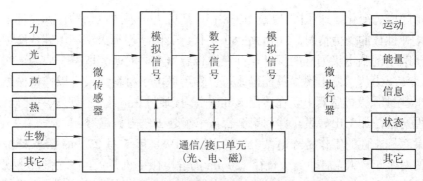

图 6-1　MEMS 概念模型图

图 6-2　典型的 MEMS 单元件

依据机械结构的特征尺寸，机电系统可划分为小型(Mini)机电系统、微机电系统和纳机电系统。由特征尺寸在 1～10 mm 范围内机械构成的机电系统称为小型机电系统；由特征尺寸在 1 μm～1 mm 范围内机械构成的机电系统称为微机电系统；由特征尺寸在 1 nm～1 μm 机械构成的机电系统称为纳机电系统。MEMS 的关键特征尺寸通常在微米范围之内，它可完成常规尺寸系统所不能完成的任务，可提高系统的可靠性并降低成本，实现系统的智能化及自动化。当然，有时候微机电加上外围结构尺寸也大于 1 mm，但由其构成的系统仍归于 MEMS。

6.2　MEMS 的特点

MEMS 技术是一项应用前景广泛的新兴应用基础技术，其特点可归纳为 3M，即微小型化(Miniaturization)、多样性(Multiplicity)和微电子(Microelectronics)。与传统尺寸机械相比，MEMS 具有体积小、重量轻、功耗少、成本低、可靠性高、性能优异、功能强、集成化程度高及批量生产能力大等显著优势。然而，MEMS 并非单纯将宏观机械的尺寸微小化，它的研究目标在于：通过微型化、集成化来探索新原理、新功能的元件和系统，开辟一个新的科学技术领域和产业。微电子学、微机械学、微光学、微动力学、微流体力学、微热力学、微摩擦学、微结构学和微生物学等共同构成 MEMS 理论基础。

鉴于 MEMS 技术的学科交叉特点，它的发展同许多学科有关。1954 年史密斯发现半导体电阻率随应力变化，即压阻效应。1958 年，研究人员通过测量贴在弹性体上应变片的应变，测量弹性体的受力情况。20 世纪 60 年代，美国斯坦福大学利用硅片腐蚀方法，制造了应用于医学的脑电极列阵的探针，并在微传感器方面的研究取得了成功。20 世纪 70 年代初期，硅压力传感器出现。单晶硅既可以作为微电子材料，又可以作机械结构材料。到了 70 年代中期，微传感器出现在美国 Kulite 公司，通过在硅衬底上形成氧化硅或氮化硅，由各向异性腐蚀法加工出硅膜，并利用键合技术组装出压力传感器。

真正具有标志性的工作是静电微电机的出现。1988 年 5 月 27 日，在美国加州大学伯克利分校的两个年轻人，启动一个直径 120 μm 的静电微电机开关，在显微镜下观察电机的转动。虽然该电机仅仅只转了几秒，但却标志着 MEMS 时代的到来。图 6-3 为伯克利分校研制的静电微电机。

图 6-3   伯克利分校研制的静电微电机

随着 MEMS 的发展，MEMS 和光结合，形成 MEMS 的一个分支，即微光机电系统(Micro Optical Electro Mechanical System，MOEMS)。微光学元件在微执行器的作用下，实现对光束的汇聚、衍射、反射等控制，完成光开关、光驱动、光检测、成像、图像传输、图像显示等功能。MOEMS 是由微电子、微光学和微机械相结合而产生的一种新型微光机电一体化技术，在通信、医疗、生物、航天、计算机外设、家用电器等领域具有巨大的应用前景。鉴于 MOEMS 特点，研究人员仍然将 MOEMS 归于 MEMS 范畴。

1．MEMS 的主要特点

同常规机电系统相比，MEMS 具有如下特点：

(1) 系统微型化。MEMS 器件体积小、精度高、质量小、惯性小、谐振频率高。MEMS 体积可小至亚微米以下，尺寸精度可达到纳米量级，质量可小至纳克，谐振频率可达上百千赫。

(2) 制造材料性能稳定。MEMS 主要材料是硅。硅材料的机械、电子材料性能优越，强度、硬度和杨氏模量同铁相当，密度和导热性能类似于铝。

(3) 批量生产成本低。MEMS 器件适于大批量生产，成本低廉。MEMS 能够采用与半导体制造工艺类似的方法，像超大规模集成电路芯片一样，一次制成大量完全相同的零部件，制造成本显著降低。

(4) 能耗低，灵敏性和工作效率高。完成相同工作，MEMS 所耗能量仅为传统机械的十分之一或几十分之一，而运作速度及加速度却可达传统机械的数十倍以上。由于 MEMS 几乎不存在信号延迟等问题，因而更适合高速工作。

(5) 集成化程度高。在 MEMS 中，可以将不同功能、不同敏感方向的多个传感器、执行器集成在一起，可以形成阵列，也可将多种功能器件集成在一起，形成复杂的多功能系统，以提高系统的可靠性和稳定性。特别是应用智能材料和智能结构后，更利于实现 MEMS 的多功能化和智能化。

(6) 多学科交叉。MEMS 技术包含电子、机械、微电子、材料、通信、控制、扫描隧道等工程技术学科，还包含物理、化学、生物、力学、光学等基础学科。MEMS 融合了当今科学技术的许多最新成果。

从制造方式上，微机电系统制造更具优势。与传统的机械加工制造工艺不同，微机电系统制造是在半导体工艺基础上发展起来的。它具有精准化、大批次制造等优点，甚至可以做"材料相加制造"，即将材料生长上去而不需把大量的材料移除，材料的使用更加节省并且减少了工序，缩短了工艺时间，降低了成本。

2. MEMS 存在的主要问题

鉴于 MEMS 的以上特点，同常规机电系统相比较，MEMS 又存在以下问题：

1) 尺寸效应问题

当构件尺寸从 1 mm 减小到 1 μm 时，其面积和体积分别减小至 10^{-6} mm^2 和 10^{-9} mm^3，这样正比于面积的作用力如摩擦力、黏附力、表面张力、毛细力、静电力同正比于体积的作用力如重力、电磁力相比，大了数千倍，并成为 MEMS 的主要作用力。

2) 薄膜性能问题

在 MEMS 硅衬底上，可沉积有多种薄膜。这些膜的厚度从几十纳米到几十微米不等，加工方法也同常规方法不一样，其机械性能和电性能同常规材料的性能存在差异，有的差别很大。正确分析薄膜的机械性能和电性能，对 MEMS 的性能分析非常关键。

3) 黏附问题

有实验证明，微表面静止接触或两表面间隙处于纳米量级时，由于表面黏附力使两表面黏附在一起，这对微器件的性能产生严重影响，甚至导致动作失效。在微构件的制造中，黏附问题是造成废品的重要因素，其直接导致 MEMS 的一次成功率低、成本大。图 6-4 为梳齿驱动器的黏附失效图。

图 6-4　梳齿驱动器的黏附失效图

4) 静电力问题

静电力作为 MEMS 的主要驱动力，在 MEMS 的研究中具有不可替代的作用。无限大平行板电容模型,是目前计算 MEMS 静电力的主要方法,且已被人们广为接受。然而,随着 MEMS 特征尺寸的减小,极板电场是非均匀的,MEMS 极板模型已不符合无限大平行板电容模型。

5) 摩擦问题

静电微电机虽然已有十余年的研究历史,但真正用到工程实际的微电机寥寥无几,其主要原因是转子同主轴间的黏附磨损使微电机很快失效。

摩擦产生的原因分"犁沟效应"和"吸附效应"两部分。宏观摩擦主要表现为"犁沟效应"。随着尺寸减小,在微观领域,"犁沟效应"已退至次要地位,取而代之的是"吸附效应"。MEMS 中,由于尺寸效应的作用,摩擦力已成为 MEMS 必须考虑的作用力。

6) 检测问题

检测和传感是 MEMS 中不可缺少的组成部分,在有了对微观领域进行研究的工具后,人类才能有更深入的研究。在微观领域,测量仪器的尺寸要小,而且测量不能对 MEMS 带来影响。另外,由于 MEMS 体积小和相对表面积大,易受环境影响,测试时对环境等有较高的要求。因此,对 MEMS 的材料特性和机械特性测量有很大难度。

探索 MEMS 测量的新技术、新原理、新方法成为 MEMS 研究的又一个重要领域。扫描探针显微镜(Scanning Probe Microscope,SPM)作为 20 世纪 80 年代的重要发现,为 MEMS 检测开辟了新的领域。

7) 薄膜应力问题

在微梁、片等硅表面沉积金属是 MEMS 加工的主要工艺。然而,由于金属和硅的热膨胀系数不同,在微梁、片表面产生残余应力,即薄膜应力,导致所加工的微梁、片在未工作时,存在应力作用。图 6-5 为沉积薄膜内的两种应力,薄膜应力和残余变形对 MEMS 的性能影响很大。如何计算、消除薄膜应力,是 MEMS 面临的又一个问题。

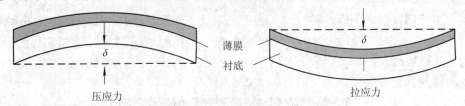

图 6-5　沉积薄膜内的两种应力

8) 表面粗糙度问题

目前 MEMS 工艺主要是以微电子工艺和 LIGA 工艺为主。虽然经 MEMS 工艺加工的表面,相对传统机械工艺要平整许多,但并非是完全平整的。尽管粗糙高度仅仅为纳米量级,然而足以对 MEMS 的黏附、静电力、摩擦、检测起到决定性作用。

6.3　MEMS 的应用

常见的 MEMS 器件有加速度计、陀螺仪、压力传感器、温度传感器、湿度传感器、气体传感器等微传感器,以及微镜、微泵、微阀、开关、微马达、能量采集器等微执行器。

如图 6-6 所示，MEMS 器件被广泛应用于物联网、消费类电子、生物医学、汽车工业、航空航天等领域。

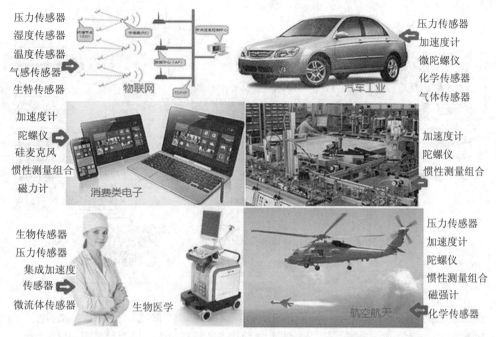

图 6-6　MEMS 的应用

下面将介绍 MEMS 主要应用领域。

1. 汽车工业

汽车工业已经成为 MEMS 的主要应用领域，其中智能汽车的发展同 MEMS 密不可分。各种各样的微传感器被用于环境和道路的检测，微执行器则按要求完成各项动作。具体来说，MEMS 在汽车工业主要应用在以下方面：安全性系统、发动机和动力传动系统、舒适性和便利性系统、汽车诊断和健康监测系统。

目前，我国汽车电子市场的产品竞争比较激烈，市场份额集中在 20%～30%之间。其中，动力控制系统市场份额最大，占到 28%；其次是底盘与安全控制系统，占到 27%；市场份额最低的是车载电子，为 22%。数据表明，我国汽车电子市场主要集中在汽车前装市场，后装市场的车载电子产品占有市场份额较低。汽车电子技术在美国、日本、德国的发展较为先进，德尔福公司、大陆集团等全球汽车电子跨国公司因拥有核心技术力量和较高研发经费，能有效地进行系统整合，使汽车电子行业向着系统化及模块化前进，适时满足消费者多元化的需求。相比于国际企业，我国汽车电子产业处于中低层次，还需不断缩小差距。图 6-7 所示显示了传感器在汽车中的主要应用。

电子信息技术已经成为新一代汽车发展方向的主导因素。汽车(机动车)的动力性能、操控性能、安全性能和舒适性能等各个方面的改进和提高，都将依赖于机械系统及结构和电子产品、信息技术间的完美结合。汽车工程界专家指出：电子技术的发展已使汽车产品的概念发生了深刻的变化，这也是最近电子信息产业界对汽车电子空前关注的原因之一。但是，目前国内大多数汽车生产厂商的关注力都集中在车内音响、视频装备、车用通信、导航系统以及车载办公系统、网络系统等车内装饰的非核心电子设备，对汽车性能提高有决定作用的核心电子设备，如安全设施等，国内很少有企业涉及。

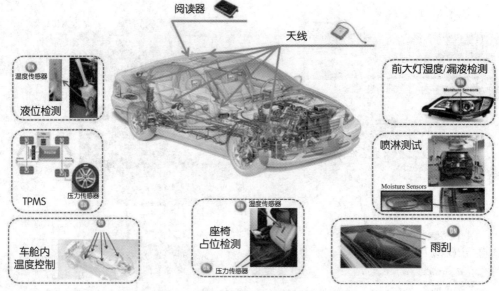

图 6-7　传感器在汽车中的主要应用

在世界范围内，汽车电子从应用的电子元器件(包括传感器、执行器、微电路等)到车内电子系统的架构，均已进入了一个有本质性提高的新阶段。其中最有代表性的核心器件之一就是 MEMS 传感器。其中 MEMS 压力传感器在汽车领域是应用最多的，具有无惧有害废气和恶劣的行车环境、更高的精度以及轮胎状态的智能监测等优势，图 6-8 显示了汽车防抱死刹车系统中所用到的 MEMS 压力传感器。发动机控制模块由微型计算机和进气管绝对压力传感器等组成，是汽车各模块中最早使用 MEMS 技术的，它能根据需要控制发动机以最省油、排污最少的状态等工作。通用汽车公司将体微加工技术和标准 IC 工艺结合开发了压阻式进气管绝对压力传感器，福特公司用类似工艺开发出电容式进气管绝对压力传感器。同时，压力传感器可应用于汽车轮胎压力检测，以及监控汽车中机油、燃油、空调用流体等各种流体的压力。当今几乎每辆汽车都装有各种功能的压力传感器。

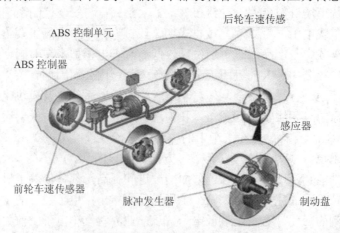

图 6-8　汽车防抱死刹车系统中的 MEMS 压力传感器

随着 MEMS 技术的进步，多种类型的 MEMS 微加速度计出现在汽车安全气袋系统中，用于检测和监控前面和侧面的碰撞。最著名的微加速度计 ADXL05 是表面微加工多晶硅技术和 CMOS 技术结合的产品，测量范围为 $\pm 5g$(g 为重力加速度)，噪声低于 0.5 mg/H，耐冲击性为 1000g。许多微加速度计都有测试功能，可靠性很高，能测毫米甚至微米级的加速度。

另一个大量用于汽车的 MEMS 传感器是角速度计，可用于车轮侧滑和打滚控制，同时可用于改善汽车刹车性能、安全性能和导航性能。

2. 家用电器

手提电脑、手机、便携媒体播放器和移动终端设备内的硬盘驱动器坠落保护功能，是 MEMS 运动传感器在消费类电子市场中具有重要历史意义的代表性应用之一。

图 6-9 所示为手提电脑内的三轴加速度传感器，可用来监测加速度。因为具有特定的功能和数据处理电路，它能够检测到硬盘驱动器的意外坠落事故，并及时驱动读写头回到安全位置，以防电脑最终坠落在地板上时损坏读写头。

图 6-9　手提电脑内的三轴加速度传感器

健身和健康监测是 MEMS 传感器另一类具有代表性的应用。如图 6-10 所示，计步表或计步器是利用 MEMS 三轴加速度传感器实现健身和健康监测功能的。在特定的情况下，计步器的传感器能够精确地测定在步行和跑步过程中，作用在系统上的加速度，计步器通过处理加速度数据，显示用户走过的步数和速度以及在身体运动过程中所消耗掉的热量。

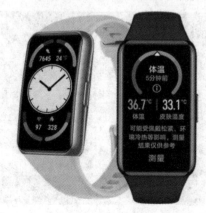

图 6-10　计步器

如图 6-11 所示，游戏机是运动跟踪和手势识别应用的突出代表，其配置有微型运动传感器，能够捕捉到玩家任何细微的动作，并将其转化成游戏动作。MEMS 技术让玩家动起来，玩家陶醉于真实的游戏体验，通过不同的动作融入游戏中。例如，模仿一场真实的网球赛、一场引人入胜的高尔夫球赛、一场紧张的拳击赛或轻松的钓鱼比赛的动作。

图 6-11   含有微型运动传感器的游戏机

MEMS 技术在手机和 PDA 中的使用率正在提高，目前市场上采用 MEMS 加速度计的手机越来越多。手机中的 MEMS 加速度计，使人机界面变得更简单、更直观，用户通过手的动作就可以操作界面功能，全面增强用户的使用体验。

3. 生物医学

生物芯片技术指用 MEMS 技术制造化学/生物微型分析和检测芯片或仪器。其在生物中的应用主要集中在生物化学分析、DNA 分析、临床诊断、细胞病原体蛋白质分析分离等领域，在医学中的应用主要为微创、无创治疗、各种内窥镜、药物定点投送、参数检测等。

作为 MEMS 的重要分支，生物芯片技术一直受到人们的高度重视。生物芯片的概念来自计算机芯片，但实际上，生物芯片和计算机芯片却有本质的区别。我们平时所提到的电子设备中采用的各种芯片，是通过微加工技术，在硅、锗等半导体上制作出能实现各种功能的集成电路的一种设备。如图 6-12 所示，生物芯片主要指对各种执行生物检测和分析设备的微型化，其目的是组成微分析系统，使生物实验在芯片上能够自动完成。目前已经研制出微扩增器、毛细管电泳芯片、三维 DNA 芯片等各种类型的生物芯片。

图 6-12   生物芯片

生物芯片所采用的技术，正是从电子设备的芯片制作过程中借鉴而来的。其目的是代替目前应用于生物实验室的各种传统仪器和手段，实现各种微型生物实验仪器。生物芯片技术能够在一些微小的芯片上，完成各种实验，即芯片实验室(Lab on Chip)。与制造集成电路所不同的是，目前集成电路主要是在硅、锗等半导体材料上实现的，而生物芯片所采用的材料，除了这些半导体材料以外，还有玻璃、聚丙烯酰胺凝胶或尼龙膜等各种高分子材料。

研究生物芯片的主要目的是使之代替传统的大型生物试验设备，用以执行生物样品分析、临床诊断、环境监测、卫生检疫、法医鉴定、生化武器防御、新药开发等用途。

生物芯片中研究较深入的是蛋白质芯片生物传感器。它使用微加工技术在传感器的表面固定大量生物活性探针，与待测的蛋白质进行反应后，把得到的信号转化成电信号，再反馈给微型计算机，以实现生物检测，其检测过程如图 6-13 所示。现在约有 400 种疾病可用基因分析来诊断，而且这数目还在与日俱增。人类的遗传信息包含在 DNA 的长链中，遗传信息的提取包含一系列化学操作：样品提取、样品与试剂混合、热循环放大、示踪、断裂分析等。采用微加工技术制造的基因分析仪器可避免传统实验室基因分析法中仪器体积大、所需样品多、费时费钱等缺点，使样品数量、分析时间和费用都下降几个数量级。

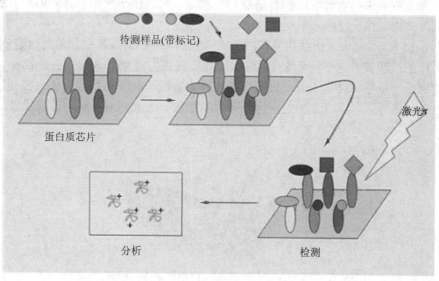

图 6-13　蛋白质芯片检测过程

微创、无创技术是医疗发展的重要方向，医疗机器人是无创医疗的前沿。消化道微型诊疗机器人，是医疗机器人中的重要分支，许多产品已经进入临床应用。近年来，新材料技术、传感器技术，特别是 MEMS 技术的迅速发展，以及它们在医疗机器人系统中得到的深入应用，使得消化道微型诊疗机器人得到迅猛发展。图 6-14 为一款可以自主爬行的微型机器人，可通过远程控制其在人体内的行动。它能长时间在消化道、血管或呼吸系统的狭窄空间和弯曲通道中爬行，并可以携带微型相机、分流器或药物。药丸式机器人(Cap sule Robot)在临床与科研中得到了最为广泛的应用，2001 年以色列的 M2A 无线内窥镜获得美国 FDA 认证，这再次吸引了人们对于该技术领域的热切关注。

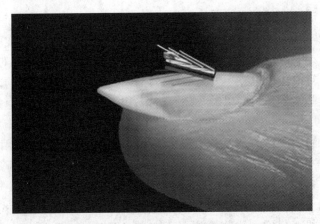

图 6-14　自主爬行的微型机器人

　　内窥镜是当前腔道疾病的主要诊断工具，并将在相当长时间内占据主流位置。纵观医用内窥镜的发展趋势，光导纤维内窥镜将朝细小化及多种传感器等方向发展，电子视频内窥镜将采用更微型的 CCD 来实现周围图像实时高速处理，超声内窥镜则向超声探头细径化和多扫描方式发展。但这些新技术的采用不能从根本上克服传统内窥镜的缺陷，即内窥镜的人为插入过程对人体内部软组织造成擦伤和拉伤，并且由于内窥镜导管的左右摆动和扭曲等大幅度体内动作，使病人承受很大的痛苦。

　　如图 6-15 所示，药丸式无线内窥镜(Wireless Endoscope)彻底改变了传统内窥镜的形态，是无创医疗的最新成果之一。无线内窥镜又称为胶囊式内窥镜(Capsule Endoscope)，是内窥镜技术的突破。从整体结构上看，以药丸式无线内窥镜取代了传统线缆式内窥镜进入消化道，可以无创地吞入，可以无创地获得小肠内的图像，大大拓展了医生诊断视野。

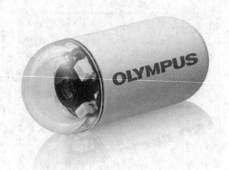

图 6-15　药丸式无线内窥镜

　　近年发展起来的介入治疗技术，在医疗领域有越来越重要的地位，和其他治疗技术相比，它有疗效好、病人痛苦少等优点。但现有介入治疗仪器价格贵、体积大且治疗时仪器进入体内，而做判断和操作的医生在体外，很难保证操作的准确性，特别是对心、脑、肝、肾等重要器官的治疗有一定风险。MEMS 技术的微小(可进入很小的器官和组织)和智能(能自动地进行细微精确的操作)的特点，可大大提高介入治疗的精度，降低风险。

　　人造视网膜芯片是植入式芯片一个典型的例子。据 2021 年中国盲人协会统计数据显示，中国目前约有 1700 万盲人。在众多盲人患者中，有近四分之一的患者是由于视网膜病变造成的，而这种病变目前为止没有任何药物或手术的方法能够修复，采用 MEMS 技术人造视网膜芯片使视网膜退化等眼疾患者的视觉恢复成为可能。人造视网膜芯片是一种在眼内植入的微电极阵列，通过芯片上光电二极管或人为外在施加的方法将眼外影像转化为微电极上的工作电流，继而对患者视网膜上残余的正常神经细胞进行刺激，形成人造视觉(如图 6-16 所示)。通常人造视网膜芯片采用柔性聚合物作为衬底材料，如聚酰亚胺(PI)和聚对二甲苯(Parylene)等。与 PI 相比，聚对二甲苯可以用化学气相沉积的方法于室温下在各种形状的表面上形成均匀、透明、致密无针孔、无应力的薄膜，且薄膜的厚度能精确地控制到 50 nm～100 μm。其机械性能优良，非常适合在复杂的 MEMS 结构上生长或形成三维 MEMS 结构，同时聚对二甲苯具有很好的生物兼容性，是一种得到美国 FDA 认证的、可以在体内长期植入使用的生物医用材料，是植入式 MEMS 器件的理想材料。

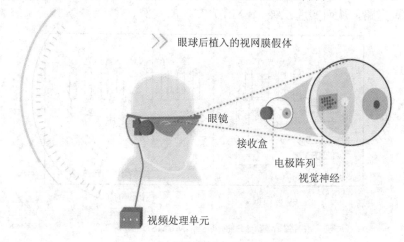

眼球后植入的视网膜假体

眼镜

接收盒

电极阵列

视觉神经

视频处理单元

图 6-16　人造视网膜原理示意图

4．通信领域

全光通信的兴起，在很大程度上得益于 MEMS 技术。MEMS 技术将各种 MEMS 结构件与微光学器件、光波导器件、半导体激光器件、光电检测器件等完整地集成在一起，使网络摆脱了基于光电转换的通信网络，在数据传输速率、带宽、延迟、信号损失、成本和协议依赖性等方面的局限。除了消除光-电-光网络的许多限制之外，MEMS 有一个重要的优势，就是允许对光路外的光信号交换进行外部控制，可以独立调节电参数和光学参数，以获得最优的整体性能。人们已经开发出许多用于通信系统特别是光纤通信网络的 MEMS 器件，如光开关、光调制器、光纤开关、光纤对准器、可调滤波器、集成光编码器、无源调制器等。

全光系统中有两种光信号交换方法：传送交换法和反射交换法。在传送交换法中，信号通常被传送到一个特定的输出，除非被中断或被重新导向另一个输出；反射交换法则利用高反射率的表面微镜，来改变光信号的方向。这两种交换方法都需要光开关来实现。

在光信号交换技术中，有两种基于 MEMS 结构的光开关：二维 MEMS 光开关和三维 MEMS 光开关，如图 6-17 所示。在 MEMS 部件应用过程中，二维 MEMS 光开关最初处于主导地位，但它们的伸缩性不够好，而且还会带来其他的弊端。之后三维 MEMS 光开关成为光信号交换的主要技术。

二维 MEMS 光开关采用反射率的微镜面，在一个固定平面内对光信号进行定向传输，如图 6-17(a)所示。对于二维器件，镜面翻转到一个设定位置，以便将光从一个固定的端口反射到另外一个端口。如果要切换到一个不同的端口，需要将另一个镜面安装到位。由图 6-17(a)可见，对于 N 个端口，需要 N^2 个镜面。这使得实现 32 或 16 端口以上的器件变得复杂和不具备成本效益。32 端口的交换需要 1024 个镜面，而其中在任意给定时刻只有 32 个镜面被用到。此外，光路长度乃至光损耗取决于被用到的端口，这也使光学设计变得复杂，在某些情况下，需要光信号调理功能来平衡所有信号的强度。

三维 MEMS 光开关利用两个轴向的镜面，将光信号从一个固定平面导入自由空间。三维结构通常使用两个镜面阵列，各自与一个输入或输出光纤阵列对准。这样，对于 N 个端口，需要使用 $2 \times N$ 个镜面，镜面个数大大少于二维结构。图 6-17(b)所示为采用中间反射镜面反射缩短光路，从而实现三维 MEMS 光交换的实例。

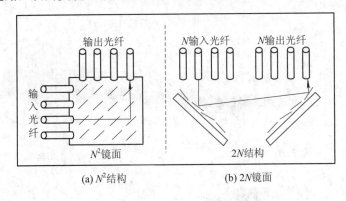

(a) N^2结构   (b) $2N$镜面

图 6-17　二维和三维 MEMS 光开关

5. 航空航天

航空航天领域是 MEMS 技术大显身手的地方。图 6-18 所示的微型飞行器(Micro Aerial Vehicle，MAV)因尺寸小(< 45 cm)、巡航范围大(> 5 km)和飞行时间长(>15 min)、能够自主飞行，被认为是未来战场上的重要侦察和攻击武器，具有价格低廉、便于携带、操作简单、安全性好等优点。将 MEMS 技术引至飞行器设计领域，会使该领域发生显著变化。通过将能测量和消除涡旋的 MEMS 阵列埋置在飞行器关键部位的表面，可明显降低飞行器在飞行中受到的空气阻力，同时，也可利用这种阵列有意制造涡旋，以产生使飞行器改变飞行姿态的力。

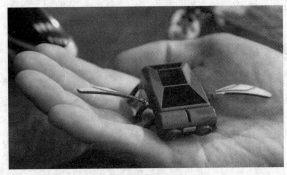

图 6-18　微型飞行器

　　美国于 1995 年提出了纳米卫星的概念。这种卫星比麻雀略大，各种部件全部用纳米材料制造，采用最先进的 MEMS 技术集成，具有可重组性和再生性，其成本低、质量好、可靠性强。图 6-19 显示了美国宇航局发射的仅面包块大小的纳米级人造卫星。一枚小型火箭一次就可以发射数百颗纳米卫星，若在太阳同步轨道上等间隔地布置 648 颗功能不同的纳米卫星，可以保证在任何时刻，对地球上任何一点进行连续监视，即使少数卫星失灵，整个卫星网络的工作也不会受影响。

图 6-19　美国宇航局发射的纳米级人造卫星

　　MEMS 器件具有集成度高、功能强、重量轻、功耗小、热常数低、可抗振动、抗冲击和耐辐射等优势，成为航天应用领域的理想器件。然而，为满足空间应用的性能要求，航天用 MEMS 器件需要有独特的要求和设计，不但对精度和可靠性有更高的要求，同时还必须经受更多的测试和鉴定检验，并达到抗辐射等级的要求。虽然研发用于太空的器件很多，但实用到航天用 MEMS 器件仍占少数。未来的太空探索将更重视成本，更关注执行任务的目的，制造出用于航空航天领域的 MEMS 器件将更为迫切。

6. 军事领域

　　美国和西方国家为了掌握现代战争的主动权，大力发展微型飞行器、战场侦察传感器、智能军用机器人、微惯性导航系统等，以增加武器效能。军用武器装备的小型化是重要的发展趋势。为了适应这一发展的需要，军用武器装备主要采用的是 MEMS 技术制造的传感器和微系统。图 6-20 为通过 MEMS 技术制造的军用微系统。

图 6-20　通过 MEMS 技术制造的军用微系统

目前 MEMS 加速度计、MEMS 陀螺仪等惯性 MEMS 器件的应用已覆盖了美军 90%的战术制导武器。基于 MEMS 器件的集成微系统组件可直接提高武器装备的作战效能。另外，芯片化卫星、微型无人飞行器、"智能尘埃"等 MEMS 微型战场感知与攻击武器系统还将催生新概念微型武器，以影响未来的作战形态。

纳米机器人是一种利用先进的芯片和纳米技术，在原子水平上精确建造和操纵物体的机器人，会对 21 世纪的军事领域产生深刻影响，如图 6-21 所示。军用纳米机器人，比蚂蚁还要小，依靠太阳能电波驱动，具有惊人的破坏力。它的隐蔽性很强，可采用微型遥控装置进行控制，通过多种途径潜入敌方的军事要害部门开展侦察活动，甚至直接攻击目标，如用特种炸药引爆目标，破坏敌方的电子设备与电脑网络；施放各种化学制剂破坏设备或使敌方中毒等。

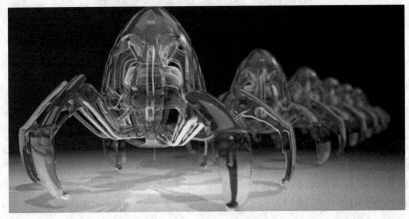

图 6-21 纳米机器人

美国国防部高级计划研究局设有 MEMS 研究室，重点推进 MEMS 传感器的研究计划，其中包括：小型惯性测量装置、微分析系统、RF 微传感器、网络传感器、无人值守传感器等。研制出的 MEMS 加速度计能承受火炮发射时产生的近 $10.5g$ 的冲击力，可以为制导弹提供一种更经济的制导系统。据美国国防部军械处的报告透露，在 1991 年海湾战争中共空投导弹 1700 万发，发射导弹 1380 万发，其中哑弹率占 5%，分别为 85 万发和 69 万发。大量哑弹率的出现削弱了军事行动的效果，未爆弹药引起 14 起伤亡事故。若采用上述 MEMS 传感装置，预计可以使导弹的可靠性及服务时间提高 510 倍，哑弹的数量减小一个数量级。

MEMS 惯性传感器用于灵巧弹头和钻地弹头，其抗震能力足以使其能够做到弹头钻入地下后，仍能对其进行制导、控制并引爆。

MEMS 技术可用于开发一种成本低、体积小、功耗低(毫瓦级)的个人导航器件。这种器件根据初始全球定位系统(Global Positioning System，GPS)基准，更改个人位置，从而达到增强 GPS 功能的目的。当 GPS 受到无线电干扰时，这种 MEMS 器件还可提供连续导航数据。DARPA 支持开发了一种运动探测部件，它是具有一定灵敏度和稳定性的个人惯性定位装置所必需的。以 MEMS 为基础的惯性跟踪器，可以扩充现有的 GPS 系统，提供个人定位信息。图 6-22 所示的微惯性跟踪芯片可以嵌入到很轻便的模块中，将模块放置在鞋垫里，就可以做到在人员定位。

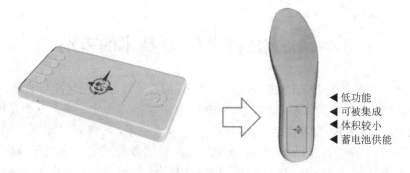

◀ 低功能
◀ 可被集成
◀ 体积较小
◀ 蓄电池供能

图 6-22 微惯性跟踪芯片

另外,用 MEMS 技术制备的机器人在军事上的无人技术领域发挥越来越重要的作用,军用微型机器人的发展将有可能改变下一世纪的战场。目前,开发的微型机器人有图 6-23 所示三大类:

(1) 固定型微型机器人。外观像石头、树木、花草,装有各种微型传感器,可以探测出人体的红外辐射、行走时的地面振动、金属物体移动造成的磁场变化等,信号传送到中央指挥部,指挥部可控制防御区内的武器自动发起攻击。

(2) 机动式的微型机器人。它们装有太阳能电池板和计算机,可以按照预定程序机动到敌人阵地与敌人同归于尽。

(3) 生物型微型机器人。将微型传感器安装到动物或昆虫身上,构成微型生物机器人,使其进入人类无法到达的地方,执行战斗或侦察任务。

(a) 固定型微型机器人

(b) 机动式的微型机器人

(c) 生物型微型机器人

图 6-23 微型机器人

6.4   MEMS 技术与 IC 技术的差别

经过几十年的研究与开发，MEMS 器件与系统的设计及制造工艺逐步成熟，但产业化、市场化的 MEMS 器件种类并不多，许多 MEMS 器件未能走出实验室，充分发挥其潜在应用，究其原因，在于 MEMS 器件是跨多学科的一项综合技术，与传统的 IC 器件有许多差别。

从器件种类上来看，MEMS 器件与 IC 器件相比种类繁多，有光学 MEMS、射频 MEMS(RF MEMS)、生物 MEMS 等。不同的 MEMS 结构和功能差异很大，应用环境也不相同。

从加工工艺上来看，尽管 MEMS 技术是在 IC 技术基础上发展起来的，且 MEMS 技术沿用了许多 IC 工艺。但 MEMS 技术并非完全依靠 IC 工艺，还发展了许多新的 MEMS 加工工艺，如体微机械加工工艺、表面微机械加工工艺、LIGA 工艺、准 LIGA 工艺、电子溅射加工(EDM)、光刻、微机械组装和超精密加工等。MEMS 器件的多样性及其制造工艺的各异性，带来了复杂却可持续的供应链，覆盖了从设计到测试，横跨代工厂、半导体产品封装和测试(OSAT)厂商以及 MEMS 供应商。

按照 IC 的制造方法，可将 MEMS 技术划分为设计、加工、封装和测试四大类，表 6-1 显示了 MEMS 与 IC 之间制造加工的异同。从表 6-1 可以看到，每个类别中 MEMS 都有从 IC 技术中继承而来的成熟经验，同时也有着其自己的鲜明特点。从目前的研究情况来看，这四种类别的研究各居其职，相互促进，都有着深而广的发展余地。

表 6-1   MEMS 与 IC 之间制造加工的异同

类别		IC	MEMS
设计	同	均采用电域物理量作为交互信号	
	异	有基本电路单元，有标准单元库，采用系统级节点分析方法	尚无标准单元库，每种元、器件均基于各自物理域专门设计
加工	同	均可采用标准 Si CMOS、GaAs MMIC 工艺	
	异	Bi CMOS、SOI CMOS 等标准加工技术，SiGe、SiC 等新型工艺材料	体硅、表面硅、S01、LIGA 等其他加工技术，压电、热电、磁、有机等特殊材料
封装	同	可共享很多单项封装工艺的设备和材料，可应用 WLP 设计思想	
	异	全密封，采用 DIP、QFP、BGA、3D 等标准封装形式封装，成本低廉	器件需接触参与环境作用，有时需要预封装、封装定制，成本高
测试	同	可共享部分可靠性测试标准	
	异	有电特性的 JTAG 测试标准和可测试性设计技术体系	没有测试标准，除电域外还需进行多机械域、热域的材料性能的参数测试和认证

具体来说，MEMS 与 IC 之间的主要差别如下：

(1) 结构上，IC 基本是平面器件，MEMS 为立体器件；

(2) 接口上，IC 无活动的零部件，MEMS 是活动器件；

(3) 制作流程上，IC 的制作工艺方式对环境相对不敏感，MEMS 的制作工艺方式对环境非常敏感，使得 MEMS 制造的每道工序(划片、装架、引线制作、封装密封等)与 IC 不同，成本远远高于 IC；

(4) 信号传输上，IC 器件主要是电信号，MEMS 器件为机械、光、电、多种信号；

(5) 工艺上，IC 主要是表面加工工艺，MEMS 有多种加工工艺；

(6) 材料上，IC 主要是半导体材料，MEMS 加工材料众多，包括半导体、玻璃、高分子聚合物、陶瓷等材料；

(7) 功能上，IC 主要是信号的传输、处理与控制，MEMS 主要是传感与致动。

由于 MEMS 技术与 IC 技术在材料、结构、工艺、功能、信号传输、接口等方面存在诸多差别，难以简单地将 IC 技术移植到 MEMS 技术中，使得 MEMS 器件在设计、材料、加工、系统集成、封装和测试等方面面临许多新问题，而封装是制约 MEMS 走向产业化的一个重要原因之一。

第七章 MEMS 封装

40 多年来，MEMS 吸引了无数投资者的目光。尽管 MEMS 产品市场不断增长，前景令人鼓舞，但是 MEMS 产业化却没有如人们所期待的那样迅速到来。大量的 MEMS 产品还只是一个美好的设想，或者停留在实验室研究阶段。许多阻碍 MEMS 产业化进程的因素逐渐凸现出来，而封装则是其中最为关键的因素之一。大量的 MEMS 产品构想陷入了困境，甚至失败，主要是没有找到有效且合适的封装方法。而在实际的 MEMS 产品生产环节中，封装、组合、测试和调整仍然是成本最昂贵的部分，封装的发展和应用将决定一个 MEMS 产品的成败。

7.1 MEMS 封装基本类型

MEMS 封装常见的分类方式有三种：第一种是按封装材料分类，可分为金属封装、陶瓷封装和塑料封装；第二种是按密封特性分类，可分为非气密封装、气密封装和真空封装；第三种是按封装工艺分类，包括裸片级封装(Die Level Packaging)、晶圆级封装(Wafer Lever Packaging)、多芯片模块(Multi Chip Module)、器件级封装(Device Level Packaging)和系统级封装(System on Packaging)。

气密封装和真空封装所选用的封装材料不仅能对器件进行隔离保护，而且能阻止气体和水汽进入封装腔体，保持腔体密封。非气密封装的腔体为非密封的，或者封装材料是漏气的。部分 MEMS 传感器需要进行真空封装，如绝压型 MEMS 气压传感器，MEMS 谐振器和 MEMS 陀螺仪对封装方法设计要求高。通常金属封装和陶瓷封装可实现气密封装和真空封装，而塑料封装基本上为非气密封装。

7.2 MEMS 封装的特点

MEMS 器件主要分为三部分，分别为传感器、执行器和控制器。控制器往往是一些专用集成电路芯片，而传感器和执行器除了包含各种元器件及芯片外，还有机械的可动部件(如陀螺仪、微加速度计、微马达等)。正是这些可动部件，使得 MEMS 封装区别于 IC 封装。这些芯片和元器件部分可以沿用某些微电子封装技术，如 BGA(球栅阵列)、CSP(芯片级封装)、MCM(多芯片模块)等。由于可动部件和各部分的接口相互连接起来，而且要保证可动部件在腔体内运动，因此，对可动部件的封装，再依靠传统的微电子封装技术，就显得"力不从心"。例如，高速运动的可动部件往往需要在真空状态下长期可靠地工作，因此要求对其进行真空封装；在某些有毒、有害气体环境下工作的传感器，必须采取特殊的封装形式。

1. MEMS 封装与 IC 封装的区别

由于 MEMS 涉及的领域十分广泛，所完成的功能又千差万别，其系统五花八门，因而要对 MEMS 进行标准化封装就十分困难了。下面叙述 MEMS 封装与 IC 封装的区别。

1) 封装层次

IC 封装通常分为芯片级封装、PCB 级基板封装、母板级封装三个层次。MEMS 封装则通常分为裸片级封装、晶圆级封装、芯片级封装、器件级封装和系统级封装。需要特别指出的是，MEMS 的"芯片级"含义更加广泛，不但包括控制器在内的微电子封装中的各种芯片，而且包括感测各种力、光、磁、声、温度、化学、生物等传感器元器件和执行运动、能量、信息等控制量的各种部件。总的来说，MEMS 封装是建立在 IC 封装基础上的，并沿用了许多微电子封装的工艺技术，但通常又比 IC 封装更庞大、更复杂、更困难一些。

2) 封装类型

IC 封装一直追随芯片的发展而发展，从而形成了与各个不同时期相互对应的有代表性的标准封装类型。而 MEMS 因为应用领域十分宽广，涉及多学科技术领域，往往是根据所需功能，制作出各种 MEMS 后，再考虑适宜的封装问题，故 MEMS 封装难以形成规范、标准的封装类型。因此，从某种意义上说，MEMS 封装在很多情况下是专用封装。

3) 封装环境

MEMS 封装除具有微电子封装的一些共同失效模式外，本身还具有独特性。MEMS 器件对封装的环境更为敏感，有的要求长期保持气密性，有的要求光的输入均匀，有的要求封装基板平整度很高，有的要求封装本征频率越高越好，有的要求流体进出连续等，一旦这些关键指标达不到，MEMS 器件就会失效。

4) 封装体积

MEMS 封装对体积的要求减小比微电子封装的更迫切，对 3D 封装的要求更强烈。为了提高组装密度，MEMS 的各种元器件及部件，特别是执行部件等，不可能只在平面内展开，而必然向立体方向延伸。从另一方面来说，很多 MEMS 器件，如光开关，由于功能需要，必须是三维结构，所以 MEMS 封装也必然是三维封装。高可靠性要求 MEMS 产品采用气密封装，而某些可动部件、机械元件又要求真空封装，这使本来经微型化后只有微米级的部件，经各种封装后体积可能达到毫米量级，甚至厘米量级。

5) 封装气密性

MEMS 器件对封装的环境更为敏感，像加速度计、开关等 MEMS 器件需要进行气密封装，以防止外界水汽等对其性能与可靠性产生的影响；陀螺、红外传感器等 MEMS 器件需要进行真空封装，以避免空气对器件性能产生影响并可提供相对绝热的环境。而真空封装后，保持其真空度也是 MEMS 封装的主要瓶颈之一。

6) 封装成本

鉴于 MEMS 封装自身的特殊性和复杂性，封装制造工艺经常对最终成本产生决定性的影响。其封装成本占 MEMS 产品的成本可高达 80%，而微电子封装中的封装成本比重相对要低一些。

表 7-1 所示为 MEMS 和 IC 封装的区别。

表 7-1 MEMS 和 IC 封装的区别

MEMS(基于硅衬底)	IC
复杂的三维结构	主要为二维结构
很多系统含有可动的固体结构或液体	固定的薄固体结构
需要将微结构和微电子进行集成	不需要将微结构和微电子进行集成
在生物学、化学、光学以及电动机械方面可以实现不同的功能	为特定的电子功能实现电能传输
很多组件需要接触工作介质并处于恶劣环境之下	集成电路模板通过包装与工作介质相隔离
涉及各种不同的材料,如单晶硅、硅化合物、GaAs、石英、聚合物以及金属等	只涉及少量几种材料,如单晶硅、硅化合物、塑料和陶瓷
很多元件需要组装	少量元件需要组装
基底上的图形相对简单	基底上的图形相对复杂且元件密度大
少量的馈电导体和导线	大量的馈电导体和导线
缺少工程设计的方法和标准	具有完备的设计方法和标准
封装技术处于起步阶段	有成熟的封装技术
主要采用人工进行组装	具有自动化的组装技术
缺乏可靠性和性能测试的标准和技术	已有成文的标准和处理过程
多样的制造技术	经过实践检验的成文的加工制作技术
在设计、制造、封装和测试方面没有可参考的工业标准	有完善的方法和处理过程

2. MEMS 的特点

由于 MEMS 技术是一门多学科交叉渗透、综合性强的技术,因此 MEMS 封装具有如下自身的特点:

(1) 专用性。MEMS 中通常都有一些可动部件或悬空结构,如空腔、梁、沟、槽、膜片等,甚至是流体部件。封装架构取决于 MEMS 器件及功能,对各种不同结构及功能的 MEMS 器件,其封装设计要因地制宜,与制造技术同步协调,具有很强的专用性。

(2) 复杂性。根据应用的不同,多数 MEMS 封装外壳上需要留有同外界直接相连的非电信号通路,例如传递光、磁、热、力、化等一种或多种信息的输入、输出。输入、输出信号界面复杂,对芯片钝化、封装保护提出了特殊要求。某些 MEMS 的封装及其技术比 MEMS 还新颖,不仅封装技术难度大,而且对封装环境的洁净度要求更高。

(3) 空间性。为给 MEMS 可动部件提供足够的可动空间,需要在外壳上刻蚀或留有一定的槽形及其他形状的空间。经过灌封好的 MEMS,需要提供有效的保护空腔。

(4) 保护性。在晶片上制成的 MEMS,在完成封装之前,始终对环境的影响极其敏感。MEMS 封装的各操作工序(如划片、烧结、互连、密封等)需要采用特殊的处理方法,并提供相应的保护措施，如加装网格框架，以防止可动部件被机械损伤。系统的电路部分也必须与环境隔离，得以保护，以免影响电路性能，同时要避免封装及其材料对环境造成不良影响。

(5) 可靠性。MEMS 使用范围广泛，这对其封装提出了更高的可靠性要求。尤其在恶劣条件下工作的 MEMS 器件，利用封装技术避免受到有害环境侵蚀。在满足气密封装功能的前提下，释放多余热量，从而保证可靠性。

(6) 经济性。MEMS 封装主要采用定制式研发，现处于初期发展阶段，离系列化、标准化要求尚远，降低封装成本是一个必须解决的问题。

总而言之，IC 封装和 MEMS 封装这两者最大的区别在于 MEMS 一般要和外界接触，而 IC 恰好相反，其封装的主要作用是保护芯片并完成电气互连，不能直接将 IC 封装移植于更复杂的 MEMS 封装。但从广义上讲，MEMS 封装形式多是建立在标准化的 IC 芯片封装架构基础上的。目前的 MEMS 技术大多沿用成熟的微电子封装工艺，并加以改进、演变，以适应 MEMS 特殊的信号界面、外壳、内腔、可靠性、降低成本等要求。

7.3　MEMS 封装的功能

封装的根本目的在于，以最小的尺寸和质量、最低的价格和尽可能简单的结构，保证元器件完成特定功能。MEMS 封装的功能包括了微电子封装的功能部分，即原有的电源分配、信号分配、散热通道、机械支撑和环境保护等外，还应增加下面特殊的功能和要求。

1. 机械支撑

MEMS 器件是一种易损器件，因此需要机械支撑来保护器件在运输、存储和工作时，避免热和机械冲击、振动、高的加速度、灰尘和其他物理损坏。另外对于加速度计等某些特殊功能的器件需要有定位用的机械支撑点。

2. 环境隔离

环境隔离有两种功能，一种是仅仅用作机械隔离，即封装外壳仅仅起到保护 MEMS 器件，避免机械损坏。另一种是气密和非气密保护，某些 MEMS 器件需要气密封装以维持内部的气体组分和压力，并且需要在器件有效期内长期保持不变；甚至有部分器件需要真空封装，以使内部可动部件具有活动性，并运动自如。因为在真空中可以大大减小甚至消除摩擦，既能减小能源消耗，又能长期、可靠地工作。此外，气密封装还可以防止 MEMS 器件在环境中受到化学腐蚀和物理损坏，以及因水汽含量升高引起的黏结失效。对可靠性要求十分严格的应用领域，必须采用气密封装，防止 MEMS 器件在环境中受到化学腐蚀和物理损坏。同时在制造和密封时，要防止湿气可能被引进到封装腔内。对工作环境较好的应用领域可采用非气密封装。

3. 低污染

对于几乎所有的封装来讲，低污染都相当重要，而对于许多 MEMS 器件来说，其尤为关键。受限于 MEMS 器件尺寸，一个非常微小的颗粒就会导致芯片损坏。但是污染问题比看上去要更复杂和更困难，因为在器件组装过程中，外部物质可以进入封装，甚至形成颗粒。而封装本身和组装材料也可能是污染的来源，尤其是气体和蒸汽。更糟糕的是，只要存在互相接触的磨损机构，MEMS 器件就会在使用过程中产生颗粒。尽管 MEMS 设计者努力去减小部件摩擦或碰撞处的机械接触，但这种碰撞和摩擦时常不可避免。

4. 提供与外界系统和媒介的接口

由于封装外壳是 MEMS 器件及系统与外界的主要接口，外壳必须能完成电源、电信号或射频信号与外界的电连接，同时大部分的 MEMS 芯片还要求提供与外界媒介的接口。某些 MEMS 器件的工作环境是液体、气体或透光的环境，MEMS 封装必须形成稳定的环境，并能使液体、气体稳定流动。

5. 提供热传输通道

对带有功率放大器、大信号电路和高集成度封装的 MEMS 器件，在封装设计时，热量释放是必须考虑的问题。如 LED 封装，散热不良导致芯片温度升高，不仅影响 LED 的出光性能，而且使 LED 的发射光谱发生红移，色温质量下降，进而使使用寿命和可靠性降低。封装外壳必须提供热传输的通道。

6. 低应力

在 MEMS 器件中，用三维加工技术制造微米或纳米尺度的零件或部件，如悬臂梁、微镜、深槽、扇片等，精度高，但十分脆弱，因此 MEMS 封装应保证对器件尽可能小的应力。

7. 高真空度

高真空度是 MEMS 器件的要求，以使可动部件具有活动性且运动自如。因为在"真空"中，可减小甚至消除摩擦，既能减小能源消耗，又能达到长期、可靠的工作目标。

8. 高气密性

一些 MEMS 器件，如陀螺仪等，必须在稳定的气密性条件下方能可靠、长期地工作。严格地说，任何封装都不可能实现完全气密，所以只有用高气密性的封装，来解决稳定的气密性问题。某些 MEMS 器件封装的气密性要求达到 $1 \times 10^{-12} \, \text{Pa} \cdot \text{m}^3 \cdot \text{s}^{-1}$。

9. 高隔离度

MEMS 的目标是把集成电路、微细加工元件和 MEMS 器件集成在一起形成微系统，完成信息的获取、传输、处理和执行等功能。MEMS 器件常需要有高的隔离度，特别是对 MEMS 射频开关等微波元件更为重要。

10. 特殊封装环境

某些 MEMS 器件的工作环境是液体、气体或透光的环境，MEMS 封装必须构成稳定的环境，并能使液体、气体稳定流动，使光纤输入具有低损耗、高精度对位的特性等。

7.4　MEMS 封装的形式

MEMS 封装技术主要源于 IC 封装，IC 封装技术的发展历程和水平代表了整个封装技术(包括 MEMS 封装和光电子器件封装)的发展历程及水平。

目前在 MEMS 封装中，比较常用的封装形式有无引线陶瓷芯片载体封装、金属封装、金属陶瓷封装等。在 IC 封装中，倍受青睐的 BGA 封装、FCB 封装、CSP 封装、MCM 封装和 WLP 封装已经逐渐成为 MEMS 封装中的主流。

1. BGA 封装

BGA 封装可对 MEMS 器件、存储器、PC 芯片组等器件进行封装。它有很多优点，如有较多的 I/O 端口，较小的尺寸；良品率高，成本低，散热性好；且 BGA 焊球引脚短，信号传输路径短，有助于减小电感、电阻对电气性能的影响；封装更加牢固，可靠性高。BGA 封装的主要优点得益于它采用了面阵列端子封装。与 QFP 四边扁平封装相比，在相同端子情况下，它增加了端子间距，改善了组装性能。图 7-1 所示是 MEMS 压力传感器的 BGA 封装，与传统的封装技术相比，其引线的长度较短，在恶劣的环境中，有效地提高了引线互连的强度。

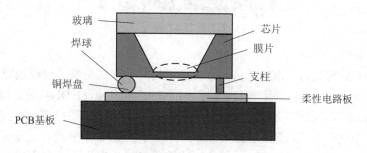

图 7-1　MEMS 压力传感器的 BGA 封装

2. FCB 封装

FCB 封装是一种芯片级互连技术(见图 7-2)。由于 FCB 具有高性能、高 I/O 端口数和低成本的特点，特别是其作为"裸芯片"的优势，已经开始应用于各种 MEMS 封装中。

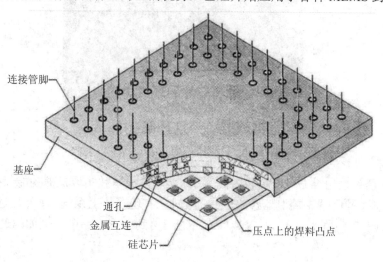

图 7-2　FCB 封装

3. CSP 封装

如图 7-3 所示，CSP 封装是封装尺寸与裸芯片相同或封装尺寸稍大于裸芯片的封装，它与 BGA 结构基本一样，仅仅是焊球直径和球中心距变得更小了、更薄了，这样在相同封装尺寸下，有更多的 I/O 端口数、更低的寄生电容(在高频中非常重要)，使得组装密度进一步提高，可以说，CSP 是缩小了的 BGA。

图 7-3   CSP 封装

4. MCM 封装

图 7-4 为 MCM 封装。在 MCM 封装中，最常用的两种方法是微芯片模块 D 型(Micro Chip Module D，MCM-D)和高密度互连(High Density Interconnect，HDI)封装。MCM-D 封装是比较传统的封装形式，它的芯片位于衬底的顶部，芯片和衬底间的互连通过引线键合实现。高密度互连(HDI)是把芯片埋进衬底的空腔内，在芯片上部做出薄膜互连结构。由于相对于引线键合，HDI 使用了直接金属化，芯片互连产生很低的寄生电容和电感，因此工作频率可达 1 GHz 以上。HDI 还可以扩展到三维封装，并且焊点可以分布在芯片表面任何位置。

图 7-4   MCM 封装

5. WLP 封装

MEMS 器件采用 WLP 封装能够缩短周期、降低成本和实现机械功能保护等。WLP 封装是将传感器、执行器和控制器都集成在晶圆上，实现"片上系统"，然后进行封装。WLP 封装过程如图 7-5 所示，WLP 封装已被普遍应用到便携产品中，例如闪速存储器、高速 DRAM 等。

晶圆   封装   切割

图 7-5   WLP 封装过程

7.5　MEMS 封装的方法

MEMS 器件的多样性决定了其不可能实现通用的封装方法,由于 MEMS 的应用领域不同,其对封装要求的侧重点也有所不同,所以采用的封装方法也有所差别。如消费类产品追求低成本价格,医用类产品追求微型化,通信类产品追求小体积和低成本价格,而军用的高档产品则主要考虑高性能、高可靠。综合各类产品的结构和技术,MEMS 封装方法主要有如下几种:

(1) 高密度封装法。先对某些芯片或特殊元件进行预封装,以便于组装,有的可动部件要进行真空封装。

(2) 芯片保护与隔离法。对某些在有害、有毒气体环境下工作的芯片表面(功能区)进行保护和隔离,常用的方法有表面钝化法、低压化学气相沉积法(LPVCD)、有机材料涂敷法等。

(3) 键合法。键合法有圆(芯)片阳极键合法和圆(芯)片直接键合法。圆(芯)片阳极键合法是于 400℃左右的温度下,在硅圆(芯)片和玻璃间施加电场,使二者形成牢固的键合面;晶圆直接键合法则是对两个高度抛光后的圆(芯)片加热加压,达到牢固键合目的。

(4) 气密封装法。利用金属壳体进行气体密封,是混合集成电路(HIC)常用的方法。

(5) 塑封 3D 叠装法。先用典型、成熟的标准封装结构(如 SOP、PLCC、PQFP 等)封装 MEMS 的各元器件,然后再进行叠层封装。

(6) 刻槽法。先在玻璃基板(或其他基板)上刻槽,然后再安装芯片或其他元器件。

(7) 3D 立体堆栈封装法。采用 3D 立体堆栈封装法,除了可解决技术发展瓶颈,也可进一步整合模拟 RF、数字逻辑单元、存储器、传感器、混合信号、MEMS 等各种组件,以缩短信号传输距离、减小电力损耗,同时大幅增加信号传输速度;此外,可使固定单位体积下芯片数量最多。

7.6　MEMS 封装的工艺

MEMS 封装的基本工艺包括划片、清洗、贴片、互连、外壳封装、引线框架设计等,对气密封装和真空封装,还要对封装好的器件进行气密性检测。下面针对大多数 MEMS 产品封装过程中必需的一些基本技术进行阐述。

1. 划片

IC 常采用金刚石刀划片来分割晶圆,但 MEMS 却存在特殊性。IC 所用晶圆相当光滑且微观结构埋置在表面下,而 MEMS 所用晶圆却具有精密裸露部分和许多开孔的三维结构,它易破损并易捕捉到微细粒子。在分割过程中,MEMS 活动表面必须得到保护以免受到污染。一种方法是在划片之前使用晶圆级封装方法密封 MEMS 表面,另一种方法是对某些需要通路的 MEMS 器件采用封帽,如图 7-6 所示,通过刻蚀硅晶圆来制造封帽阵列,并对封帽阵列进行预切,以便分割成单个封帽。

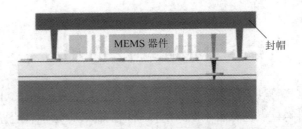

图 7-6   带有封帽的 MEMS 器件封装结构图

在晶圆分割之前，首先需要贴膜，一般对晶圆含有 MEMS 活动元件的面进行贴膜。由于 MEMS 芯片通常很脆，在粘贴晶圆之前需在膜上通过机械冲孔或激光打孔冲出一些辅助孔，使孔的尺寸和位置与晶圆上活动 MEMS 的位置相对应，并将膜和晶圆接触黏结。由于膜上有辅助孔，所以晶圆上的 MEMS 机械区不与膜接触。另外，晶圆的背面也可用水溶性临时层或膜来保护晶圆，在芯片切割完成后再去除。

针对 MEMS 器件划片，除了可采用金刚石刀划片外，激光划片已经成为一种最常用和最干净的 MEMS 分割工艺。通常在晶圆上划线，然后通过折断切口来划片。

2. 清洗

MEMS 器件的晶圆经过划片后，进入 MEMS 芯片互连工艺。尽管 MEMS 芯片互连有多种工艺形式，但目前引线键合工艺仍然是 MEMS 芯片互连的主要技术。如何提高引线键合强度，仍是需要进行研究的问题，其中清洗工艺对提高引线键合强度至关重要。

等离子清洗是一种有效的、低成本的方法。等离子清洗的成功应用依赖工艺参数，包括压力、等离子功率、时间和工艺气体类型。与湿法清洗不同，等离子清洗的机理是依靠处于"等离子态"物质的"活化作用"，达到去除物体表面污渍的目的。等离子清洗能有效地清除金属、陶瓷、塑料表面的有机污染物，可以显著增加物体的表面能，提高浸润性和黏合性，达到提高焊接强度的效果。从目前各类清洗方法来看，等离子体清洗是所有清洗方法中，最为彻底的剥离式清洗方法。

典型等离子由电子、离子、自由基和质子组成。气体激发成等离子态有多种方式，如激光、微波、电晕放电、热电离、弧光放电等，而首选方法是射频激励。给电极施加 13.56 MHz 的射频电压，电极之间形成高频交变电场，区域内气体在交变电场的激荡下，形成等离子体，活性等离子对被清洗物进行物理溅射和化学反应，使被清洗物表面物质变成粒子和气态物质，经过抽真空排出，从而达到清洗的目的。

利用物理溅射进行等离子体清洗，通常包括以下几个过程：

(1) 无机气体被激发为等离子态；

(2) 活性等离子对被清洗物进行物理轰击；

(3) 清洗物表面物质变成粒子并脱离基板表面。

图 7-7(a)示出了对氩气进行射频激励形成氩等离子体，利用物理溅射方法清洗基板上的有机残留物。

利用化学反应进行等离子体清洗，通常包括以下几个过程：

(1) 无机气体被激发为等离子态；

(2) 活性气相物质被吸附在固体表面；

(3) 被吸附基团与固体表面分子反应，并产生反应物分子；

(4) 反应物分子解析形成气相；

(5) 反应残余物脱离表面。

图 7-7(b)示出了将氧气激发形成活性氧，与基板上的有机残留物进行化学反应，反应物分子解析形成气相水分子和二氧化碳，以除去有机残留物。

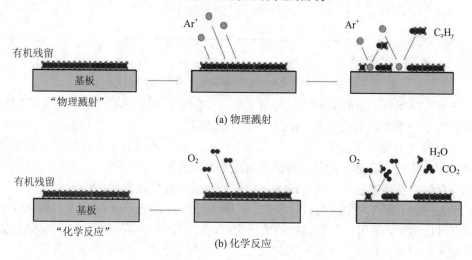

图 7-7　等离子体清洗的工作原理

3. 贴片(表面键合)

与 IC 器件的贴片工艺相比，MEMS 器件的贴片工艺更具挑战性。这是因为 MEMS 器件通常为三维结构，一般由多层不同材料的薄层键合在一起形成，且很多 MEMS 中会包含有流体或有害物质，要求将不同种类材料键合在一起时既可获得良好的密封性能，又可为芯片的隔离提供灵活性。

在 MEMS 封装工艺中，要将芯片或其他类似的元件黏合到基板上，常用的贴片工艺有以下几种。

1) 黏合剂黏结法

将分离的两个表面通过黏合黏结到一起是一种相对简单、可靠、低成本的工艺。如图 7-8 所示，键合过程在键合腔体内进行，腔体对基板进行加热，以使基板达到键合所需的温度，黏合剂通过旋涂法、喷涂法、点胶法、涂胶法等方法涂敷到基板的表面，然后将待键合的部件放置其上，可以施加一个机械力来保证键合的质量。目前贴片工艺中常用的有机黏合剂有环氧树脂和硅橡胶等。有机黏合剂的优点如下：

(1) 工艺温度相对较低；

(2) 不需要加电场；

(3) 与 CMOS 工艺兼容；

(4) 可对各种材料圆片进行黏结；

(5) 无需对圆片表面进行特殊处理；

(6) 容忍表面存在结构或颗粒，并允许有突出结构或颗粒存在。

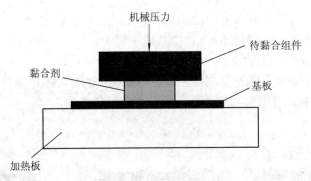

图 7-8　黏合剂黏结法示意图

在选择有机黏合剂进行黏结时，要考虑多方面因素，例如热稳定性、力学稳定性等。若黏结过程中有溶剂、水汽或者副产品产生，则该黏合剂不适合于芯片黏结。例如，聚酰亚胺在固化过程中会产生大量水汽，在黏结界面有气泡，不适合于芯片黏结。且键合通常在加热情况下进行，若键合的两种材料热膨胀系数相差较大，则键合后热应力可能较大。紫外光固化黏合剂可在室温下进行黏结，但圆片对紫外光需要透明。

表 7-2 列出了键合常用的有机黏合剂。其中环氧树脂类胶(环氧胶)具有很好的柔性，既能实现芯片的键合，又可以提供良好的密封作用。但环氧胶很容易受到外部热环境的影响，致使黏结工艺必须保持在玻璃态的转化温度 150～175℃之下。当黏合表面需要满足一定柔性时，比较柔软的硅橡胶材料常被采用。其在室温下即可完成固化，并能提供很好的芯片隔离功能，但这种材料抵御化学侵蚀的特性不太好，与空气接触时容易发生剥离和脱落现象，不太适合于高压应用的场合。对于导热导电性能要求较高的贴片工艺，常采用导电胶进行贴片。导电胶是含银且具有良好导热和导电性能的环氧树脂，不要求芯片背面和基板具有金属化层。芯片黏结后，根据导电胶固化要求的特定温度时间进行固化。

表 7-2　常用有机黏合剂特性

有机黏合剂	特　性
普通环氧胶	加热固化
B-stage 环氧胶	键合强度高、化学稳定
紫外光环氧胶	紫外光固化，键合强度高，化学稳定，可选择性键合
正性光刻胶	加热固化，键合界面有气泡，键合弱
负性光刻胶	加热固化，键合弱，热和化学稳定性低，可选择性键合
BCB(苯环丁烯)	加热固化，成品率高，强度好，热稳定性好，可选择性键合
PMMA(聚甲基丙烯酸甲酯)	加热固化，受热熔化
PDMS(聚二甲基硅氧烷)	加热固化，受热熔化
聚酰亚胺	加热固化，界面有气泡，单芯片制作，可选择性键合

与焊接贴片相比，粘胶贴片不仅具有灵活、温度低、不需要助焊剂等优点，而且其工艺设备也相对便宜。

粘胶贴片的工艺过程分为施胶、贴片和固化三个步骤。贴片过程中为了保证合适的强度，对点胶压力和胶点形状、直径、厚度等都有严格的要求。胶通常采用热固化，如图 7-9、

图 7-10 示出了胶固化前和固化后的器件结构示意图。芯片通常为硅材料，基板通常为金属或陶瓷材料。由于芯片和基板为不同材料，其热膨胀系数不同。当胶热固化后，再冷却到室温，因材料的热膨胀系数不同，材料的膨胀和收缩也不相同，在芯片和基板的黏结界面处产生应力。另外，由于器件工作时产生热量，芯片温度升高，变化的工作温度导致在界面处产生温度应力。温度应力的存在，将影响器件的性能，降低器件的可靠性，缩短器件的寿命。

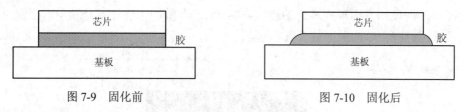

图 7-9　固化前　　　　　　　　　　　　　图 7-10　固化后

2) 焊料键合法

焊料键合法已经被广泛应用于微电子封装领域。根据材料的不同，焊料键合法可细分为共晶键合(硬焊料键合)和软焊料键合两种。

共晶键合是将共晶合金原子向待键合到一起的材料原子结构中加热扩散的过程，当温度超过共晶温度时，可形成牢固的材料键合结构。图 7-11 是共晶键合示意图，共晶合金薄膜被夹持在压电电阻硅基片和硅基板之间，通过重物加强合金薄膜和硅基片的键合表面在键合过程中的接触，再通过将整个腔体加热到共晶温度之上并进行保温来完成键合过程。共晶温度是某种合金材料最低的融合温度，其熔点温度也是这种合金材料不同组分比例中所可能具有的最低熔点温度。共晶键合具有化学上不活泼、稳定性和密封特性优点。

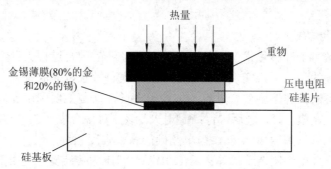

图 7-11　共晶键合示意图

共晶键合温度高，可在高温下使用且键合强度高，但冷却以后残余热应力大。软焊料键合温度低，不耐高温，易发生疲劳，键合强度略低，但冷却后残余应力较小，能吸收部分热应力。

3) 阳极键合法

阳极键合法对于硅芯片的贴合非常可靠和有效，其装置相对简单、密封性好且成本较低，这一点对于含有微流体的微型阀、微管道及微型压力传感器芯片的应用非常重要。晶圆之间的阳极键合通常需要在晶圆上施加一个中等的压力，以使晶圆之间具有足够的接触压力，同时对系统施加恒定的外加电压和电流条件，在静电力的作用下将晶圆紧密地键合在一起。阳极键合的键合温度相对来说不太高，一般在 180~500℃，键合后材料中的残留应力和应变相对较小。该方法已被用于玻璃与玻璃、玻璃与硅、玻璃与半导体化合物、玻璃与各种金属、硅与硅之间的键合。

由于硼硅玻璃与硅有相近的线膨胀系数，因此常用硼硅玻璃作为玻璃衬底与 MEMS 硅芯片键合，图 7-12 为硅-玻璃阳极键合示意图。键合时，键合温度为 300～450℃，电压为 300～1000 V，压力为 0～200 kPa。硅芯片置于阳极加热板上，玻璃与阴极连接，将硅与玻璃贴合在一起，加热至一定的温度，在外加高压直流电场作用下，硅和玻璃之间形成牢固的化学键，使硅-玻璃界面形成良好的连接。"三明治"微加速度计就是利用阳极键合技术，按照玻璃-硅芯片-玻璃的顺序键合在一起的。

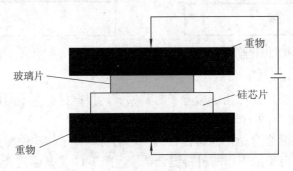

图 7-12 硅-玻璃阳极键合示意图

然而，阳极键合常出现开裂问题。例如材料抛光平整度不够或者封接前清洗不干净，可致使硅芯片与玻璃片连接后脱落；原始裂纹和微开裂会产生应力集中，导致封装热循环时玻璃片炸裂。由于阳极键合需要非常平整的平面来获得高质量的键合，因此限制了它的应用。

4) 硅熔融键合法

硅熔融键合法对于硅芯片来说，是一种简单和经济的键合过程。硅熔融键合法可以在不使用中间黏合剂的条件下，实现两块晶圆或硅衬底有效且可靠的键合，简化了器件的制作。与阳极键合不同，硅熔融键合过程不依赖于电场，而是主要利用界面的化学力，在氧化环境下"自发"完成键合，之后进行高温退火。该法对键合表面的平整度要求比较严格，硅芯片的键合强度可以高达 20 MPa，与单晶硅的断裂强度相近。

硅熔融键合已被用于制造绝缘体上硅(SOI)器件和压力传感器，但由于硅熔融键合需要在高温下长时间处理，使该技术不能应用于已经含有 CMOS 电路的硅芯片。

表 7-3 汇总了这几种贴片方法的优劣。

表 7-3 几种贴片方法的优劣

贴片方法	温度	密封性	可靠性
黏合剂黏结法	低	否	不确定
共晶键合法	中等	是	不确定
阳极键合法	中等	是	好
硅熔融键合法	很高	是	好

散热问题是贴片工艺必须考虑的一个重要问题。贴片常用的基板有陶瓷基板、硅基板

和金属基板等。在低密度和小功率器件封装中，散热问题相对容易解决；但在高密度封装和功率器件封装中，特别是将芯片贴在陶瓷基板上或进行塑料封装时，散热是一个必须认真考虑的问题。否则过多的热量积累，不仅影响器件的性能，而且器件会因温度过高而烧毁。在封装工艺散热中，除了热沉和散热器外，贴片质量的好坏也影响 MEMS 器件的散热性能。在焊料贴片工艺中，常出现的问题是焊接层易出现孔洞，孔洞的存在对热的传导性能影响极大。如图 7-13 所示，焊接孔洞的形式多种多样、大小不一，分布位置也不相同。

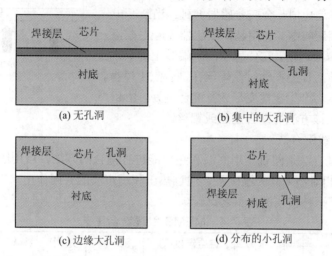

图 7-13　贴片孔洞

在贴片(表面键合)过程中要注意：

(1) 根据封装键合要求(如气密性、强度、抗腐蚀、使用环境、成本等)和工艺条件(如温度限制、键合片材料等)，选用合适的封装键合方法。

(2) 对于功率型 MEMS，封装材料必须在 MEMS 芯片和基板之间提供良好的散热通道，使 MEMS 芯片产生的热量顺利地从芯片传导到基板，保证芯片工作在安全的温度范围内。如果内部电路需要从芯片到基板有良好的电接触，那么键合层材料还必须满足导电要求。

(3) 键合材料要求有很好的稳定性和可靠性。键合可靠性取决于键合层的厚度及键合材料间热膨胀系数(CTE)的差别所产生的热机械应力。当键合材料间 CTE 相差较大时，如采用单键合层易导致热应力过大，可考虑采用多键合层或 CTE 梯度变化的复合层结构。

(4) 对于真空和气密封装，则必须选用气密性材料。

(5) 脆性断裂是由于应力过大引起的，封装设计时要充分考虑材料和加工环境，尽可能减小脆性材料中的残余应力。

(6) 在键合过程中，通过控制温度和时间来控制金属间化合物形成。

4. 互连

将芯片与转换器上输入、输出端进行互连有 WB 技术、TAB 技术、FCB 技术等。

1) WB 技术

WB 是用金属丝将集成电路芯片上的电极引线与集成电路底座外引线连接在一起的过程。MEMS 器件引线键合相对来说比较标准，通常采用热压键合法、超声引线键合法和热超声引线键合法进行。

　　(1) 热压键合法。在一定的时间、温度和压力下，利用低温扩散和塑性流动，使固体扩散，键合表面承受压力，发生塑性变形。图 7-14 所示为热压键合法，该方法主要用于金丝键合。

　　(2) 超声引线键合法。

　　通过石英晶体或磁力控制，使金属传感器获得摩擦运动。当石英晶体上通电时，金属传感器伸延；当断开电压时，传感器就会相应收缩。利用超声发生器，产生振幅一般在 4～5 μm 的摩擦运动。在传感器的末端装上焊具，当焊具随着传感器前后伸缩振动时，焊丝在键合点上摩擦，通过由上而下的压力产生塑性变形。在键合点处，由超声波导致塑性变形。该方法可键合金丝或铝丝。

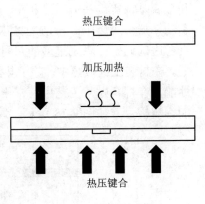

图 7-14　热压键合法

　　(3) 热超声引线键合法。

　　热超声引线键合法是同时利用高温和超声能进行键合的方法，可用于金丝键合。它可以在 100～150℃相对不太高的温度下，通过热压和超声波的共同作用来完成 WB。

　　表 7-4 示出了三种引线键合工艺比较。

表 7-4　MEMS 引线键合工艺

键合工艺	键合压力	键合温度/℃	超声波	适用引线材料	适用焊盘材料
热压键合法	高	300～500	无	Au	Au、Al
超声波引线键合法	低	25	有	Au、Al	Au、Al
热超声引线键合法	低	100～150	有	Au	Au、Al

2) TAB 技术

　　针对超窄引线间距、多引脚和薄外形封装要求，TAB 技术得到发展。图 7-15 为 TAB 技术工艺流程，虽然 TAB 价格较贵，但引线间距最小可达到 150 μm，而且 TAB 技术比较成熟，自动化程度相对较高，是一种高生产效率的内引线键合技术。

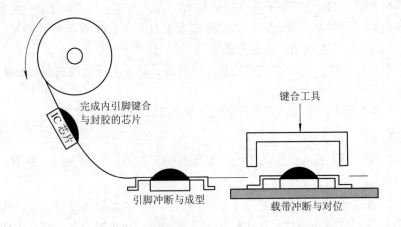

图 7-15　TAB 技术工艺流程

3) FCB 技术

FCB 技术是将 MEMS 芯片的有源区面对基板键合。在芯片和基板上分别制备焊盘，然后面对面键合。键合材料可以是金属引线、焊球或载带，也可以是合金焊料或有机导电聚合物制作的焊凸点。主要工艺步骤如图 7-16 所示，包括检查流片、芯片上沉积金属(多为Al、Cu)、光刻和腐蚀金属层、沉积凸点、高温回流焊形成凸点焊球、焊接芯片凸点和 PCB 板焊区以完成电气连接。

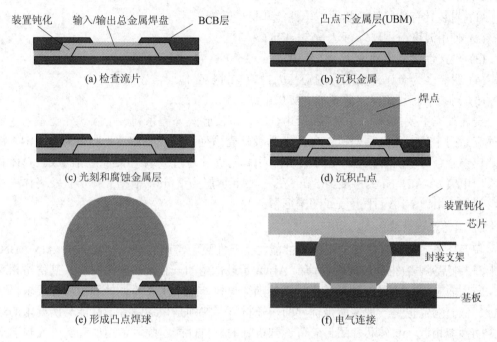

图 7-16　FCB 技术工艺流程

倒装芯片键合引线短，凸焊点直接与印刷电路板或其他基板焊接，引线电感小，信号间窜扰小，信号传输延时短，电性能好，是互连中延时最短、寄生效应最小的一种互连方法。

表 7-5 列出了这三种 MEMS 芯片键合技术的特点比较。

表 7-5　MEMS 芯片互连键合技术特点比较

特性参数	引线键合	载带自动键合	倒装芯片键合
工艺成熟性	很好	好	很好
获取芯片的难易	容易	一般	较难、需特制
组装效率	低	高	高
封装面积比	1	1.33	0.33
封装质量比	1	0.25	0.20
封装厚度比	1	0.67	0.52
最小引脚间距/μm	100～175(压焊块)，≥300(外引脚)	75～100	200～250(Pb-Sn)，25～75(Au)
最大外引出端数	400～500	800～1000	—

5. 外壳封装

MEMS 外壳封装主要有金属外壳、陶瓷外壳和塑料外壳封装，其中金属外壳和陶瓷外壳封装多为气密封装，塑料外壳封装为非气密封装。三者的特点如下所述。

1) 金属外壳封装

金属外壳封装是针对军用电子产品要求的高可靠性而专门设计制作的，一般具有如下特点：

(1) 封装具有良好的散热性、电性能和机械性能；

(2) 使用温度范围广，可达 −65～125℃；

(3) 气密性优良，漏速小于 1×10^{-8} Pa·m^3·s^{-1}(He 质谱检漏)；

(4) 封装多为金属外壳配合陶瓷基板封装，封装壳体通常较大；

(5) 封装单芯片和厚、薄膜混合集成电路。

金属外壳主要按结构、功能和应用分类，有浅腔式外壳系列、平版式外壳系列、扁平式外壳系列、功率外壳系列和 AlN 陶瓷基板外壳系列。外壳腔体及引脚多为金、钢、铜、钼及钨铜合金等。引脚数可高达 102 个，引脚与壳体通过玻璃绝缘体烧结而成。壳体和引脚采用电镀 Ni-Au，Ni 的厚度为 5 μm 左右，Au 镀层为 2 μm。根据壳体形状及壳体深浅不同，封帽采用镀 Ni-Au 平盖板或凹槽形帽。

2) 陶瓷外壳封装

陶瓷外壳封装具有优良的电、热性能，可靠性高。常用的陶瓷有 Al$_2$O$_3$、AlN、BeO、莫来石及低温陶瓷(也称玻璃陶瓷)等。Al$_2$O$_3$ 是最常用的一种陶瓷封装材料，其价格相对便宜，应用面广。AlN 是一种性能更优越的陶瓷材料，通常用在对性能和可靠性要求极高的场合。低温陶瓷也是一种性能极优异的陶瓷材料，特别是玻璃陶瓷的性能与所要求的理想陶瓷的性能相近，与硅芯片的封装可达到极好的材料性能匹配。常用的陶瓷外壳封装形式有 DIP、LCC、LLCC、PGA、QFP 等。

3) 塑料外壳封装

塑料封装由于其成本低廉、工艺简单，适于大批量生产。塑料封装与陶瓷封装相比，在尺寸、质量、性能、成本、可靠性及实用性方面优于气密封装。大部分塑封器件的质量大约是陶瓷封装的一半。如 14 脚的 DIP 质量大约为 1 g，而 14 脚陶瓷封装质量为 2 g。在尺寸方面，陶瓷封装与塑料封装也有区别，较小较薄的结构适用塑料封装。塑料的介电特性优于陶瓷，虽然塑料封装不能有效传递高频信号，但 PGA 及 BGA 对减小传导延迟有利。针对频率不超过 3 GHz 的应用，在同样的因素下塑料封装要优于陶瓷封装。但塑料外壳封装不适用于对气密性有要求的器件，因为在高温或者高湿环境下，它可能会产生分层和开裂的现象。

由于许多 MEMS 器件，尤其是包含可动部件的 MEMS 器件，都需要对其关键部分进行气密封装，以隔离大气、尘埃、湿气和其他的污染物，防止机械或辐射对器件的破坏及性能的影响。此外，腔体内环境对某些器件有影响的，这时候也需要进行气密性密封，以维持封装内部的气体组分和压力的长期稳定。

为了实现气密封装，MEMS 器件常采用金属和陶瓷材料作为外壳，如图 7-17 所示。气密封帽的主要工艺有焊料焊接、低温玻璃焊接、电阻焊、激光熔焊。目前焊料焊接和电阻

焊是气密封帽的两种主要工艺，激光熔焊是气密封装工艺的重要发展方向。电阻焊主要焊
接方式有储能焊和平行封焊两种工艺，其中储能焊主要用晶体管外形(Transistor Out-line，
TO)封装，焊接方形和长方形金属管帽；平行封焊主要用于焊接平板形的金属盖板，壳体
的材料可为金属和陶瓷。激光熔焊对焊接外壳形状和平整度要求不高，可焊接任意形状的
金属外壳，而且成品率高。表 7-6 比较了几种气密性外壳封装工艺的性能。

(a)　金属外壳　　　　　　　　　　　　　　(b)　陶瓷外壳

图 7-17　气密性封装器件

表 7-6　气密性外壳封装工艺性能比较

性能	80Au-20Sn 焊料焊接	低温玻璃焊	平行封焊	激光熔焊
机械强度	良	差	优	优
耐热冲击	良	差	优	优
盖板和管壳形状要求	规则形状	任意形状	规则形状	任意形状
盖板和管壳镀层要求	镀 Ni/Au	无	镀 Ni/Au	无
盖板和管壳平整度要求	高	高	高	一般
加热方式	整体加热	整体加热	局部加热	局部加热
对盖板和管壳的影响	无	无	破坏镀金层	小
对键合丝强度的要求	降低	降低	无	无
气密性及成品率	良	良	高	高

4) 平行封焊

对于 MEMS 封装来说，平行封焊是非常重要的一种气密性焊接方式，其工作原理如图
7-18 所示。首先将盖板放在底座上，并在盖板上方安放滚轮电极。电源通电时，电流从左
侧滚轮电极流出，通过其与盖板的接触点，流过盖板和底座，再从右侧滚轮电极流出，最
后流回电源。随着电流的流过，相应的区域就会被焊接，焊接部位被连续无缝隙地焊接时，
表示达到气密封装的效果。

平行封焊的焊接原理可以简单地理解为"电阻通电放热"。在焊接过程中，电源传递
的总功率一部分转换成电源内部热量，一部分消耗在接线上，还有一部分消耗在盖板内，
但大部分消耗在电极和盖板的接触点处，由于电极和盖板之间的接触电阻非常高，所以会
产生焦耳热，使盖板与围框之间局部形成熔融状态，凝固后形成一连串的焊点。根据焦耳

定律，储存的能量为

$$E = c\Delta\theta m \tag{7-1}$$

式中：E 为储存的能量；c 为比热容；$\Delta\theta$ 为温度变化；m 为质量。

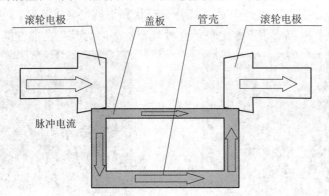

图 7-18　平行封焊工作原理示意图

焊接过程中各参数之间的关系公式为

$$E = \frac{T_{PW}PL}{Tv} = I^2Rt \tag{7-2}$$

式中：T_{PW} 为脉冲周期；P 为功率；L 为管座长度；T 为周期；v 为电极速度；I 为工作电流；R 为等效电阻；t 为时间。

(1) 平行封焊的分类。

依据焊缝的实现方式，平行封焊可分为方形焊、圆形焊和阵列焊三种。

① 方形焊。方形焊是在点焊后，先封焊一对边，然后将平行缝焊机放置器件的工作台转动，由此带动器件转动 90°，焊接另一对边。方形焊是比较常用的焊接方式。

② 圆形焊。圆形焊是在点焊后，将器件转动 185°(目的是让焊接的起点与终点完全连接)，在转动过程中焊接四周各边的焊接方式。圆形焊可以封焊圆形管壳，理论上也可以封焊对角线与管壳短边之差小于 2 倍电极宽度的方形管壳，但是，对于器件尺寸较大的方形器件，很难采用圆形焊方式焊接。图 7-19 为圆形焊方式焊接方形器件示意图。

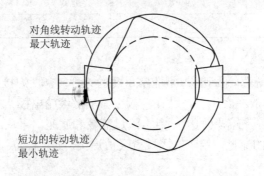

图 7-19　圆形焊方式焊接方形器件示意图

③ 阵列焊。阵列焊是为了提高封焊效率，通过电极相对器件行走蛇形轨迹，先封焊所有器件长边，然后将工作台转动 90°，再封焊所有器件的短边，一次装卡封焊多个器件的焊接方式。阵列焊只能焊接点焊过的管壳，圆形管壳不能阵列焊。图 7-20 为 3×3 阵列时

蛇形轨迹图。

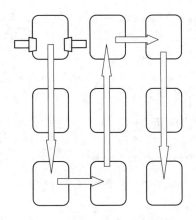

图 7-20 3×3 阵列时蛇形轨迹图

(2) 平行封焊的优点。

平行封焊封装工艺同其他熔封工艺相比，主要的优点如下：

① 被封装的管壳仅仅是在局部产生高温，可以将整个管壳的温升控制得很低，对芯片和黏结结构的热冲击较小，减小因芯片温度的升高而降低器件的可靠性。

② 温度的急剧变化会在器件各部分产生热应力，从而有可能引起芯片、衬底和键合点的碎裂或脱落，平行封焊避免了因高温对黏结强度及黏结性能的破坏。

③ 采用平行封焊工艺封盖则可以将整个壳体的升温限制得很低(低于 175℃)，这样就不会破坏导热胶的黏结结构，也不会产生有刺激性气味的气体、水汽及颗粒等杂质，从而能够严格限制封装腔体内水汽的含量和自由粒子的数量，提高了元器件的封装质量和可靠性。

6. 引线框架设计

引线框架是 MEMS 塑封的骨架，金属条带通过冲制或用化学刻蚀而成，如图 7-21 所示。引线框架为组装过程的支撑件，通过包封成为封装整体的一部分。

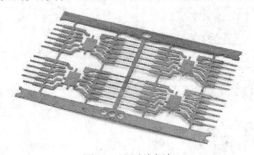

图 7-21 引线框架

1) 引线框架的功能

引线框架在封装中具有如下功能：

(1) 支撑作用；

(2) 芯片黏结基板；

(3) 提供芯片到 PCB 板的电及热的传输通道。

常用引线框架材料为铁镍合金、复合条带和铜基合金。

铜基合金具有很好的导电和导热性，在加工的过程中具有良好的延展性和机械强度。铜基合金与塑封材料的热膨胀系数很接近，有利于提高温度变化导致的塑封材料和引线框架之间的连接可靠性。

2) 引线框架设计时要考虑的因素

引线框架的机械设计与封装制造工艺关系密切，设计时要考虑的因素包括：

(1) 封装组装时框架的支撑特性；

(2) 黏结芯片的基板与金线间距离；

(3) 引线键合的共面；

(4) 引线框架的固定；

(5) 湿气隔离结构；

(6) 应力释放。

引线框架的应力释放设计，在压力传感器的封装中具有重要的意义。塑封材料和引线框架的热膨胀系数不同，在热冲击试验或温度循环时，两者材料之间产生很大的温度应力，会造成塑封体的变形。压力传感器芯片是应力敏感器件，塑封体的变形通过芯片底部的黏结材料，作用到压力传感器芯片上，从而影响传感器的信号输出。

因此，在设计中要考虑把传感器芯片的黏结层，放在封装体的中性弯曲轴线上，从而减小压力传感器芯片的弯曲应力。

7.7 MEMS 封装的层次

图 7-22 为大多数 MEMS 模块封装工艺流程，MEMS 封装一般有裸片级封装、晶圆级封装、芯片级封装、器件级封装和系统级封装这五个层次。不同层次的封装，其封装目的、内容以及方法都有所差异。

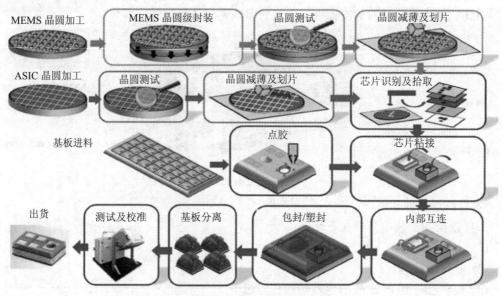

图 7-22 大多数 MEMS 模块封装工艺流程

7.7.1　裸片级封装

裸片级封装，是指将单个芯片从硅片上分离出来，再置到柔性垫片、刚性基板或引线框架上，独立完成封装工序，即在划片之后在进行封装。

1．裸芯片的划片

从硅片上分离裸芯片的最常用方法是，采用高速旋转的金刚石刀片进行切割，在切割的同时，用高净化水对硅片表面进行冲洗。这种为集成电路开发的裸片切割方法，对保护裸芯片上的关键电路不受硅粉尘的污染非常有效，且硅片表面的水膜对集成芯片有很好的保护作用。由于 MEMS 有腔体、运动部件以及三维等复杂的结构，用这种裸片切割方法分离 MEMS 芯片，会因为水、硅粉尘的原因，而损坏或阻塞 MEMS 芯片结构。为防止 MEMS 芯片受损，必须在开始设计芯片阶段就考虑对芯片结构的保护。

2．裸芯片的钝化

微系统中芯片通常需要与恶劣的工作媒介直接接触，为了确保芯片的性能，需要对微小易损的芯片提供恰当的保护。常用钝化法来保护芯片，主要的钝化形式如下：

(1) 在裸露的芯片表面上低压化学气相沉积(Low Pressure Chemical Vapor Deposition，LPCVD)有机材料薄层，诸如聚对亚苯基二甲基，利用 2～3 μm 厚的有机保护层来实现对芯片的保护。利用有机保护层对芯片进行保护很有效，但随着时间的推移，存在老化的问题，因此需要增加涂层。但对于具有精确感知或驱动功能的芯片来说，增加涂层又会使芯片变得太硬。典型的涂层是硅胶，而硅胶容易变干和变硬，因此硅胶涂层又减少了封装寿命。

(2) 可采用如塑料等材料对芯片进行埋置型覆盖，即将芯片埋置于叠层钝化材料，通过激光熔融移去芯片周围必需的通道(像引线键合)。

(3) 可采用表面微机电技术来保护芯片。薄的牺牲层材料诸如磷硅酸盐玻璃或二氧化硅首先沉积到芯片表面上，接着沉积多晶硅等钝化材料，然后再蚀刻掉牺牲层材料，使芯片和用于黏附的保护多晶硅之间留出空腔。

3．裸芯片的隔离

为了避免其他因素对芯片的干扰，可通过适当的机械设计来实现芯片隔离，如使用垫片来增加芯片与基底之间的距离，以调节它们之间热膨胀系数的差异。

4．裸芯片的键合

把芯片连接到约束基底有很多种方法，如黏结工艺和键合工艺。黏结工艺主要使用环氧树脂、RTV、硅橡胶等黏合剂。环氧树脂简单实用，在固化时不要求升温，对冲击、振动能提供很好的保护，且具有价格优势等特点。黏结方式的缺点是没有抗拉强度，易老化，而且不能做到密封。因此，黏结工艺不能应用于高可靠的机械强度和密封性能、MEMS 器件需要承受大冲击的环境下。针对机械强度和密封性能要求高的封装，可用阳极键合、焊料焊接、硅熔融键合、玻璃粉键合及共晶键合等表面键合工艺对裸片进行封装。

另外，利用硅片基板裸片和硅"盖帽"裸片可实现裸芯片腔体封装。封装时，先将 MEMS 芯片贴到基板裸片上，再将"盖帽"裸片键合到基板裸片上，从而形成一个密封腔体来保护 MEMS 器件。

7.7.2   晶圆级封装

MEMS 器件在制造和使用过程中，常常都需要进行保护，以避免环境对其造成损坏。然而利用传统的 IC 封装，在圆片工艺完成之后，即在所有的前道工艺完成之后，这些器件很容易受到划片和组装等后序工艺的影响而损坏。为了解决这些问题，开发了许多新的工艺和技术，其中晶圆级封装是一类重要的封装形式。

如图 7-23 所示，晶圆级封装是以硅片为加工对象，MEMS 结构和电路的制作、封装都在硅片上进行，同时对众多芯片进行封装、老化、测试，最后切割成单个器件。晶圆级封装使器件从设计到封装的所有工艺步骤都是以硅片为单位统一进行的，这可以提高 MEMS 器件内部的洁净度，防止划片、分片工艺对 MEMS 器件内部易碎结构和敏感结构的破坏，提高封装成品率和可靠性，并大幅降低封装尺寸和生产成本，是实现 MEMS 器件高性能、低成本和批量化的主要途径。

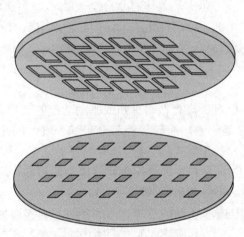

图 7-23   晶圆级封装

晶圆级封装常将 MEMS 结构和电路制作好的传感器用一个帽子或盖子(即帽盖结构)隔离起来，进行保护。这种帽子可使用平面集成制造工艺在圆片级制成，也可以使用另外的硅、玻璃或石英圆片制成。对帽盖结构的主要要求有高气密性、方便引线键合、低价格、易制造和小覆盖区域。

平面帽盖结构可采用沉积多晶硅或氮化硅等薄膜形成。在这一工艺中，额外的牺牲层材料和帽盖结构材料沉积在传感器结构的顶层。例如，在表面微机械共振器中，额外的牺牲层磷硅玻璃被沉积在传感器结构顶层，然后利用 LPCVD 技术在上面沉积氮化硅薄膜作为帽盖结构。帽盖结构常为富硅的氮化硅薄膜，具有低的拉伸应力，沉积厚度可达 1 μm 而不会破裂。此外，还必须在帽盖层上制作用来去除整个牺牲层的刻蚀孔。一旦通过牺牲层刻蚀将器件释放，刻蚀孔或口必须被密封。

在化学刻蚀时，根据对结构层和隔离层的选择性，在使用牺牲层刻蚀工艺时，能释放的最大距离，将决定器件的大小。同时，在设计和制作工艺中，还要考虑环境压力对帽盖结构的影响。

　　许多惯性传感器，如加速度传感器和陀螺，需要有参考真空腔，使得传感器在真空条件下工作。随着晶圆级封装的发展，真空腔可以在晶圆级尺度上完成。分片时，传感器敏感元件被保护起来。然而，对于有些 MEMS 传感器，其敏感部位需要与外部环境接触的，这时就较难利用晶圆级封装技术，必须采用基于贴片工艺的封装技术。

7.7.3　芯片级封装

　　芯片级封装是将多个芯片固定在一个基板上，进而集成在一个管壳内，以减小整个器件的体积，适应小型化的要求。该工艺可减小信号从 MEMS 芯片到其驱动器或执行器的路程，弱化信号的衰减并且降低外界干扰。该封装最关键的问题是如何将不同芯片组件有效地连接起来组成一个系统。目前有两种连接方法：一是将芯片固定在基板的表面上，通过基板上的金属导线连接各个芯片，如图 7-24 所示；另外一种方式是将芯片埋入基板之中，然后通过位于芯片顶面上的连接层，使用焊线或者倒装芯片等技术实现芯片之间的连接，如图 7-25 所示。

图 7-24　基于导线连接的芯片级封装

图 7-25　基于底部焊球、顶部连接层连接的芯片级封装

　　芯片级封装已成为 MEMS 封装的另一发展趋势，将传感、控制和信号处理等芯片固定在同一基板上，然后封装在一个管壳内，可保障 MEMS 器件的可靠性。常用的基板有陶瓷基板和具有高芯片密度的印制电路板。

7.7.4　器件级封装

　　器件级封装通常由 MEMS 器件、信号处理补偿以及与系统的各种接口等组成，主要包括信号转导体系、芯片互连和元件焊接。

1. 信号转导体系

　　信号转导体系是 MEMS 器件的关键部分，信号转导系统的选择、制造和控制要求在器件生产前应进行仔细的设计，图 7-26 示出了适用于 MEMS 中的各种信号转导体系。

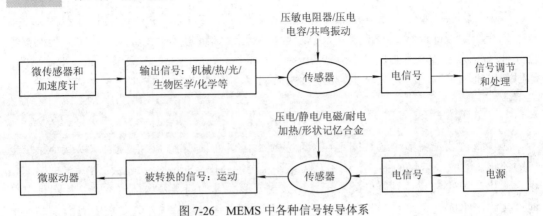

图 7-26   MEMS 中各种信号转导体系

2．芯片互连

芯片与各种信号传输之间需要互连，可采用引线键合、载带自动焊、倒装芯片等方法达到此目的。

3．元件焊接

在微器件中，连接各种元件没有固定的标准技术，适合的技术包括环氧树脂或其他黏结方法、热熔方法(如电阻焊、回流焊)等。

器件级封装旨在提高和确保器件的性能，减小封装尺寸，降低封装成本。与电子器件相比，MEMS 接口更加复杂，涉及范围更加广泛，这是器件级封装面临的巨大挑战。

7.7.5   系统级封装

系统级封装主要包括信号处理电路、芯片、核心元件之间的封装，需要对电路进行机械隔离、热隔离以及电磁屏蔽。主要工程技术有封装设计、制造、组装和测试技术。

1．封装设计

MEMS 的封装设计在很多方面不同于传统的机器设计，它要求把电机、机械材料、机械制造工艺的原理和理论，以及制造能力和组装的设计融合起来。系统级封装要综合考虑制造技术、系统装配、电通路、芯片及引线键合的成本。环境影响是封装设计中的关键因素，最佳的材料选择对封装总成本具有重要作用。复杂的 MEMS 系统，要求设计、制造和封装等各方面的专家一起制定解决方案，确定系统结构和制造流程等。

2．封装制造

对于一般的应用情况，要求封装简单且能使用低成本的批量化工艺进行制造；对复杂的情况，要求产品既能实现所要求的功能，又能防止恶劣环境影响产品功能或损坏产品。这些复杂的要求和高可靠性指标使得 MEMS 的商业化进程受到延迟，这是目前 MEMS 所面临的又一重大挑战。

3．封装组装

将微小尺寸元件进行封装组装极具挑战性，目前仅限于组装微元件的简单几何体的配制，把微型及中规模元件组装到集成系统还需要适当的工序和工具，需要更进一步进行探讨。

4．性能测试

依据器件功能，微系统封装测试技术涉及对工作媒介电、光、磁泄露的密封试验，在应用范围内也需要对封装功能可靠性和牢固性进行测试。

系统级封装的目的主要在于使 MEMS 器件满足不同类型产品的需要。其减小了系统的连线距离，降低了寄生效应，提高了系统的电学性能和集成度。

7.8　气密性和真空度

为了保护芯片和封装的金属镀层免受环境腐蚀和处理过程中的机械损伤，密封腔气密性的真空度要求在 MEMS 封装中显得越来越重要。目前高可靠性 MEMS 器件，几乎都采用气密封装。

类似加速度计、陀螺仪、谐振器、数字微镜等许多 MEMS 器件，必须工作在真空环境下。压力传感器在制作过程中，其芯片密封腔体必须长期提供稳定的空气压力，以实现预期指标。

真空封装，通常是在真空下，通过硅-硅键合或硅-玻璃键合工艺实现。真空封装是 MEMS 封装中的一类重要的气密封装工艺。此外，真空封装后，封装腔体内真空度的测量及真空的保持也是一个重要的问题。

在 MEMS 真空封装中，引起密封腔体真空度变化和下降的主要原因如下：

(1) 材料对气体的吸附特性。

由于密封腔体和贴片表面常常会吸附气体，当温度升高时，吸附气体会释放出来，当温度下降时，气体会再次被吸附，导致密封腔体内的真空度将随着温度的变化而变化，从而引起真空密封腔体内器件工作不稳定。

水汽是导致芯片发生电氧化(腐蚀)和金属迁移的主要原因。不同的封装材料对水汽的阻挡能力是不同的。图 7-27 所示是水在不同材料中的渗透能力。从图中可知，金属、陶瓷、玻璃及晶体材料是气密性材料，而塑料、胶等聚合物材料是非气密性材料。

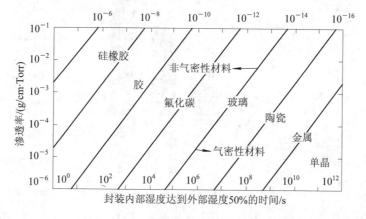

图 7-27　水在不同材料的中的渗透能力

(2) 密封腔体微孔泄漏。

当选择的气密封装材料的密封性能差，或者密封工艺有缺陷时，壳体上的微孔会发生泄漏，其结果是密封腔体内的真空度将随时间下降，严重时器件无法工作或失效。

7.9 MEMS 封装的发展与面临的挑战

MEMS 的概念于 1959 年由美国物理学家 Richard P.Feynman 在演讲中提出，当时主要研究半导体在传感器中的应用及物理现象。MEMS 随着半导体的发展而发展，20 世纪 60 年代，学者开始研究各向异性刻蚀技术和微型传感器。1962 年，在 Honeywell 研究中心，制造出世界上第一个微压力传感器。自 20 世纪 70 年代开始，MEMS 快速发展，世界各国都开始重视 MEMS 的研究。1987 年 MEMS 一词在美国举办的 Micro-robots and Tele-operators 研讨会中被首次使用，这标志着人们正式开始对微机电系统领域的研究。进入 21 世纪以来，MEMS 研究领域不断扩展到纳米器件、生物医学、光学等新方向，微型麦克风、微马达、超声波发生器、MEMS 陀螺仪等越来越多的器件已经成功实现商品化。

我国在 MEMS 领域的研究起步较晚，始于 20 世纪 80 年代，由各大高校和机构开始对 MEMS 领域进行研究。目前在国家对 MEMS 的大力支持下，我国在长三角、珠三角和京津等地区先后成立了多家与 MEMS 产品有关的企业，并有多家研究机构和公司开展了 MEMS 研究和系统设计。我国在 MEMS 领域的研究也越来越深入，目前虽然与国外相比仍存在较大差距，但是近几年也已经有很大的进步。

MEMS 经历了从汽车延伸到信息通信、生物医学、智能穿戴、消费类电子等领域，使得健康监测、运动监测、贵重物品跟踪等各种应用场景在生活中随处可见。MEMS 封装技术也在不断创新，如硅通孔(Through Silicon Via, TSV)、暴露于外部环境的开放式腔体封装等从单芯片封装向着多芯片的集成封装转变。当下 MEMS 封装市场的增速正在超过 MEMS 器件市场。如图 7-28 所示，2016 年至 2022 年的复合年增长率高达 16.7%。

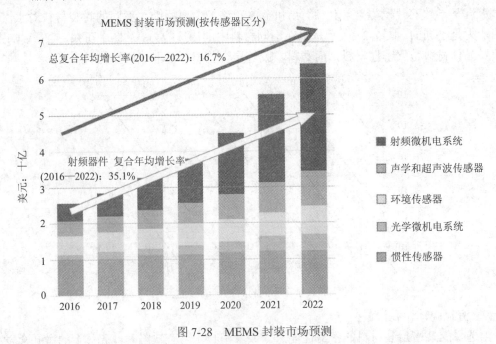

图 7-28 MEMS 封装市场预测

为适应 MEMS 技术的发展，人们开发了许多新的 MEMS 封装技术和工艺，已基本建立起 MEMS 的封装工艺体系。但随着 MEMS 技术研究的深入和迅猛发展，以及 MEMS 器件本身所具有的多样性和复杂性，MEMS 封装仍然面临着许多新的问题。例如在硅圆片切割时，如何对微结构进行保护，防止硅粉尘破坏芯片；在微结构的释放过程中，如何防止运动部件与衬底发生粘连等；在器件封装中，如何释放应力；封装及接口如何标准化；等等。此外还有封装性能的可靠性及可靠性评价问题等。下面叙述 MEMS 封装所面临的挑战。

1．复杂环境

与微电子产品相比，MEMS 的主要差别在于品种繁多、结构复杂、与应用环境的接口类型很多，在尺寸、加工夹具和设备上的限制也很大。这些差别导致现有的微电子设备不能满足 MEMS 的制造和封装，必须为 MEMS 进行专门开发。MEMS 用户必须为器件定义环境和提出使用的条件，对复杂的 MEMS 系统，则要求设计、制造和封装等各方面的专家一起制定解决方案，确定系统结构和制造流程等。

微系统封装的应用范围很广，有用于汽车安全气囊加速度计的气密密封简单器件，有暴露在严酷环境如热、冲击、振动和辐射的工业领域的惯性制导元件，以及具有更高温度、压力和辐射的太空应用传感器，要求更苛刻的人体生物植入应用的生物医学芯片，等等。对于一般的应用情况，封装要求简单，且能进行低成本的批量化加工；对复杂的要求，即产品既能实现功能，又能防止恶劣环境影响，这些复杂的要求和高可靠性指标使得 MEMS 的商业化进程受到延迟，这是目前 MEMS 所面临的一重大挑战。

2．标准化接口

MEMS 器件的接口种类很多，接口的标准化包括电、光、流体等。与外界相连的电源和信号接口一般遵循 IC 工业建立起的标准，这些标准将继续被应用。电源连接遵循 Cu、Al、Au 线等适用于标准载荷和应用环境的标准化连接器，信号连接遵循同样的标准。当应用新型的光纤连接技术时，针对通信领域的 MEMS，在设计和应用中将会引起电磁兼容 (Electromagnetic Compatibility，EMC)、电磁干扰(Electromagnetic Interference，EMI)和射频干扰(Radio Frequency Interference，RFI)等问题。与所有的微电子器件一样，需要恰当接地才能预防静电荷聚集和瞬时放电问题。

流体的 I/O 也需要开发标准的连接器。在 IC 器件中，只有一些大的芯片使用冷却管道。流体包括气体和液体，封装时必须考虑流体的类型、压力、温度、流动性及化学毒性和对材料的腐蚀特性。许多 MEMS 器件需要具有自清洁能力的精细过滤功能，防止阻塞或通道过早的失效。流体通道要求内部隔离，以避免微系统中的残余物。按宏观尺寸要求设计的规则和封装方法已经不适合 MEMS 封装。针对 MEMS 封装，需要开发特殊的标准连接器和通道系统。

在封装设计及材料选择时，MEMS 必须有一个定义好的接口，用来测量或者控制环境参数，并隔离其他可能引起干扰或损坏的参数。MEMS 在高功率 RF 和激光中的应用不仅需要屏蔽设计，还需要防止工作环境中的热、冲击、振动等影响。

3．机械性能

为了使低价位的传感器能够长期暴露在各种恶劣环境中，多种因素必须被人们考虑。如果 MEMS 传感器不进行钝化保护，则不可能长时间工作在各种恶劣环境中。传感器的金属部分存在被腐蚀而导致重大失效的危险，即便在腐蚀不多的情况下，其电信号输出也会发生改变。

相对于 IC 来说，MEMS 器件和结构本身对应力非常敏感，应力对器件的性能影响不容忽视。在整个加工及芯片工作过程中，如何控制应力已经成为 MEMS 领域的一个重要挑战，图 7-29 所示为残余应力导致器件破裂的实物图。

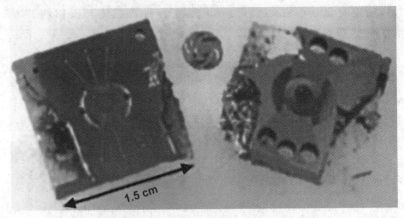

图 7-29 残余应力导致 MEMS 器件破坏的实物图

MEMS 封装在机械方面的要求主要包括以下四个方面：

(1) 在封装制造时引起的残余应力最小；

(2) 由外部载荷引起的应力最小；

(3) 尽量减小与时间变形机制有关的应力；

(4) 防止器件在使用寿命期的机械失效。

在 MEMS 封装中，尽量减小器件残余应力是一个重要的要求。通过优化封装设计和封装材料，可将封装引起的应力减小到不影响输出信号，这对 MEMS 传感器的设计十分重要。对于应力敏感器件，如压力传感器、压阻压力传感器、电容加速度传感器等，在设计时应着重考虑对前三个方面的要求。不影响输出信号对敏感力或位移变化器件(如压阻、电容压力传感器和一些电容惯性器件)是很难实现的，MEMS 传感器通常检测的应力或位移非常小，这类器件对高灵敏度性质的要求最高。然而，对封装设计者来说，高灵敏度意味着对裸芯片的应力隔离的要求更苛刻，这就是为什么 MEMS 封装是一个非常具有挑战性的任务。

相对于大部分的半导体封装，MEMS 封装容许的变形量非常小，必须高于精度非常高的敏感元件的精度，而且还要隔离由温度变化和外力引起的裸片变形，裸片必须避免外部刺激变化时的机械平衡变化。这些机械平衡变化是在封装时由结构变形引起的。这些变形尽管非常小，但影响传感器的响应。因此，必须在传感器的灵敏度和可靠性方面进行折中优化。

4. 冲击振动

有些传感器必须将惯性有效地传递到敏感器件。例如惯性传感器，必须在整个工作频率范围内，将加速度传递给器件。加速度传感器的工作频率范围是与敏感结构的固有基频成正比的。因此，避免共振效应是非常重要的。封装体和 PCB 系统的基频应位于系统所希望的工作频率之外。这些要求可指导选择封装材料和特定的封装集合结构(如引线长度和尺寸)。在表面贴装(SMT)时，焊料的性质和厚度也应该考虑。图 7-30 为 Sandia 国家实验室 40 000g 冲击下的加速度计破坏实验结果。

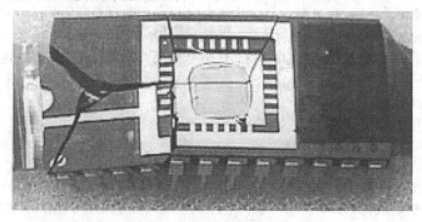

图 7-30　冲击破坏实验

5. 温度限制

多数类型的 MEMS 器件有温度限制，特别是含有温度敏感结构或电路的微系统。例如含有生物活性单元的芯片对热尤其敏感，甚至在使用之前必须在特定温度下存储。因此，温度限制是 MEMS 封装中必须考虑的因素之一。

由于封装材料间热膨胀系数的差异，MEMS 封装中不同封装材料键合会形成封装残余应力。表 7-7 为常用 MEMS 材料热膨胀系数。从表中可以看出，材料的热膨胀系数有较大的差异。系统由于散热或者环境温度发生变化，将引起热失配。大量的研究表明，热失配所造成的结构体变形而产生的热应力是 MEMS 封装引线焊点、封装体疲劳失效的主要原因。

表 7-7　常用 MEMS 材料热膨胀系数 $\alpha \times 10^{-6}$/K

材　　料	热膨胀系数	材　　料	热膨胀系数
金	14.2	SiO$_2$ 玻璃	0.5～1
镍	13.0	单晶硅	2.8
金锡共晶	16	氧化铝陶瓷	6.7
铜及其合金	16～18	凯夫拉纤维(Kevlar)	−2
银	19.5	环氧玻璃 FR-4	水平 11～15 垂直 60～80
铅锡共晶	21	聚酰亚胺	40～50
铅	29.3	环氧树脂	60～80

另外，温度过高会产生较大的封装热应力。而且，高温过程还会造成材料掺杂行为的变化或材料形态的变化等。因此，封装键合温度应尽可能低。但研究表明，键合强度受温度影响，过低的温度往往会导致较低的键合强度或封装失效。因此，考虑键合强度的原因，封装键合温度不能过低。封装键合工艺的温度限制直接影响到具体 MEMS 器件封装工艺的选择。

此外，在多工序集成的微系统封装中，还必须考虑各工序温度的兼容性，后道工序的封装温度必须低于前道工序的工艺温度。因此，在微系统设计时就应该综合考虑器件能够耐受的最高温度，从而选择适宜的封装材料和工艺，以减小或消除温度对 MEMS 器件性能和寿命的影响。像大多数 MEMS 器件的封装是在微结构和电路制作完成之后进行的，这些微结构和电路所能承受的温度和时间是有严格要求限制，过高的封装键合温度很可能会损坏器件或者影响其使用寿命，如 CMOS 电路在 400℃下超过 15 min 就会发生 Al-Si 反应，导致电路结构破坏。

6. 材料选择

封装开发的一个重要问题是材料的选择。重要的材料参数包括热膨胀系数、弹性模量、玻璃转化温度、填料含量、松弛特性等。温度应力对 MEMS 的性能影响是一个重要的外部参数，而减小应力通常是通过选择 CTE 值接近的材料。对经历相变的材料，玻璃化转变温度是一个要考虑的非常重要的参数。一个突然的相变，影响封装的性能和可靠性。例如在双芯片压力传感器塑料封装中，IC 芯片由模塑料保护，而敏感芯片由涂覆层保护，两芯片之间通过引线键合进行连接。引线的一部分在模塑料中，另一部分在涂覆层中。涂覆层的突然相变，会引起引线的断裂。

7. 成本

MEMS 封装除了 IC 封装所面临的多层互连、散热、可靠性、可评估问题外，还要考虑 MEMS 芯片、封装结构与工作环境间的交互作用。由于应用的多样性(涉及光、电、机、磁、生化等领域)，且没有相应的封装标准，因此在芯片设计阶段就必须考虑到后序的封装，甚至有时为了封装需要，须更改前面的芯片设计和工艺。这不仅增加了工艺难度，而且大大提高了 MEMS 封装成本。特别是对于商用的 MEMS 器件，成本是决定其成功与否的最重要因素之一，而封装成本占了整个器件生产成本的很大比例。

8. 隔离封装

许多 MEMS 器件工作在腐蚀性环境中，而传统的硅压力传感器要求必须工作在特定的干燥的、非腐蚀性气体环境中。在汽车环境中，其工作温度范围达−50℃到150℃。此外，某些汽车要求传感器暴露在盐水或强酸环境中，这对传感器的耐温特性和耐腐蚀特性要求是极高的。医药传感器经常要求传感器暴露在体液中，体液是一种腐蚀性很强的液体。MEMS 利用隔离封装，可以满足复杂环境的应用。然而，如何实现不同环境下的隔离封装，是 MEMS 封装面临的一个挑战性问题。

随着 MEMS 封装技术的发展，其封装工艺也会越来越复杂和多样化。总体而言，未来 MEMS 封装将会沿着以下方向发展：

(1) 继续借鉴成熟的 IC 封装经验。MEMS 封装会更多地借鉴 IC 封装经验，以降低生产成本，加速产品的产业化，如继续引用 IC 封装中的晶片直接封装技术、芯片级封装技术、圆片级封装技术、表面贴装技术等。

(2) 优先考虑 MEMS 封装设计。正因为 MEMS 封装工艺的特殊性，有必要将封装工艺视为 MEMS 设计中的关键环节，在芯片结构设计时期利用建模的思想对每一步封装工艺和影响因子进行模拟，以缩短 MEMS 封装的设计周期、降低封装成本、提高产品性能。

(3) 研究小型化和微型化的封装结构和封焊工艺。小型化和微型化是 MEMS 发展之路的总体走向。因为器件类型越来越复杂和多样化，以及小型化，使得器件内各部分结构以及封装材质之间的间隔会越来越小，导致其相互之间的影响越来越大，最终使小型化和微型化成为封装结构和封焊工艺的发展方向。

(4) 发展特殊的、高性能的封装材料。MEMS 器件的工作环境大多为高真空或强腐蚀等，有必要发展特殊的、高性能的封装材料。

(5) 模块式 MEMS 封装。MEMS 封装没有统一的系列和标准，这导致 MEMS 封装成本较高。模块式 MEMS 封装可为 MEMS 的设计提供一些模块式的外部接口，使 MEMS 器件能够在统一、标准化的生产线上批量封装生产，以降低生产成本，减小生产时间，并实现特定功能。

(6) 单片集成 MEMS 封装。下一代 MEMS 器件的封装工艺将是在单片上集成。该概念是将几个传感器和制动器集成到单一芯片上，采用多芯片模块封装技术对器件进行相同的封装，形成能实现一项或一组功能的复合信号系统。单片集成的 MEMS 具有更小的尺寸、更短的内部连接长度、更佳的电气特性、更高的输 I/O 接点密度以及更小的功耗。

我国 MEMS 器件未来的主要产品是：以消费类电子为代表的低端 MEMS 器件封装产品、以物联网为代表的中端 MEMS 产品和以军用航天为代表的高端 MEMS 产品。

第八章　典型 MEMS 器件封装

MEMS 器件广泛应用于航空、航天、军事、生物、医学、信息等领域，如微加速度计可用于汽车的安全气囊系统中，以便有效避免驾驶员在汽车碰撞事故中受到严重的伤害；微陀螺仪可用于汽车、手机、航空飞机中的 GPS 导航定位系统；微流体系统可应用于 DNA 分析、药物输送等生物医学领域和制造工业；微压力传感器可用于汽车轮胎的胎压监测、汽缸内的气压测量；智能穿戴可广泛用于人们的生活娱乐中。此外，智能微机器人、数据存储、飞行器流体控制等领域也是 MEMS 器件的潜在应用场景。

由于 MEMS 器件种类繁多，封装形式各具特色，不可能一一列举，下面仅介绍具有代表性的几种 MEMS 器件的封装。

8.1　压力传感器封装

在现代工业、科学研究及日常生活中，压力测试技术有着非常广泛的应用。凡是利用液体或气体等作为动力、传递介质、燃烧体等仪器仪表的，都需要指示压力变化。

在工业生产中，压力如同其他的状态参数一样，是工业生产过程及自动化过程中不可或缺的控制参数，其计量准确程度直接影响到生产的经济效益和能源的利用率。例如锅炉中的蒸汽压力和液压机、水压机等设备上的压力测试，交通运输中的汽车、火车、轮船和飞机等使用的各类发动机动力内液压、气压管道中的压力测试，冶金工业上的冶炼、热风管道中的压力参数的控制与测试，石化工业中各种物理、化学反应的控制与监测，发电厂中的机组压力测试，医疗卫生中的血压测量、血管清淤的压力测试。可见，压力测试在工业生产中的应用非常广泛。

在科学研究方面，金属材料和非金属材料经过压力加工可改变其结构组织或相态。有些金属甚至只能在超低压状态下进行提炼才能获得很高的纯度。非金属镀膜技术则需要在真空中进行。在超高压下，流体的可压缩性和黏度、金属的相态和相变导电性、材料的晶格变化和力学性能等都将发生变化。因此超高压测试技术变得越来越重要。

在国防工业中，压力也是一个非常重要的参数。飞机模型及实体的风洞试验中，表面压力分布、机翼阻力测量和检验、发动机燃油和润滑系统、液压和气压辅助动力系统控制、高空高度测量、喷气速度控制等都需要利用压力传感器。

在生物医学领域，压力传感器可用于诊断和检测系统，如颅内压力检测系统等。

充气不足的轮胎行驶中将增加汽车事故发生的风险、缩短轮胎寿命。雷诺汽车的统计结果表明，高速公路上 6%的致命意外事故是由充气不足的轮胎突然失效所引起的；而米其林的一项调查显示，英国 30%的驾驶员都依赖于汽修厂胎压检测的服务。由轮胎爆裂导致的严重且致命事故越来越多。

　　许多高端车辆将胎压监测系统列为标准配置的一部分。过去以轮对轮转速差测量为标准来检查某个轮胎是否充气不足，以达到胎压监测的目的。然而，这类系统的精确度和反应时间不足以满足实际要求。由于它依赖于差分测量，因此当所有的轮胎都充气不足时，该系统将不会发出可靠的警告。

　　轮胎气压监测系统(Tire Pressure Monitoring System，TPMS)出现于 20 世纪 80 年代后期，主要用于在汽车行驶时实时地对轮胎气压进行自动监测，对轮胎漏气和低气压进行报警，以保障行车安全，是驾驶员、乘车人的生命安全保障预警系统。TPMS 的核心技术就是压力传感器。

　　首个 MEMS 压力传感器由霍尼韦尔研究中心和贝尔实验室于 20 世纪 60 年代研制，目前 MEMS 压力传感器由于体积小、精度高、可靠性好已完全取代传统应力应变片式的机械式压力传感器，被广泛应用于汽车产业、消费电子、医疗检测、工业生产、航空航天等领域，如图 8-1 所示。其中汽车产业约占 MEMS 压力传感器销售额的 72%，其次是医疗检测，占 12%，工业生产占 10%，消费电子与航空航天占据其余的 6%市场。图 8-2 为一种常见的 MEMS 压力传感器结构。

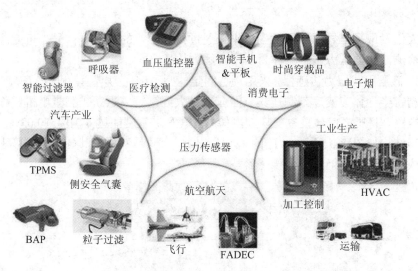

图 8-1　MEMS 压力传感器的应用领域

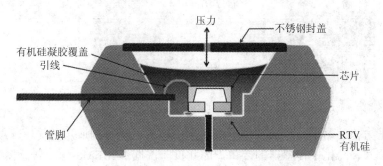

图 8-2　常见的 MEMS 压力传感器结构图

8.1.1　压力传感器工作原理

MEMS 压力传感器是一种薄膜元件，受到压力时变形。根据信号检测方式，MEMS 压力传感器可分为压阻式、电容式、压电式等形式；依据外形，可分为圆形、方形、矩形和 E 形等。

1. 压阻式

半导体材料电阻值的变化主要由电阻率变化引起，电阻率变化又主要由应变引起，半导体材料电阻率随应变变化的效应为压阻效应。对于单晶半导体，$\mathrm{d}\rho/\rho$ 为半导体材料的电阻率(ρ)的相对变化率。实验证明半导体材料电阻率相对变化率与所受应力 σ 或应变 ε 之比为常数 π。π 为半导体材料的压阻系数，同半导体材料种类和应力方向及晶轴夹角有关。

半导体材料总的电阻变化率为

$$\frac{\mathrm{d}R}{R} = (1 + 2\mu + \pi E)\varepsilon \tag{8-1}$$

式中，E 为弹性模量，R 为电阻，$1+2\mu$ 为材料几何形状变化引起的电阻变化，πE 为压阻效应引起的电阻变化。实验证明，对于半导体材料，$1+2\mu \ll \pi E$，故电阻变化率为

$$\frac{\mathrm{d}R}{R} \approx \pi E\varepsilon \tag{8-2}$$

自从人们发现了半导体压阻效应以来，通过检测变化的输出电信号，可完成外界压力改变量的检测，此类压力传感器称为压阻式压力传感器。

MEMS 硅压阻式压力传感器，采用周边固定的圆形硅应力薄膜，利用 MEMS 技术直接将四个高精密半导体应变片刻制在其表面应力最大处，组成惠斯顿测量电桥。作为力电变换的测量电路，将压力信号直接变换成电信号，其测量精度能达 0.01%～0.03%。硅压阻式压力传感器结构如图 8-3 所示，上下两层是玻璃，中间是硅片，其硅应力薄膜上部有一真空腔，构成一个典型的绝对压力传感器。

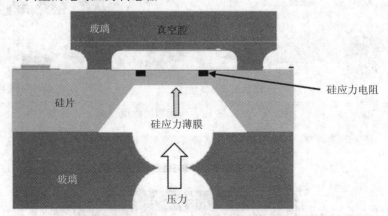

图 8-3　硅压阻式压力传感器

压阻式压力传感器采用扩散或离子注入形成敏感电阻，制造工艺简单，线性度好，直接输出电压信号，简化了传感器的接口，因此目前占据了 MEMS 压力传感器的主要市场。但其存在温度敏感性大、漂移大、灵敏度低的缺点。

2. 电容式

电容式压力传感器是利用电容原理，将被测物理量转换成电容的变化量进行测量。平行平板电容如图 8-4 所示，长、宽分别为 l 和 b，相距 d，则其电容为

$$C = \frac{\varepsilon S}{d} \tag{8-3}$$

上式为无限大平板电容表达式，式中 $S = b \times l$，为平板面积。在两极板上加电压，极板间形成电场。当外界压力激励导致 d 或 S 发生变化时，由式(8-3)可知，电容也产生相应的变化。因此通过检测电容的变化量，可检测出外界的激励量，此即为电容式压力传感器的工作原理。

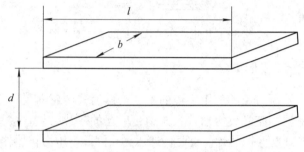

图 8-4　平行平板电容

图 8-5 展示了一个电容式压力传感器结构，它以分别附着在上盖底部和敏感薄膜顶部的两个薄金属片作为电容的两个电极，由外部所施加的压力引起的敏感薄膜的任何变形都会使两个电极之间的间距变窄，从而导致两个电极之间电容发生变化。

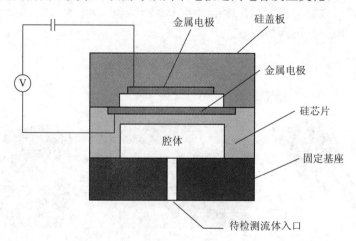

图 8-5　电容式压力传感器结构

电容式压力传感器具有灵敏度高、可以设计过压输出、可用平面工艺完成和容易与工艺集成的优点。

3. 压电式

电介质材料在特定方向上受力变形时，其材料内部会产生极化现象，两个相对表面上亦会出现相反的电荷，而外力撤去后又会恢复原态的现象称为压电效应。压电式压力传感

器的工作原理就是压电效应。图 8-6 为压电式压力传感器的工作原理图，敏感质量块与压电晶体相连。当外界输入压力时，敏感质量块产生的惯性力作用在压电晶体上。由于压电效应，输出的电信号同外界压力成比例变化。

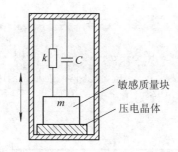

图 8-6   压电式压力传感器的工作原理图

8.1.2   压力传感器封装形式

根据芯片结构、被测对象和应用环境的不同，压力式传感器采用不同的封装形式。相比于加速度计、谐振器和陀螺仪等器件，压力传感器的芯片必须直接暴露在被测量的环境中，从而要求其封装既要保护芯片，又要传递压力。因此，压力传感器对封装要求相当高。

压力传感器的封装应满足以下几个要求：

(1) 结构坚固，抗振动、冲击能力强；

(2) 由温度变化产生的热应力对芯片的影响小；

(3) 芯片与环境或地绝缘；

(4) 对外界信号要有电磁屏蔽性能；

(5) 腐蚀气体或流体可密封隔离；

(6) 价格低廉；

(7) 工艺兼容。

图 8-7 显示了压力传感器常见的封装形式。

(a) TO 封装   (b) 膜片封装   (c) 塑料 SOP

图 8-7   常见压力传感器的封装形式

1. TO 封装

TO 封装是一种低成本的封装形式，属于非气密封装，TO 封装压力传感器主要用于监测非腐蚀气体、干燥气体。其应用领域包括汽车仪表、医药卫生、气体控制系统、空调、制冷设备、环境监测和仪器仪表等。TO 封装属于 1 级封装，使用时需根据环境要求进行二次封装，以满足性能和可靠性要求。图 8-8 所示为 TO 封装压力传感器结构图，TO 封装工艺包括芯片与玻璃的静电键合、贴片、引线键合、封盖及涂胶保护等。

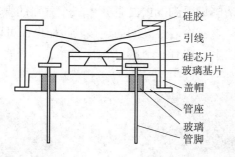

图 8-8　TO 封装压力传感器结构图

金属外壳管座常用材料有 Cu-W 合金、Ni-Fe 合金、不锈钢等，材料具有高热导率，热膨胀系数比硅略高(Ni-Fe 合金热膨胀系数为 5.3×10^{-6}/K，与玻璃焊料的热膨胀系数很接近)。

管座镀 Ni、Cu、Ag、Au 等金属薄膜，封盖采用钢带冲压工艺，镀 Ni。Cu-W 合金导热性能好，常用在电力电子器件、功率及微波器件中。

2. 膜片封装

膜片封装压力传感器广泛应用于航天、航空、工业自动化控制、汽车等领域，其主要制造工艺为硅芯片静电键合、胶接管壳、焊盘管座 Au 丝引线键合。如图 8-9 所示，膜片封装工艺复杂、成本较高。

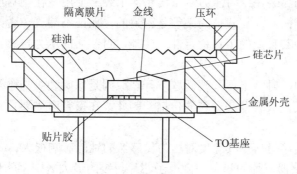

图 8-9　膜片封装

3. 塑料 SOP

图 8-10 所示为塑料 SOP 封装外形。A 孔是压力传感器与外界环境的传感孔，外界环境的气体压力通过 A 孔作用到压力芯片上。盖板下面为压力传感器芯片腔体，腔体内硅胶保护芯片表面引线，防止被外界气体腐蚀。B 孔为顶针孔，阻止塑封中溢料飞边，提高塑封成品率。

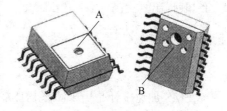

图 8-10　塑料 SOP 封装外形

图 8-11 所示为美国 GE 公司研制的 NPX2 芯片，其集成了 MEMS 技术制作的压力传感器，加速度传感器和一个包含温度传感器、电池电压检测、内部时钟和模数转换器(ADC)、

取样/保持(S/H)、SPI 接口、传感器数据校准、数据管理、ID 码等功能的数字信号处理 ASIC/MCU 芯片。该芯片具有掩膜可编程性，即可以利用客户专用软件进行配置。如图 8-12 所示，去掉封装材料后能清晰地看到 NPX2 芯片中三个独立的裸芯片，即压力传感器、加速度传感器和 ASIC/MCU，这三个芯片之间的连接、匹配也都可以看到。在图 8-11 中可以看到，在 NPX2 芯片封装的上方留有一个压力/温度传感孔，可将压力直接作用在压力传感器的应力薄膜上。

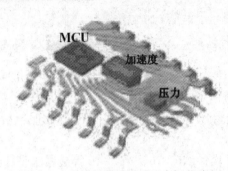

图 8-11 NPX2 芯片   图 8-12 去掉封装材料后三个裸芯片

芯片和玻璃基底之间的封接工艺是压力传感器芯片封装中常用的工艺。为了避免芯片在封接时产生大的热应力，通常选用热膨胀系数与硅相近的材料作芯片的载体。硼硅玻璃的热膨胀系数(2.85×10^{-6}/K)与硅(100)(2.62×10^{-6}/K)相近，温度变化引起的热应力小。因此，硼硅玻璃与硅的封接是最理想的。

硼硅玻璃与硅的封装在绝对压力测量传感器中经常使用。在绝对压力传感器中，需要有一个真空参考压力，芯片与载体间必须是密封的，保证不漏气，否则会破坏真空环境，提高参考压力，影响其长期的工作稳定性。此外，封装后的压力传感器还要整体退火，以消除残余应力。

实际封装生产中，时常出现开裂问题，开裂原因是原始裂纹与微开裂之间产生应力集中，封接时热循环又造成裂纹和开裂的传播。因此，在键合时需要优化键合工艺参数和封装结构参数。

另外，不同的封接材料及其厚度对压力传感器的性能影响很大。

MEMS 压力传感器芯片的封装与微电子芯片封装的最大区别，就是它的封装不仅要保护敏感元件不受恶劣环境的破坏，而且还要探测环境的变化。所以对 MEMS 压力传感器芯片的封装提出了更高的要求和挑战。

8.2 加速度计封装

MEMS 加速度计是用来测量物体加速度的仪器，是继微压力传感器之后第二个进入市场的微机械传感器。它可测量输入端微弱的加速度，同传统加速度计相比，具有体积小、质量小、成本低、功耗小和易集成等特点，在惯性测量装置系统中具有重要的发展前景。在 21 世纪初，它已经开始大批量生产，并用于导航、制导、控制、测量等军用及民用的诸多领域。1994 年，Draper 实验室研制了用于制导炮弹的 MIMU，它包括三个微陀螺仪和三个微加速度计，且集成在立方体的三个正交平面上，最终尺寸为 2 cm × 2 cm × 0.5 cm，重量约 5g(g 为重力加速度)，量程为 ±100g。

　　MEMS 硅微加速度计的研究与开发始于 60 年代末、70 年代初。20 世 70 年代，美国 Stanford 大学、加州大学 Berkley 分校和 Draper 实验室已开始在硅片上采用微机械加工工艺，进行硅微加速度计的制作。20 世纪 70 年代末，体硅微机械工艺和压阻效应的结合实现了 MEMS 加速度计的商品化。进入 80 年代后期，考虑到加速度计测量范围及线性度问题，人们开始研究力平衡式的硅微加速度计，即通过反馈，使加速度计维持在平衡状态下，测量外界加速度。1989 年，AD 公司开始进行叉指式力平衡加速度计(ADXL50)的研究，于 1992 年研制出满足汽车中央气袋性能指标要求的加速度计，1993 年投产，现在已形成系列产品。全系统通频带为 1 kHz，量程 ±50g，标度因数 20 mV/g。进入 90 年代，人们开始研究运动幅度和阻尼影响小的扭摆式力平衡式微加速度计，这种加速度计有四种不同量程，分别是 1000g、100g、10g 和 2g，其中高量程范围的用于军用炮弹，低量程范围的用于商用产品。

　　到了 21 世纪，伴随着 MEMS 加速度计和应用软件相结合，MEMS 加速度计进入了消费手持产品市场，开创了 MEMS 技术移动网络发展新阶段。由于导航应用等更高精度的要求，以及和 MEMS 陀螺等其他传感器集成和微型化的发展，近两年来 MEMS 加速度计技术继续向更高性能、与 CMOS 标准工艺结合以及低成本的方向发展，在设计、工艺和新原理等方面有新的进步和创新，如纳米间隙、三轴摇摆式结构、黄金电镀质量块加速度阵列等。

　　目前，MEMS 加速度计已广泛应用于汽车的安全气囊系统、防滑系统、ABS 系统、导航系统和防盗系统，如 ADI 公司的 ADX105 和 ADXL50 系列单片集成电容式加速度计及摩托罗拉公司批量生产的 MMAS40G 电容式加速度计；同时也广泛应用于受欢迎的消费类电子产品，包括智能手机、游戏机、个人媒体播放器、辅助导航系统和摄像机稳定系统等；另外在医疗保健、航空航天等方面也有用武之地，如计步器利用三轴 MEMS 传感器实现健身和健康监测功能等。常见 MEMS 加速度计传感器的形式如图 8-13 所示。

图 8-13　MEMS 加速度计传感器

　　然而，随着科学技术和工业技术的不断发展，特别是国防科技的迅速发展，低量程加速度测试已经不能满足对导弹和炮弹的智能化控制需求，这使人们对高量程加速度计的研究越来越多。所谓高量程加速度计，是指具有大动态测量范围的加速度计，测量范围在几百到上万个重力加速度，甚至高达几十万个重力加速度。国外对这一领域研究开始得比较早，到目前已经取得了诸多成果，并设计和制造出了很多适合军用的高量程加速度计产品。

8.2.1　加速度计工作原理

MEMS 加速度计机械结构可以等效为图 8-14 所示的二阶弹簧-阻尼-质量系统。k 是弹簧的弹性系数、b 是阻尼器的阻尼系数、m 是敏感质量块的质量、a 是作用于系统的外界加速度载荷。当外界加速度载荷 a 作用于敏感质量块上时，弹簧变形，敏感质量块位移改变。由于加速度载荷 a 作用，敏感质量块产生作用力。通过分析此作用力，可测试外界加速度的大小。

MEMS 加速度计的典型工作原理框图如图 8-15 所示，敏感质量块将被测量的加速度信息转化易测量的物理量 $X(a)$，为了信号方便处理，再通过控制转换电路将 $X(a)$ 转换成电信号 $V(a)$，最后用信号接收端将其转化为加速度信息。

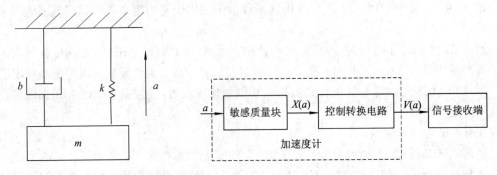

图 8-14　MEMS 惯性加速度计模型　　　图 8-15　MEMS 加速度计的典型工作原理框图

根据测量原理，MEMS 加速度计可分为压阻式 MEMS 加速度计、电容式 MEMS 加速度计、压电式 MEMS 加速度计、力平衡式 MEMS 加速度计和热感式 MEMS 加速度计。

1. 压阻式 MEMS 加速度计

如图 8-16 所示，压阻式 MEMS 加速度计通过压敏电阻阻值变化来实现加速度的测量，其具有结构、制作工艺和检测电路都相对简单的特点。2009 年 R. Amarasinghe 等人制作了一个超小型 MEMS/NEMS 三轴压阻式加速度计，其由纳米级压阻传感元件和读出电路构成。该加速度计在 n 型 SOI 晶圆上采用光刻和离子注入工艺制作纳米级压敏电阻，并用干刻蚀法精细制作梁和振动质量块。它可在 480 Hz 的频率带宽下测量 ±20g 的加速度，具有高性能、低功耗、抗振动和耐冲击的特性。

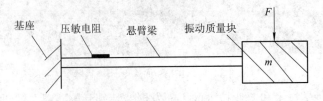

图 8-16　压阻式 MEMS 加速度计

2. 电容式 MEMS 加速度计

图 8-17 为电容式 MEMS 加速度计，它利用敏感质量块在加速度作用下引起悬臂梁变

形，通过测量电容变化量来计算加速度。2010 年，Kistler North America 公司采用硅 MEMS 可变电容传感元件制作了 8315A 系列高灵敏度、低噪声的电容式 MEMS 单轴加速度计。其中 8315A2D0 型加速度计的灵敏度达 4000 mV/g，可测量沿主轴方向的加速度和低频振动，具有良好的热稳定性和可靠性。

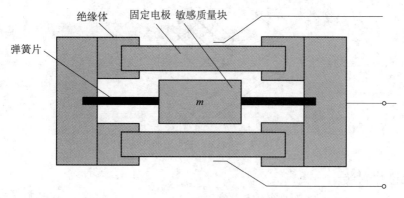

图 8-17　电容式 MEMS 加速度计

3. 压电式 MEMS 加速度计

压电式 MEMS 加速度计运用的是压电效应，在其内部有一个刚体支撑的质量块，在运动的情况下质量块会产生压力，刚体产生应变，把加速度转变成电信号输出。它具有尺寸小、质量小和结构较简单的优点。

4. 力平衡式 MEMS 加速度计

力平衡式 MEMS 加速度计是通过反馈加速度与输入加速度之间的伺服平衡来测量输入加速度的一类传感器。典型的力平衡加速度计有 BMA456 型，其应用包括直接集成到传感器中的可穿戴产品优化计步器，它无须额外的外部微控制器，有助于降低系统成本和功耗，简化设计，从而加快上市时间。图 8-18 所示为尺寸 2.0 mm × 2.0 mm × 0.65 mm 的 BMA456 型加速度传感器，可用于空间有限的可穿戴设备中，如健身跟踪器、智能手表和可听戴设备等。

图 8-18　BMA456 型加速度传感器

5. 热感式 MEMS 加速度计

如图 8-19 所示，热感式 MEMS 加速度计内部没有任何质量块，它的中央有一个加热体(加热元件)，周边是温度传感器(如热敏元件)，里面是密闭的气腔，工作时在加热体的作用下，气体在内部形成一个热气团，热气团的比重和周围的冷气是有差异的，由于惯性热气团的移动形成的热场变化让感应器感应到加速度值。

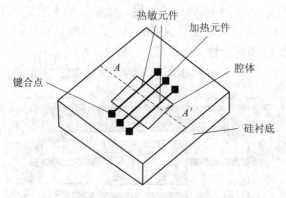

图 8-19   热感式 MEMS 加速度计

8.2.2   单芯片封装

MEMS 器件通常采用单芯片封装。高量程加速度计的单芯片封装结构如图 8-20 所示。芯片正面为硅片盖板，背面为聚酰亚胺膜，填充胶将盖板与芯片粘贴到一起。

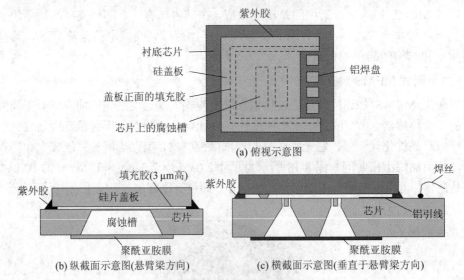

图 8-20   单芯片封装

如图 8-21 所示，盖板下面凸台可将胶水挡在芯片中心区域之外。凸台并非完整四边形，其中一边没有凸台，这为引线路径，盖板留有间隙，可将信号线从芯片中心区域引到焊盘来。

图 8-21   盖板

下面介绍单芯片封装主要工艺。

1. 盖板制作

选择两英寸硅片，厚度大约 320 μm；利用光刻、漂洗、异性浅腐蚀等正面腐蚀工艺，形成图 8-21 所示盖板；利用氧化、光刻、漂洗去胶、异性深腐蚀等背面穿透腐蚀工艺，形成分片槽。

2. 盖板封装

用笔蘸取少许紫外胶，涂在盖板的四周(除了焊盘一边之外)；仔细在盖板与芯片的缝合界面进行描胶，之后在 120℃下加热固化；在焊盘一侧描胶和固化以消除盖板与芯片的间隙。

3. 背面保护

采用聚酰亚胺膜作为载体保护材料，聚酰亚胺胶带以聚酰亚胺膜为基材，采用丙烯酸聚合物为黏合剂。

4. 贴片

加速度计的封装多用管壳封，可以用陶瓷管壳，也可以用 Kovar 合金管壳。若用塑料封装，则需事先将芯片的正面和背面保护起来。

大冲击加速度计最好使用 Kovar 合金管壳，陶瓷管壳在大冲击下可能会破碎。芯片正面保护之后，背面贴上聚酰亚胺膜，用贴片胶将芯片贴装于管壳中。有机黏合剂可以实现低应力黏结。

5. 压焊

常用的压焊工艺有热压工艺、超声压焊工艺和超声热压工艺。由于金丝球焊工艺过程远快于楔焊，符合现代半导体行业的要求，因此多采用超声热压金丝球焊(150～200℃)或超声室温铝线楔焊工艺。图 8-22 为经过压焊的加速度计。

图 8-22　经过压焊的加速度计

加速度计在冲击环境下使用，对可靠性要求比较高。焊丝所能承受的拉力为 $10g$ 左右，为了进一步保护器件及互连的可靠性，还需进行灌封。

6. 灌封

常用的灌封材料有环氧树脂、硅橡胶、聚氨酯弹性体等。其中环氧树脂应用最为广泛，目前国外 80%～90%的半导体器件采用环氧树脂灌封材料封装。

环氧树脂有双酚 A 环氧树脂、酚醛环氧树脂和脂环氧树脂三大类,在灌封材料中常选用低分子量、低黏度的双酚 A 环氧树脂作为灌封材料。这类树脂具有黏结性好、黏度小、易流动、便于操作、收缩率低(小于 2%)、耐热性好、化学惰性、价格便宜等特点。

环氧树脂灌封胶中,除了环氧树脂外,还有固化剂(如胺类、咪唑、酸酐类)、增韧剂(如聚硫橡胶等)、填料等。环氧灌封胶根据固化温度可分为三种类型:

(1) 环氧树脂-胺类常温固化型灌封胶,用于耐压不高的电器,多采用常态灌封;

(2) 环氧树脂-咪唑(或改性咪唑)类中温固化型灌封胶,一般在 60～80℃固化,耐温可达 100℃,多用于中小型器件;

(3) 环氧树脂-液态酸酐高温固化型灌封胶,一般在 130～150℃固化,用于大功率、大型器件的灌封。

加热固化中常采用真空灌封工艺。在环氧树脂灌封胶中,一般都有 SiO_2(又称硅微粉)等无机填料用于改善灌封胶的收缩率、热膨胀系数(降低内应力)、热传导性能和机械强度等。

7. 管壳盖板密封

通常可采用平行封焊或储能焊对陶瓷或金属基管壳进行封盖。平行封焊通过电流加热局部熔融金属,从而使盖板和管壳焊接成一体,是一种电阻焊。储能焊以电容储能方式将电能存储起来,在焊接过程中迅速释放。储能焊适用于时间短、功率大的焊接要求,既满足了大功率焊接的需要,又解决了大功率焊接对电源的影响。

加速度计单芯片封装基本流程:划片分片→芯片分选→芯片检验→正面盖板封→芯片背面封→衬底保护(聚酰亚胺胶带薄膜)→芯片贴装→引线键合(压焊)→质量检验→管壳灌封→管壳盖封→质量检验→测试。

8.2.3　晶圆级封装

使用手工操作进行单芯片封装,效率低、可靠性不高、稳定性差。使用机械自动化晶圆级封装,有利于提高封装的可靠性和稳定性、提高工作效率、降低成本。所以,晶圆级封装是一种先进的封装技术,也是加速度计封装的发展趋势。

MEMS 器件制作过程中,晶圆级键合或黏结工艺是一个重要的步骤。通过硅-硅直接键合或硅与玻璃阳极键合,可以制作出复杂的 MEMS 三维器件结构。由于硅-硅键合需要的温度太高(1000℃),因此通常进行硅与玻璃的键合(玻璃的热膨胀系数与硅的相接近)。

硅与玻璃的键合仍然需要比较高的温度(400℃左右),而且会引入键合应力,对于应力敏感的器件是不利的。硅-玻璃键合性能,也与键合表面粗糙度和清洁度有关。由于键合需要很高的电压和电场,对电路造成潜在的损害,目前低温低应力键合/黏结是一种发展趋势。

有机胶黏结方法是一种优先选择的方法。黏结可以在低温下进行,而且黏结材料可以进行光刻,实现选择性局部黏结。黏结引入的应力比较小,对所黏结材料的表面质量,要求不高。

高量程 MEMS 加速度计的封装通常采用晶圆级封装,利用盖板黏结和底面聚酰亚胺膜保护晶圆。图 8-23 所示为加速度计晶圆级封装。在盖板上有两种不同的涂胶方法,相对应于两种不同的晶圆级封装方法。一种是点胶机涂胶，在盖板上按照特定的图形涂胶，将盖板硅片与含器件晶圆黏结、固化，把器件封闭保护起来；另外一种方法是在盖板上旋涂黏合剂，将盖板与含器件晶圆的其他封装(如真空封装、玻璃衬底键合)结合起来，通过加热、加压或静电键合等方式，形成三明治的夹层结构。

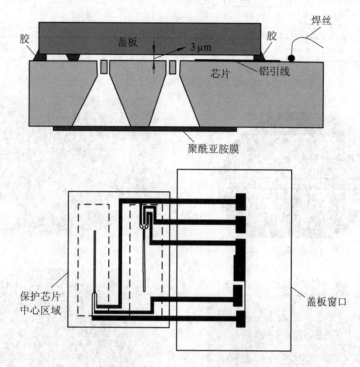

图 8-23　加速度计晶圆级封装

　　图 8-24 为图 8-23 加速度计晶圆级封装的硅盖板，盖板中有环形凸台，可将芯片的中心区域保护住。环形凸台相对于盖板的中心的高度为 3 μm，相对边缘高度为 100 μm。凸台可将点胶机所涂胶挡在四周，避免进入中心区域。盖板上还有穿通腐蚀槽，以露出芯片的焊盘，从而可以进行信号的输入与输出。

图 8-24　硅盖板

　　加速度计晶圆级封装工艺流程如图 8-25 所示，首先进行硅-玻璃键合，然后再与涂了贴片胶的盖板进行黏结。固化之后形成芯片的保护性夹层结构，各阶段封装实物如图 8-26 所示。

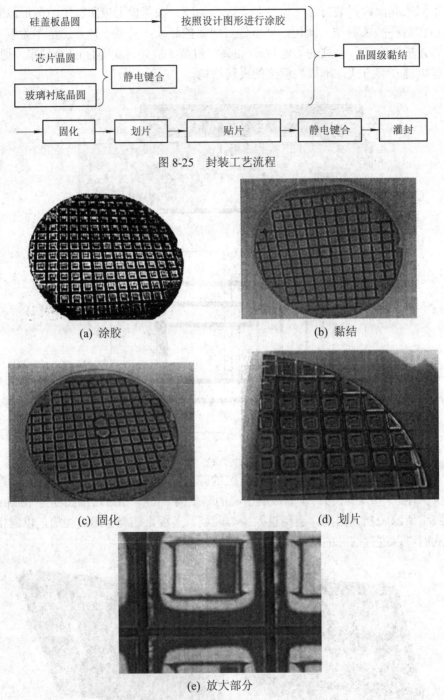

图 8-25 封装工艺流程

(a) 涂胶 (b) 黏结

(c) 固化 (d) 划片

(e) 放大部分

图 8-26 加速度计晶圆级封装工艺各阶段实物图

8.2.4 BCB 晶圆级封装

苯并环丁烯(Benzo-Cyclo-Butene，BCB)是一种目前较常用于晶圆级键合的有机黏结材料，其具有介电常数低及热学、化学和力学稳定性优良的特点。用于晶圆级黏结时，其优点如下：良好的黏结性能；固化温度较低，无副产品；固化过程中不需要催化剂，且收缩率可以忽略；固化以后BCB对于可见光透明，可用于光学器件；固化的BCB能抵抗多种酸碱溶剂的侵蚀，可用于流体方面；封装过程中不影响器件及电路的引线；吸水率低，有利于气密封装；BCB可以进行光刻或刻蚀，可以进行选择性黏结。

图8-27所示为BCB晶圆级封装结构。硅盖板腐蚀有通孔，BCB胶把器件芯片和硅盖板黏结起来，形成空腔。在硅盖板上的通孔，可暴露芯片上的焊盘，经压焊实现电路互连。

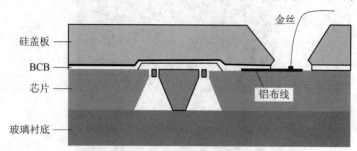

图8-27　BCB晶圆级封装结构

1．BCB封装盖板制备工艺

图8-28所示为BCB封装盖板制备工艺流程示意图。利用体硅工艺加工的盖板，通过旋涂将BCB胶涂上，并将盖板与芯片晶圆黏结起来，实现对芯片的晶圆级保护。

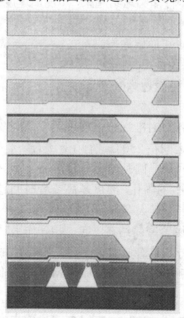

图8-28　BCB封装盖板制备工艺流程示意图

BCB封装盖板制备主要工艺步骤如下：

(1) 选片：选择N型(100)硅片，其双面抛光，厚度为435 μm；

(2) 正面浅坑腐蚀：硅片经氧化、正面光刻、漂洗、去胶、浅坑腐蚀、去氧化层步骤，实现正面浅坑腐蚀，其中浅坑是为了留出空隙，避免盖板影响悬臂梁的振动；

(3) 穿通腐蚀：硅片经二次氧化、背面套刻、漂洗、去胶、穿通腐蚀、去氧化层步骤，实现穿通腐蚀，通过穿通腐蚀加工得到穿通槽，将盖板与器件硅片键合，露出焊盘，并通过键合丝实现电信号的引出；

(4) 绝缘层制备：硅片通过整体氧化，形成绝缘层。

图 8-29 为加工好的硅盖板。

图 8-29　加工好的硅盖板

2. 加速度计 BCB 晶圆级封装步骤

用 BCB 胶将硅盖板与含器件晶圆黏结起来，实现加速度计晶圆级封装。加速度计 BCB 晶圆级封装具体步骤如下：

(1) 在硅盖板背面贴蓝膜，正面旋涂增黏剂；

(2) 在盖板正面旋涂 BCB 胶；

(3) 用 BCB 清洗剂擦除硅盖板边缘 BCB 胶；

(4) 在 65～90℃下烘干；

(5) 硅盖板和含器件晶圆各自对准标记，实现两个晶圆图形精确对准；

(6) 硅盖板与含器件晶圆之间在 250℃进行 1 h 键合。

为使以 BCB 为中间层的两块晶圆黏结在一起，需要对 BCB 进行加热固化，键合的目的是实现 BCB 材料 95%～100%的固化，温度越高或者时间越长，BCB 的聚合度就会越高；固化温度越低，则固化时间越长。同大多数晶圆级键合原理一样，BCB 键合基于原子和分子之间的相互作用力使得两个晶圆紧密黏结在一起，相互作用时两晶圆的间距应小于 0.5 nm。

采用的 BCB 晶圆级封装方法具有低温键合、工艺兼容性好、工艺适应性强等优点，可广泛地应用于 MEMS 器件的制造中，有利于加速 MEMS 器件的产业化发展。

8.3　RF MEMS 开关封装

射频微机电系统(Radio Frequency Micro-Electro-Mechanical System，RF MEMS)是集合了射频技术和 MEMS 技术设计而成的新系统，是利用 MEMS 技术加工制作的应用于无线通信的射频器件或系统，可用于低频、中频、无线电波，如微波以及毫米波段的信号处理元器件和电路系统。它具有小型化、低功耗、低成本、集成化等方面的优势，已应用于个人通信，车载、机载、船载收发机和卫星通信终端，GPS 接收机，以及信息化作战指挥、战场通信、微型化卫星通信系统等领域。图 8-30 为 RF MEMS 应用领域的示意图。

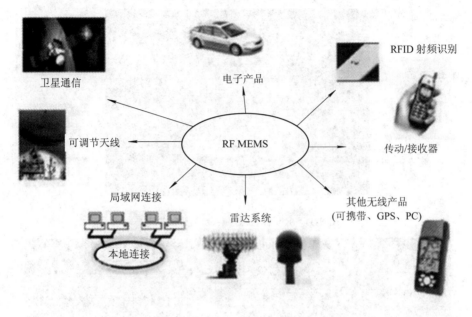

图 8-30　RF MEMS 应用领域的示意图

8.3.1　RF MEMS 开关概述

RF MEMS 开关是 RF MEMS 中研究最广泛的部件。它广泛应用于射频领域内，通过机械运动来控制射频传输线的"通"或"断"。在无线电通信工业中，RF 开关主要用于信号路径选择、阻抗匹配、天线重构和放大器增益改变。1 MHz～100 GHz 频段的各种无线电通信，都需要 RF 开关。

1. RF MEMS 开关优缺点

RF MEMS 开关具有很多传统开关器件所不具有的优良性能，如高隔离度、低功耗、高线性度和低插入损耗等，正是因为这些优良特性，使得 RF MEMS 开关引起了众多研究者的关注。20 世纪 80 年代初期，有人已经研制出低频应用的 MEMS 开关，但这种开关长时间停留在实验室。1995 年，Rockwell(罗克韦尔)科学中心和 TI(德州仪器公司)均研制出性能优异的 RF MEMS 开关。如图 8-31 所示，Rockwell 开关是金属-金属接触式开关，适用于 60 GHz。TI 开关是电容式接触开关，适合于 10～120 GHz。2015 年，Ali Attaran 等人提出利用螺旋恢复弹簧来实现低驱动电压的 RF MEMS 开关，开关的悬臂梁选用弯曲的可恢复弹簧结构，其弹性系数小，可降低驱动电压；驱动电极位置选用具有方孔的平板，以减小空气阻尼，可实现开关状态的快速切换，如图 8-32 所示。图 8-33 示出了一种跷跷板结构的单刀多掷电容式 RF MEMS 开关，它于 2016 年由 Deepak 等人提出。此开关利用无弹簧跷跷板结构代替传统的单刀多掷开关上的锚。它可提高功率处理能力和开关速度，并降低开关的黏附作用。图 8-34 是 2017 年印度班加罗尔拉玛雅理工学院的 Lakshmi 等人提出的具有蛇形结构悬臂梁的 RF MEMS 开关，其可降低膜桥的弹性系数。经测试，该开关的驱动电压为 3.75 V，开关时间为 69.4 µs，在 0～10 GHz 频率内，插入损耗为 0.06 dB，隔离度达 −70 dB。

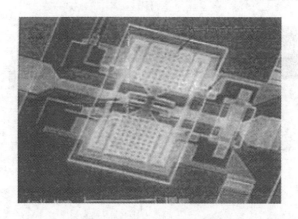

图 8-31　Rockwell 金属-金属接触式开关

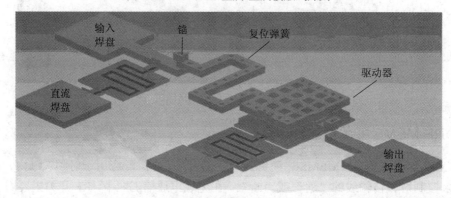

图 8-32　具有弯曲复位弹簧悬臂梁结构的 RF MEMS 开关

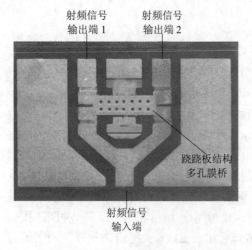

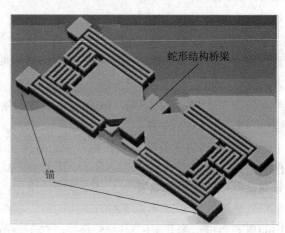

图 8-33　跷跷板结构多孔膜桥 RF MEMS 开关　　　图 8-34　具有蛇形结构悬臂梁的 RF MEMS 开关

　　GaAs 金属半导体场效应晶体管(Field Effect Transistor，FET)开关和正-本征-负(Positive Intrinsic Negative，PIN)二极管开关在高频小信号中性能非常好，但当频率达几个吉赫兹时，它们的插入损耗增加 1~2 dB，隔离度降低 20~25 dB。表 8-1 对 RF MEMS 开关和 PIN、FET 开关的性能做了比较。

表 8-1　RF MEMS 开关与 PIN、FET 开关性能对比

参　数	RF MEMS 开关	PIN 开关	FET 开关
电压/V	20~80	±3~5	3~5
电流/mA	0	3~20	0
功耗/mW	0.05~0.1	5~100	0.05~0.1
开关时间	1~300 μs	1~100 ns	1~100 ns
串联电容(串联)/fF	1~6	40~80	70~140
串联电阻(串联)/Ω	0.5~2	2~4	4~6
电容比	400~500	10	n/a
截止频率/THz	20~80	1~4	0.5~2
隔离度(1~10 GHz)	非常高	高	中
隔离度(10~40 GHz)	非常高	中	低
隔离度(60~100 GHz)	高	中	无
插入损耗(1~100 GHz)/dB	0.05~0.2	3~1.2	0.4~2.5
功率处理能力/W	< 1	< 10	< 10

从表 8-1 可以看出，RF MEMS 开关相较于 PIN、FET 开关，具有如下优点：

(1) 极低的功率消耗。在整个开关周期里 RF MEMS 开关消耗的电流几乎为零，功率损耗很低。

(2) 低插入损耗。RF MEMS 开关属于机械式开关，不存在扩散电阻，因此其插入损耗很低。

(3) 高隔离度。RF MEMS 开关在高频工作时具有相对较高的隔离度。

(4) 低成本。RF MEMS 开关利用微细加工技术可实现批量化生产，有效降低器件体积和生产成本。

但相对于传统开关器件，RF MEMS 开关也具有很明显的缺点：

(1) 开关速度较慢。RF MEMS 开关本质上是一种机械式开关，其开关时间只有微秒级，而传统半导体开关器件的开关时间在纳秒级。

(2) 驱动电压较高。RF MEMS 开关的状态切换是通过驱动电压控制可动机械结构实现的，因此其驱动电压普遍偏高。

(3) 功率处理能力较低。目前在 50 mW 以下的功率，大部分 RF MEMS 开关均可以正常稳定工作，但当工作功率更高时，RF MEMS 开关容易产生自激行为，使得其可靠性降低。

(4) RF MEMS 开关目前还存在寿命偏低、工艺成本高和可靠性低等问题。

RF MEMS 开关技术的革命性突破是黄金悬臂梁结构式 MEMS 开关，如图 8-35 所示。它采用黄金制造悬臂梁结构来提高开关的灵活性，同时触点材料采用硬质合金金属，以避

免金对金的接触设计不利于提升动作寿命。每个悬臂梁触点采用静电动作方式，在悬臂梁下方施加高压直流电压，以控制开关导通。当导通时，静电吸引力将悬臂梁拉下来，全部5个触点都降下来，每个触点的导通电阻均为 5 Ω，组合后，整体导通电阻会小很多，从而能传输 36 dBm 功率。而触点导通时的实际移动距离只有 0.3 μm，微小的移动距离以及 ADI 专利的密封壳技术，均有助于提高可靠性。可靠性是机械设计的关键。

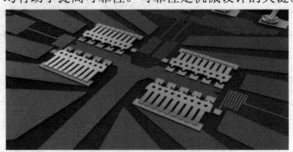

图 8-35 黄金悬臂梁结构式 MEMS

2. RF MEMS 开关分类

RF MEMS 开关具有多种分类方式，如表 8-2 所示。

表 8-2 RF MEMS 开关分类

分类方式	开关类型
机械结构	悬臂梁开关
	固支梁开关
电路结构	串联开关
	并联开关
接触方式	欧姆接触式开关
	电容耦合式开关
驱动方式	静电驱动开关
	电磁驱动开关
	热驱动开关
	压电驱动开关
	形状记忆金属型开关

依照接触方式，RF MEMS 开关可以分为欧姆接触式和电容耦合式开关，分别如图 8-36 和图 8-37 所示。

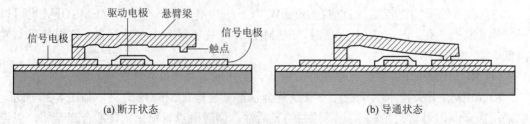

(a) 断开状态   (b) 导通状态

图 8-36 欧姆接触式 MEMS 开关

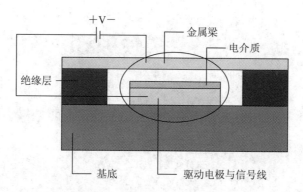

图 8-37 电容耦合式 MEMS 开关

依照开关的驱动方式，RF MEMS 开关可分为静电驱动开关、电磁驱动开关、热驱动开关、压电驱动开关和形状记忆金属型开关等。

1) 静电驱动开关

静电驱动开关是依靠上、下电极间的库仑力来实现开关动作的。当在上、下极板间施加适当的驱动电压时，可动极板在静电力的作用下向固定极板偏移，从而实现开关闭合动作；当撤掉驱动电压后，可动极板恢复到初始位置，实现开关的断开动作。

2) 电磁驱动开关

电磁驱动开关利用磁场力来驱动开关梁完成开关动作。它通过改变线圈中电流的方向来产生不同的磁极，利用磁线圈和固有磁极之间的磁场力驱动开关梁来实现推拉动作，从而完成开关动作。

3) 热驱动开关

热驱动开关利用开关材料的热膨胀效应来实现开关动作，热源可以是电热、激光制热、微波制热、化学反应放热等。热驱动开关一般常指电热驱动开关，即加热电阻在通电后产生焦耳热，使开关臂因热膨胀向特定方向偏移，当撤掉电流后，开关又在材料固有恢复力的作用下恢复到初始位置，从而实现开关动作。

4) 压电驱动开关

压电驱动开关是利用压电材料的反压电效应，通过施加电压，来促使压电材料产生形变，依靠开关梁形变来实现开关动作的。当在压电层上、下表面的金属层之间施加适当电压，压电材料便会发生形变而向一边膨胀，从而实现了闭合动作；当撤掉电压后，压电材料又会在弹性恢复力的作用下恢复到初始位置，完成断开动作。

5) 形状记忆金属型开关

形状记忆合金低温呈柔性马氏体相时，可进行预期的塑性变形，而后加热至高温，恢复到变形前的刚性奥氏体相时，会产生较大的恢复力，这样可输出一定的驱动力和位移，借此便可实现开关功能。

一般 RF MEMS 开关采用电磁或静电中的一种机械方式驱动。静电驱动可能是机械切换最简单的方法，但它需要较高的电压产生力来驱动悬臂梁，如图 8-38 所示。而功率过高会生成热量，致使有些结构不能应对 500 mA 以上的大电流，因此，驱动电压不得不受制于电流以避免对驱动机构造成破坏。

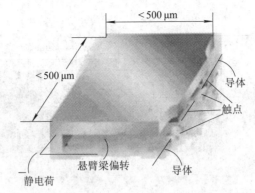

图 8-38　静电驱动 RF MEMS 开关的示意图

　　为使 RF MEMS 开关能以低得多的电压来工作，可采用 DC-DC 电压变换来解决这个问题。通过更高程度集成，电压变换器和逻辑控制器可以与高电压 RF MEMS 开关集成在一起以生成一个低电压器件，如图 8-39 所示。

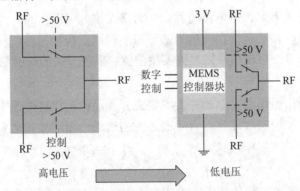

图 8-39　高电压型 RF MEMS 开关变换成低电压器件

　　另外，为了提高开关的灵活性，亚德诺半导体技术有限公司(ADI)采用了由黄金制造的悬臂梁结构，同时为了避免金对金的接触设计不利于提升动作寿命，触点材料改用硬质合金金属，使得 RF MEMS 开关的使用寿命大幅度提升。图 8-40 和图 8-41 是 ADI 所制造的 ADGM1304 型 RF MEMS 开关的实物图和剖面图。它实现了从 0 Hz 到 14 GHz 的 RF 性能，具有比继电器高出若干数量级的循环寿命以及出色的线性度、超低功耗。同时，开关的体积缩小了 95%、速度加快了 30 倍、可靠性提高了 10 倍，功耗仅为原先机式 RF 继电器的十分之一。

图 8-40　ADGM1304 型 RF MEMS 开关实物图　　　图 8-41　ADGM1304 型 RF MEMS 开关剖面图

8.3.2　RF MEMS 开关封装及封装要求

　　RF MEMS 开关封装主要利用膜技术及微细连接技术，将元器件及其他构成要素布置在框架或基板上，再利用各种键合技术固定及连接，引出接线端子，并通过可塑性绝缘介质灌封固定，从而构成完整的立体结构。该封装具有机械支撑、电气连接、物理保护、外场屏蔽、应力缓和、散热防潮、尺寸过渡，以及规格化和标准化等多种功能。

　　早期 RF MEMS 开关的常规气密封装采用芯片级封装，如图 8-42 所示。先用低温焊接或环氧黏结的方法将 MEMS 芯片黏结在载体基板上。然后在通风环境 80～120℃下烘烤片刻，去除黏结材料内部的气体，稳定其性质，同时去除载体基板和 MEMS 晶圆上残附的水分。最后在氮气或惰性气体环境中，将同样烘烤过的封装顶盖对准并置于载体基板上，再沿着顶盖和基板的边缝进行密封焊接，完成气密封装。

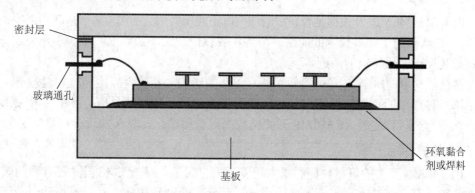

图 8-42　RF MEMS 开关的芯片级封装

　　对于 RF MEMS 开关的芯片级气密封装，其封装工艺虽然可行，但是成本太高，特别是划片工艺的附加成本。通常步骤是将晶圆上的 MEMS 结构释放，然后划成一块一块的小芯片进行封装。可是常规 IC 划片工艺会引入较多的杂物，需要增加工序逐片清洗。而 MEMS 结构在清洗后又不能风干，只能用临界点干燥法，成本太高。除了划片外，在装卸单个 MEMS 芯片时还必须特别小心污染问题，因为这时引入的污染已经很难再用溶液清洗的方法去除。为避免碰触或真空吸合动作对 RF MEMS 开关的可动结构造成损伤，还必须专门为 MEMS 芯片的装卸设计一种真空拾放装置，以上工序都会对工艺生产线的成品率产生影响，会显著地增加 MEMS 开关的成本。所以对 RF MEMS 开关采用晶圆级封装是一种行之有效的方法。

　　为了保持 RF MEMS 开关良好的性能，RF MEMS 开关封装必须遵循一些基本要求。下面分别从密封性、高频性能、热性能、机械性能、封装环境说明 RF MEMS 开关的具体要求。

1．密封性

　　密封性是 RF 开关器件的重要指标之一，密封的作用是保护结构，提供真空环境和保持气密性，以防止水汽。气密性不好，会使外界水汽、有害离子或气体进入 RF 开关的腔体内，产生表面变质、参数变坏等失效模式。

腔体内湿气大，导致元器件失效的比例为总失效的 26%以上。针对 RF 开关气密性要求，主要采用以下封装方法实现：

(1) 封装气密性要求氦气泄漏率低于 $1 \times 10^{-8} \text{Pa} \cdot \text{m}^3 \cdot \text{s}^{-1}$；

(2) 在气密封装中，封装外壳主要为金属和陶瓷两种材料；

(3) 盖板用金属；

(4) 在金属封装中，引线采用分立的玻璃密封，并连接金属平管座；

(5) 封装帽子主要为玻璃或金属。

2. 高频性能

封装使器件高频性能的变差，主要是由于封装在高频时引入了寄生的电阻、电感、电容，使阻抗不匹配。结构设计应尽量弥补封装引入的寄生效应，提高器件的高频性能。

3. 热性能

由于 RF MEMS 开关都是较精细的结构，不能承受很高的温度，一般认为温度不能高于 350℃，这就限制了好多技术的应用。另外，要保证封装不影响 RF MEMS 开关自身散热，这是封装设计必须解决的问题。

热性能对 RF MEMS 开关器件性能有重要的影响，在较高温度和较大温差下，电参数将下降，热环境的不均匀性将引起电性能的很大差异。同时，热应力集中将导致部分微结构、微元件失效。随着 RF MEMS 开关结构的日益复杂化，封装热设计将显得更加重要。

4. 机械性能

RF MEMS 开关的可靠性问题很大程度上来自封装。RF MEMS 开关芯片对封装残余应力非常敏感。在封装过程中，热膨胀系数不匹配，会导致热应力；机械振动也会产生机械应力。各种应力使 RF MEMS 开关微结构产生变形。

封装后焊接区域的剪切力也是很重要的参数，必须保证封装后的器件在后续工艺操作中有足够的可靠性。在封装设计时，需要了解应力的变化、分布以及可能引入的残余应力对器件本身的影响，采用合理的工艺，减少封装过程中应力的产生。

5. 封装环境

封装体内的压力和气体都会对 RF MEMS 开关器件产生很大的影响，RF MEMS 开关器件需要在常压的氮气或惰性气体中进行封装。封装体内、外压强的平衡，会有效地减少外界的湿气通过封装体的漏洞进入封装体内。

基于以上分析，RF MEMS 开关封装的基本要求如表 8-3 所示。

表 8-3 RF MEMS 开关封装的基本要求

插入损耗	低于 0.1 dB
回波损耗	低于 −10 dB
焊接工艺	低温，放气少
密封性	密封或近似密封
机械性能	引入应力小，焊接区能承受剪切力大于 6 MPa
环境	常压，氮气或其他惰性气体

8.3.3　RF MEMS 开关的封帽封装

为了防止密封材料与 RF MEMS 开关内芯片的机械活动部分直接接触，常需要通过封帽对芯片进行保护。封帽通常以硅片或陶瓷封帽阵列的形式安装在芯片的活动机械区上方，然后再进行密封或键合，图 8-43 显示了 RF MEMS 开关的芯片级封装。封帽的尺寸必须尽可能小，以便为后续引线键合工艺留出足够的芯片键合焊盘。封帽保护过的 MEMS 芯片能像通常的电子芯片那样进行后续封装。

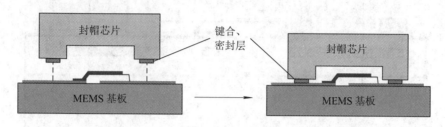

图 8-43　RF MEMS 开关封装主要工艺

封帽常以晶圆级封装形式安装在 RF MEMS 开关内芯片之上。通常，RF MEMS 开关内芯片的封帽工艺为：首先刻蚀晶圆产生划片槽，以便能从上部把晶圆划开；其次通过涂覆玻璃粉，烘干；然后将晶圆帽和 MEMS 晶圆对准来现晶圆键合，最后通过精确地局部切割把帽子分开，形成有效的 RF MEMS 器件，使得 MEMS 活动部分得到了保护。这时键合焊盘仍然裸露，并能进行引线键合，接着可以去完成芯片的整个最终封装过程。

图 8-44 所示为 2012 年 Katsuki 等人提出的一种使用 LTCC 作为封帽的晶圆级真空封装，它使用微金颗粒作为电连接材料，利用精确的光学对准技术，将具有 RF MEMS 开关芯片的绝缘体硅晶圆与 LTCC 封帽晶圆键合。此时，封装体内部形成了一个空腔，可确保 RF MEMS 开关内部可移动结构的正常工作，同时，金在键合过程中形成致密固体，使得内部形成真空。

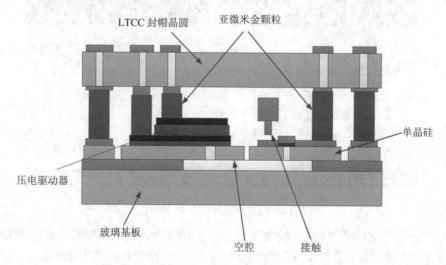

图 8-44　使用 LTCC 作为封帽的晶圆级真空封装

2015 年 Goggin 等人设计了一种商业化的单刀四掷开关，如图 8-45 所示。该开关为欧姆接触式金悬臂梁开关，封帽和基板采用高阻抗硅材料，基板上铺了一层厚厚的介质层，用来实现与基板之间的电隔离。采用 QFN 封装，封装的尺寸为 5 mm × 4 mm × 0.95 mm。

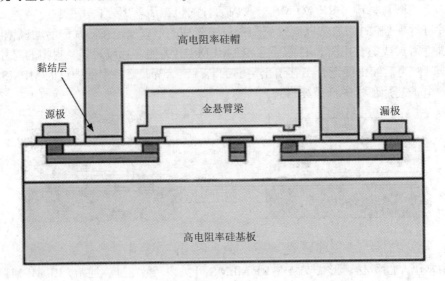

图 8-45 具有硅帽封装的欧姆接触式金悬臂梁 RF MEMS 开关

如图 8-46 所示，2017 年德国的 Wipf 等人采用封帽封装研究了 RF MEMS 开关晶圆级封装对射频性能和输入电压的影响。封帽的材料为 Si，厚度为 50 μm，采用热压键合，将封帽晶圆和 BiCMOS 晶圆通过聚酰亚胺聚合物键合到一起，键合温度为 300℃，压强为 0.1～0.2 MPa。

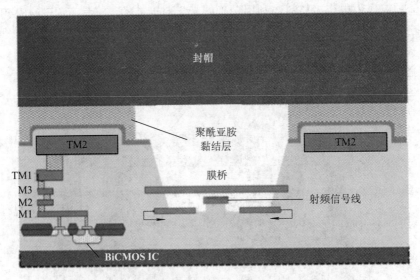

图 8-46 RF MEMS 开关封帽封装

图 8-47 示出了 2019 年 Moriyama 等人对基于 Au-Au 键合的晶圆级真空封装技术的研究。在该封装方法中，封帽材料选用 Si，密封环材料为 Au，空腔的高度为 400 μm，在 300℃、40 MPa 的条件下采用热压键合将封帽晶圆键合到芯片晶圆上。由于 SiO_2 和 Au 之间的黏结

力差，所以在 SiO_2 和 Au 之间添加一层 Al_2O_3 来增强黏结效果。与基于玻璃料熔键合的传统技术相比，该封装技术的密封框架宽度小，工艺温度低，脱气量小，可应用于 RF MEMS 开关。

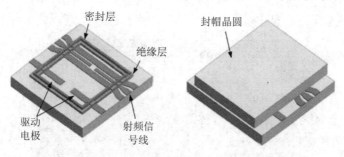

图 8-47　RF MEMS 开关封帽封装

2019 年 Savin 等人提出了石英封帽式 RF MEMS 开关，如图 8-48 所示。RF MEMS 开关的可移动部分用密封环包住，并将密封环作为键合层将石英封帽与硅基板键合到一起。该封装好的 RF MEMS 开关隔离度为 −30 dB，在 20 GHz 时，插入损耗为 −2 dB，在 80℃高温工作时性能良好，没有失效。

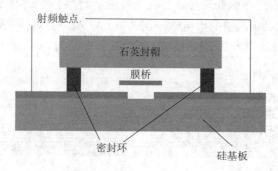

图 8-48　石英封帽式 RF MEMS 开关

8.3.4　RF MEMS 开关的薄膜封装

薄膜封装是对 RF MEMS 器件进行封装的一种有效形式，薄膜封装意味着封装过程可以直接在 MEMS 器件晶圆上进行，而无需将封帽晶圆与基板键合到一起。如图 8-49 所示，薄膜封帽由一层多孔膜和密封层组成，多孔膜用来去除牺牲层。

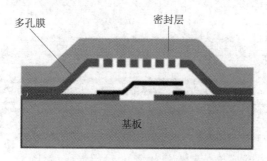

图 8-49　RF MEMS 封装薄膜封装

2010 年 Barriere 等人采用薄膜封装法对 RF MEMS 开关进行了封装，如图 8-50 所示。其中薄膜材料选用金，密封材料选用 SiO₂，释放技术选用牺牲层蚀刻法，整个封装过程的温度低于 120℃，封装后的开关隔离度在 2 GHz 时为 −27 dB。

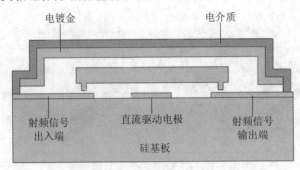

图 8-50　欧姆接触式 RF MEMS 开关封装

图 8-51 为 2016 年法国里摩日大学的 Nadaud 等人设计的一种基于介质薄膜封装的电容式 RF MEMS 开关。其结构与传统电容式 RF MEMS 开关不同的是，该开关的射频信号电极位于电介质外壳的上部，电介质外壳也作为封装外壳。其中介质薄膜采用 Si₃N₄ 材料，厚度为 500 nm，通过蚀刻法在电介质壳上开孔来释放牺牲层。驱动电极首先通过蒸发法沉积一层 5 nm/200 nm 的 Ti/Au，然后再电镀一层 1 μm 的 Au 的方法形成。由于该结构具有很高的金属化程度，导致该电容式 RF MEMS 开关具有很高的 Q 值。

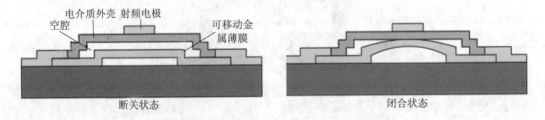

图 8-51　射频电极位于壳上的 RF MEMS 开关封装

2017 年 Souchon 等人对 RF MEMS 开关进行了晶圆级薄膜封装。如图 8-52 所示，其中膜桥选用氮化硅材料，具体封装过程包括，在制作好的开关上沉积一层牺牲层，并沉积一层 SiO₂ 层来作为薄膜帽；通过光刻法或干蚀刻法在薄膜帽上开孔；通过两个连续的干蚀刻工艺将电桥从孔中释放到 TFP 盖中；在干燥的条件下通过自旋涂覆 ALX2010 聚合物来形成密封帽。

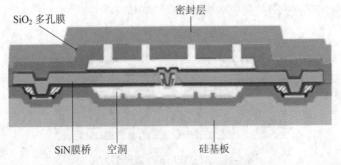

图 8-52　RF MEMS 开关晶圆级薄膜封装

2017 年 Wipf 等人在 RF MEMS 开关的制造中采用了 0.13 μm SiGe BiCMOS 加工工艺，如图 8-53 所示，它包含 7 层金属层。薄膜封装材料选用具有高沉积速率的氧化物，利用 PECVD 形成封帽，开关闭合与断开的电容比为 11.1。在 142.8 GHz 内，该晶圆级封装开关显示出最大的隔离度为 51.6 dB，插入损耗为 0.65 dB。

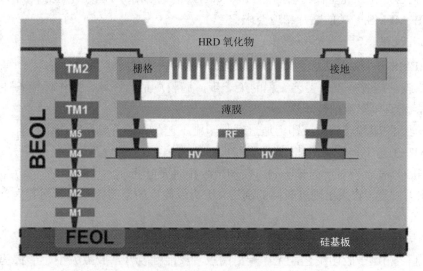

图 8-53　采用 BiCMOS 技术加工的 RF MEMS 开关

8.3.5　RF MEMS 开关封装过程

RF MEMS 开关封装主要工艺过程如图 8-54 所示。下面具体说明各过程。

图 8-54　RF MEMS 开关封装主要工艺

1. 设计

RF MEMS 开关封装设计要遵循以下原则：

(1) 根据 RF MEMS 开关性能，设计封装外壳结构形式，实现开关对封装外壳的功能要求；

(2) 设计方案要满足工艺可行性、性能可靠性、工作环境要求等问题；

(3) 考虑有可能对封装气密性有影响的分步工艺；

(4) 根据现有的组装方法和最小的风险，开发完成整个封装系统。

2. 贴片

1) 贴片要求

贴片过程是将开关芯片粘贴到外壳基板上。RF MEMS 开关贴片步骤要满足以下要求：

(1) RF MEMS 开关结构与外壳基板有很好的黏结强度，以保证 MEMS 开关芯片与外壳基板不发生相对移位，并能承受热冷温度、湿气、冲击、振动；

(2) 黏结材料必须在 RF MEMS 开关和外壳基板之间提供良好的热通道,使开关芯片产生的热量顺利地从芯片传到基板,保证 RF MEMS 开关工作所要求的温度范围;

(3) 黏结材料要求有很好的稳定性和可靠性,黏结材料的稳定性和可靠性,取决于MEMS 开关芯片和外壳基板材料的热膨胀系数,热膨胀系数不匹配将导致热应力;

(4) RF MEMS 开关的贴片精度要求。

2) 贴片过程

RF MEMS 开关贴片工艺主要过程为施胶→贴片→固化三个步骤。

(1) 施胶。施胶是整个工艺流程的第一步,施胶质量的好坏、操作环境条件、工艺控制方法等,将直接影响贴装质量。

施胶包括胶印和点胶。胶印为通过网版印刷工艺,将芯片粘贴到指定位置。胶印主要应用在 SMT 工艺中。胶印工艺注意以下内容:

① 网版厚度。相对于锡膏印刷,胶印网版相对要厚些。

② 刮刀硬度。宜采用硬度较高的刮刀,因为低硬度的刮刀容易探入网孔内,“挖空”贴片胶。

③ 压力/速度。贴片胶流动性优于焊膏,胶流动速度相对较高。

点胶工艺相比于胶印工艺,无需专用网版,灵活性较好,胶点大小、形状基本一致,但需投入专门的点胶设备。点胶工艺使用气压注射钎管,胶点形状由注射针头尺寸、点胶时间和压力设备来控制,是目前流行而实用的施胶方式。点胶工艺需注意以下内容:

① 点胶压力。点胶压力决定胶量大小,不同设备参数不同,加工过程中根据情况做调整。

② 使用温度。温度一般控制在 25~30℃之间,温度值不要设定过高,以免胶硬化,影响流动性。

③ 用胶量。胶量由许多因素决定,根据经验或指南决定。

④ 胶点尺寸。为保证黏结强度,对胶点形状、尺寸(胶点直径、胶点厚度)有严格限制。

不论采用何种施胶方式,贴片胶暴露在空气中时,都可能吸收空气中的水。贴片胶内所含水分较多时,在固化过程中会因为水汽蒸发,在胶点中形成微小气泡。同时,过多的水分导致胶点结构疏松,影响固化黏结强度,出现掉片。

(2) 贴片。施胶之后,用真空吸头或镊子把芯片按要求的引脚方向放上去,轻轻按一下,使芯片紧贴平坦,再放入烘箱中或用紫外光照射,使胶固化。贴片过程易出现以下问题:

① 贴片胶固化不良或者未完全固化,导致芯片黏结强度不够,出现芯片脱落;

② 传热通道热阻过大。

(3) 固化。对丙烯酸树脂和环氧树脂黏合剂,由于各自的固化条件各不相同,同量的丙烯酸树脂黏合剂黏结强度低于环氧树脂黏合剂的黏结强度。丙烯酸树脂黏合剂固化采用紫外线和红外加热固化,最低固化温度为 120℃,常取 130~150℃。丙烯酸树脂在紫外线和加热固化时,一般在 150℃保持 50~60 s 便完全固化。

环氧树脂黏合剂只需要加热就可以将其固化,但固化时间比丙烯酸树脂黏合剂固化时间长。最低固化温度是 80℃,通常取 110~160℃,时间为 1~5 min。一般在 150℃的温度下保持 90 s,可完全固化;在 125℃的温度下保持 3 min,可完全固化。

3. 引线键合

引线键合工艺过程包括清洗、引线键合、键合检查。

(1) 清洗。

目前清洗主要采用分子清洗(等离子清洗)或紫外线臭氧清洗。

RF 功率源将气态转变为等离子体,高速气体离子轰击键合区表面、通道,与污染物分子结合,使其物理分解,将污染物溅射除去。

紫外线臭氧清洗通过发射 184.9 nm 和 253.7 nm 波长的紫外线进行清洗。

(2) 引线键合。

引线键合工艺有焊球键合工艺和楔键合工艺两种。

焊球键合采用细金丝。金丝在高温状态下容易变形且抗氧化性能好、成球性好。焊球键合工艺应遵循以下原则:

① 焊球的初始尺寸为金属丝直径的 2～3 倍,应用精细间距时为 1.5 倍,焊盘较大时为 3～4 倍;

② 最终的焊球尺寸小于焊盘尺寸的 3/4,为金属丝直径的 2.5～5 倍;

③ 引线高度取决于金属丝直径以及具体应用,不应超过金属丝直径的 100 倍。

在多 I/O 情况下,引线长度可能超道 5 mm。

键合设备在芯片与引线框架之间引金属丝时,不允许存在垂直方向下垂和水平方向摇摆现象。

楔键台工艺采用金丝或铝丝。金丝或铝丝二者区别:铝丝在室温下采用超声键合,而金丝在 150℃下采用热超声键合。楔键合主要优点是适用于高精度要求的键合环境。

楔键合工艺应遵循以下原则:

① 键合点比金属丝直径大 2～3 μm,可获得强度连接;

② 焊盘长度大于键合点和尾丝长度;

③ 焊盘长轴与引线键合点路径一致;

④ 焊盘间距设计应保持金属丝之间距离一致。

键合方式有正焊键合和反焊键合。

正焊键合:第一点键合在芯片上,第二点键合在封装外壳上,芯片上键合点留有尾丝;

反焊键合:第一点键合在外壳上,第二点键合在芯片上,芯片上键合点没有尾丝。

究竟采用何种键合方式,需根据具体情况确定。

(3) 键合检查。

严格的质量检查,可以剔除因引线键合不合格而出现的下列问题:键合位置不当、键合丝损伤、键合丝长尾、键合丝颈部损伤、键合面明显污染异常、键合变形过大或过小、表面擦伤、键合引线与管芯夹角太小、键合丝头残留等。

在自动引线键合技术中,器件键合点脱落是最常见的失效模式。这种失效模式用常规筛选和测试很难剔除,只有在强烈振动下才可能暴露出来,因此对器件的可靠性危害极大。影响引线键合可靠性的因素主要如下:

① 界面绝缘层形成。芯片键合区光刻胶或钝化膜去除不干净,形成绝缘层。管壳镀金层质量低劣,造成表面疏松、发红、鼓泡、起皮等。

② 金属化层缺陷。金属化层缺陷主要有,芯片金属化层过薄,键合时无缓冲作用,芯

片金属化层出现合金点，在键合处形成残缺；芯片金属化黏附不牢，压点掉落。

③ 表面污染。外界环境净化度不够，造成灰尘污染；人体净化不良，造成有机物污染等；芯片、管壳等未及时清理干净，残留镀金液，造成污染。

污染属于批次性问题，造成一批管壳报废，或引线键合点腐蚀，造成失效；金丝、管壳存放过久，不但易污染，而且易老化，金丝硬度延展率也发生变化。

④ 应力不当。键合应力包括热应力、机械应力和超声波力。键合应力过小，会造成键合不牢；键合应力过大，会影响键合点的机械性能。应力过大不仅会造成键合点根部损伤，断裂失效，而且还会损伤键合芯片，出现裂缝。

⑤ 环境不良。超声键合时，外界振动、机件振动、管座固件松动或位于通风口，均可造成键合缺陷。

⑥ 静电损伤。键合引线与电源金属条之间放电引起静电损伤失效。当键合引线与芯片水平面夹角太小时，在静电放电作用下，键合引线与环绕芯片的电源线(或地线)之间易发生电弧放电而造成失效。

4. 密封

湿气是器件受腐蚀的主要根源之一，电解氧化、金属迁移和湿气的存在相关。封装密封是为了保护器件和封装的金属镀层不受环境腐蚀，避免机械损伤。

RF MEMS 开关封装外壳类型有金属和陶瓷，盖子基板材料可用铁钴镍合金材料，应满足一定的强度，盖子表面镀镍合金。

RF MEMS 开关密封工艺过程：外壳盖子清洗→烘干→气密封帽→检漏。

常用气密封装方法为，低温钎焊(软焊)、硬钎焊(硬焊)和熔焊。

5. 测试

在 RF MEMS 开关封装完成后，需要通过专用测试仪器进行机械性能和电气性能的测试，当产品达到设计要求后，再通过专门设计的测试电路进行测试，以保障 RF MEMS 开关符合需求。

8.3.6 电连接

电连接技术是为了改善 RF MEMS 开关封装的高频性能、气密性、热性能。

对于信号频率比较低的 RF MEMS 器件，一般是采用平面式的电连接技术。因为工艺比较简单，利用阳极键合技术可以直接从玻璃基板下引出信号线；或是用 2~3 μm 厚的氮化层或氧化层，将信号线与金密封环隔离后引出。

频率较高时，可以用 PCB 作为黏结层。信号线直接从 PCB 下通过，该方法存在密封性问题。一般平面类的电连接技术都存在寄生效应问题。由于信号线埋置在绝缘层中，改变了阻抗特性，因此需要提供匹配网络。另外，绝缘层沉积在金属层表面，造成连线共面困难。RF MEMS 开关主要采用以下技术实现电连接。

1. 埋层技术

很多研究致力于设计新的电连接技术，以减小寄生效应，如采用埋层技术将信号线输出，如图 8-55 所示。

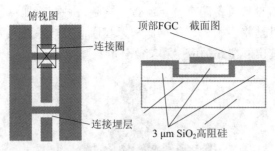

图 8-55　信号线埋层

2. 通孔技术

如图 8-56 所示，采用通孔技术实现高频段的信号传输。为适应高频需要，在较薄的圆片上加工通孔。通孔长度较短，可以用致密的金或铜填充来确保气密性。

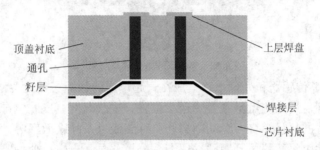

图 8-56　通孔技术封装

3. 双层有限共平面(Finite Ground Coplanar，FGC)连接技术

如图 8-57 所示，采用双层 FGC 连接技术，通过通孔将双层 FGC 连接，使信号线和密封圈完全隔开，方便焊接，改善寄生效应。

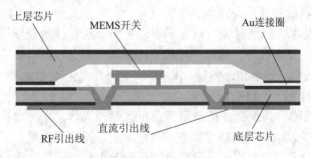

图 8-57　双层 FGC 连接封装

8.4　智能穿戴设备封装

8.4.1　智能穿戴设备概述

带动 MEMS 集成技术进一步发展的重要应用是智能穿戴。智能穿戴设备泛指内嵌在服装中，或以饰品、随身佩带物品形态存在的电子通信类设备，图 8-58 显示了各种形式的智

能穿戴设备。智能穿戴设备具备两个特点：首先它是一种拥有计算、储存或传输功能的硬件终端；其次它创新性地将多媒体、传感器和无线通信等技术嵌入人们的衣着当中，或使其更便于携带，并创造出颠覆式的应用和交互体验。

图 8-58　各种形式的智能穿戴设备

由各类 MEMS 传感器和处理电路集成在一起形成的智能穿戴设备，通常被戴在手腕、上臂、胸部或头部，用来测量佩戴者的运动位置、皮肤温度、皮肤电导等数据，使用这些数据可估计佩戴者的热量燃烧、运动距离和旅行路线以及睡眠效率等。佩戴者通常从他们的智能穿戴设备件中将数据传到网站，保存、分析并显示出来，他们既可以查看到上传的数据总结，又可以观察到数据变化的趋势。目前，已面市的智能穿戴设备产品形态多样，其中以智能手环、智能手表和智能眼镜最为常见，三者约占据全球智能穿戴设备出货量的 70%以上。它们既可以放在衣服上，也可以戴在身体上，如手指、手腕、手臂、喉咙、胸部或腿部，还可以嵌入到手套、手表、耳环、项链、胸针等佩戴饰品中。

在技术方面，智能穿戴设备具备以下发展趋势：

(1) 智能交互技术。多点触控、语音识别、手势识别等技术发展迅速，眼球识别和脑电波识别技术也正在逐渐成熟，智能穿戴设备将逐渐成为交互体验的重要载体。

(2) 微型集成技术。智能传感器以 MEMS 和数据分析技术为基础，产品的微型化、集成化和系统化的设计和生产将愈加简单。

(3) 柔性电子技术。为保证智能穿戴设备更加贴近人体，充分发挥方便、隐形和安全的特点，柔性技术的发展将在智能穿戴设备领域具有广泛应用前景。

(4) 数据处理技术。在健康医疗等智能穿戴设备中，云计算、大数据、物联网技术的协同应用将保证大量人体健康数据采集和处理的及时性和可靠性，通过海量数据统计分析，为用户健康生活提供可行性建议。未来，整个通信体系将以智能穿戴设备为中心，通过与手机、电脑、家电、汽车等智能终端连接，实现信息互联互通和智能控制，数据的分析处理在云端完成，智能穿戴设备将真正融入人们生活的方方面面。

8.4.2　智能穿戴设备的分类

目前，智能穿戴设备主要有三种分类方式，即按照穿戴方式、主要功能及应用领域来划分。

　　按照穿戴方式，智能穿戴设备可分为接触型、植入型和外接型。其中接触型智能穿戴设备为直接将传感器固定到皮肤表面，常通过黏合剂或吸附力等直接将设备固定到皮肤表面。由于汗液是最容易接触的皮肤液体，可提供大量与人体生理状态相关的信息，因此接触型智能穿戴设备最常见的是通过汗液监测。除了对汗液的监测，接触型智能穿戴设备还可通过压力和温度进行监测。植入型智能穿戴设备则是利用传感器透皮检测，其主要通过微针的形式进行皮下检测。间质液作为一种新兴的生物标志物源，对疾病诊断具有重要意义，微针提供了一种从间质液中提取所需分子的微创方法。近年来，人们已可通过间质液检测代谢物，如葡萄糖、乳酸、酒精等。相较于采血分析，微针是小型化的传统皮下注射针，高度仅 102 μm，微针分析不会造成不适和疼痛，对于需要每天进行检测的患者，这些影响会更加突出。而外接型智能穿戴设备通过将传感器外接到固定装置实现其穿戴。外接型智能穿戴设备本身不能直接穿戴，而是通过将其外接到穿戴物品上实现穿戴，如集成了视听图像处理和记录设备以及无线连接和传感器的智能手表和眼镜等。通过将传感器外接到智能穿戴设备上，可更好地实现更多结构和功能的集成，如传感器材料、储能装置、近场通信装置等。

　　按主要功能划分，智能穿戴设备大概可分为三大类：生活健康类、信息资讯类和体感控制类。其中，生活健康类智能穿戴的设备有运动、体侧腕带及智能手环；信息资讯类的智能穿戴设备有智能手表和智能眼镜；体感控制类的智能穿戴设备有各类体感控制器等。

　　按应用领域划分，智能穿戴设备可分为健身与健康、医疗与保健、工业与军事、信息娱乐四大领域。

8.4.3　智能穿戴设备的应用

　　智能穿戴设备广泛应用于健身与健康、医疗与保健、工业与军事、信息娱乐等领域。

1. 健身与健康领域

　　随着社会的发展，人们对个人的健康管理重视程度不断提高，消费者希望通过智能穿戴设备的相关数据监测，更好地优化和管理健康。智能穿戴设备在健身与健康领域有着广阔的发展空间和需求市场。

　　智能穿戴设备由各类 MEMS 传感器和处理电路集成，可通过与智能手机的信息交互达到直观地监测用户的心跳、运动步数、卡路里消耗、睡眠等健康指标。常见用于健身与健康的智能穿戴设备有体育运动监测器、健身和心率监测器、智能眼镜、智能服装、睡眠传感器、情绪测量仪。它们通常被戴在手腕、上臂、胸部或头部，用来测量佩戴者的运动位置、皮肤温度、皮肤电导等数据，然后使用这些数据来估计佩戴者的热量燃烧、运动距离、旅行路线及睡眠效率等。

　　图 8-59 所示的智能手环作为新一代智能穿戴设备，可对人体的身体健康指标进行监测与控制，通过血压、心率等这些基本信息的反馈来督促并帮助人们进行适当调节。智能手环囊括了多种传感器，像测量身体运动、记录用户步数和睡眠习惯的加速度传感器，用于感知用户转动的陀螺仪，提升运动追踪准确性的磁力计，感知海拔高度变化的气压传感器，进行心率监控的心率监控传感器，测量血氧值的血氧传感器，用于计算用户排汗量的皮肤电导传感器以及帮助了解健身强度的皮肤温度传感器等。智能手环顺应了社会的发展，可

更好地结合个人的生活习惯，贴身实时监测人们健康的基本信息，给人们带来了极大的便利。

图 8-60 为 Flashunit 闪点公司研发的一款"闪点运动记录器"产品，该产品能够通过监测用户的活动轨迹，记录身体状况，为亚健康群体提供科学的健康生活方案，其文字显示屏更能直接显示用户身体各类数据信息，使用户直观认识自己的身体情况。

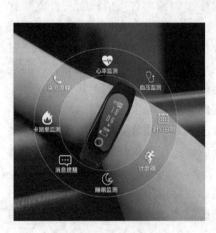

数据同步PC

APP软件连接
蓝牙功能

图 8-59   智能手环   图 8-60   闪点运动记录器

2. 医疗与保健领域

先进 MEMS 技术和互联技术的发展使医疗与保健领域产生了革命性的变化，医疗系统可通过智能穿戴设备进行各类疾病的远程监控、预防和实时护理，特别是帮助如老年人、患者等特殊人群及时发现他们的身体变化情况，帮助患者进行康复治疗并减少医护资源的消耗，以实现个性化医疗。常见用于医疗与保健领域的智能穿戴设备有连续血糖监测仪、心电图监测仪、脉搏血氧仪、血压监测仪、助听器、药物输送仪、除颤器等。其中医学康复领域最早研制的穿戴式健康交互系统，可通过内置脉搏血氧仪监测使用者脉搏、血压等生理参数，并利用传感器传回的步态和手势数据判断老年人是否跌倒等情况。

在医疗方面，智能穿戴设备中的 MEMS 传感器能够直接实时监测使用者的生理参数。例如，集成有心电图前端、电源管理电路、单片机、2.4 GHz 无线收发器和微型锂电池的可戴在耳朵上的连续心冲击图传感器，可用于佩戴者心血管连续和实时的监测；集成有多种化学气体传感器阵列并用无线个域网技术结合形成的智能穿戴式臂章电子鼻，可用于监控人体腋窝气味释放；一种智能穿戴式生物医学处理器系统包含生物医学处理器芯片、MEMS基心电图和基于血氧测量的葡萄糖警报传感器，可实现对糖尿病患者的非侵入性的诊断与健康监测；采用光电胸传感的新一代可穿戴的脉搏波速度技术，可用于临床需求的血压动态监测。

图 8-61 示出了一种可以监测健康、输送药物的柔性智能穿戴设备"智能绷带"，由温度传感器、触控传感器、无线线圈、药物输送泵四大部分组成。传感器、MEMS 结构和无线线圈单片通过印刷技术集成在柔性基板上。该设备在药物输送泵的作用下给人体注射药物时，采用无线线圈来检测触摸，并可通过触控传感器和温度传感器监测人体的温度以及控制药物输送泵的出药量。

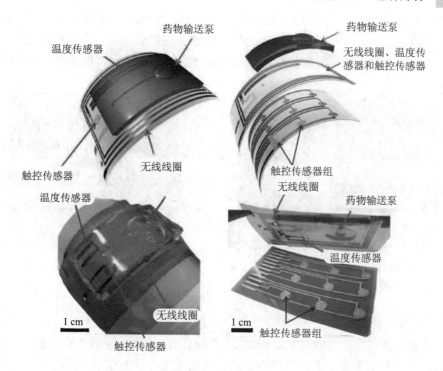

图 8-61 "智能绷带"

视网膜是产生视力的基础，视网膜色素变性和老年性黄斑变性常会导致失明，利用药物疗法或是外科手术很难将视力恢复到"能用"的水平。随着 MEMS 领域的发展，出现了生物微机械系统(Bio-MEMS)技术，通过 Bio-MEMS 技术，可在柔性基板上加工出具有能经受冲击、能够折叠弯曲等优点的微米级器件，用于体外分析诊断和体内植入。通过植入微电子器件来恢复病人的视力，是一种潜在的解决办法。人造视网膜是在失明者的视网膜下植入的可达到一定功效和忍耐度的高科技医疗产品，如图 8-62 所示。

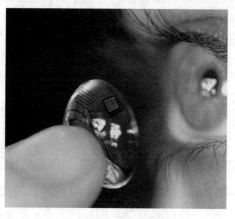

图 8-62 人造视网膜

智能穿戴跌倒监测系统是一种监测终端，通过无线通信模式与系统内每一种异质传感器数据交互，能够给穿戴者营造一个相对隐私的健康监测环境，并可实时输入输出穿戴者的健康状态信息，与医疗中心进行数据交流。图 8-63 为 21 世纪初欧洲发布的一种智能穿戴监测系统 WEALTHY。该系统集成了温度、心电图、呼吸和人体姿态等检测模块以及微控制器和通信功能，可实时检测穿戴者的生理状态，并完成数据的传输和分析工作。该系统操作模式简便，可将数据实时传输到远程控制终端，其载体服饰也易洗、易整理。

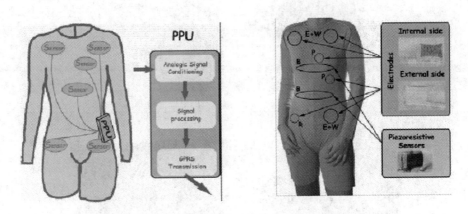

图 8-63   智能穿戴监测系统 WEALTHY

3．工业与军事领域

智能穿戴设备可用于工业与军事领域，常见的有智能服装、手戴终端设备、基于 MEMS 气体传感器的智能穿戴设备等。在军事方面，智能军服可以为作战士兵提供通信联络、战场定位、保护色隐形等全方位的帮助，成为下一代战争不可或缺的装备，对于我国提高国防军事力量具有极其重要的意义。基于 MEMS 气体传感器的智能穿戴设备，能够检测到暴露于环境的污染物，如炸药、病毒 DNA、放射性或高浓度的一氧化碳等有毒气体以及重金属，这为在矿井、煤矿、火灾现场以及战场等特殊场合下工作的人员提供了更好的保障。基于独特的音叉传感器以及无线通信/接口技术的系统集成所组成的智能穿戴无线传感系统，可实现对有害环境有机挥发化合物的实时监控。基于离子液体的电化学气体传感阵列、微电子芯片和数据分析算法的集成，所形成的智能穿戴自主微系统，可用于健康和安全的实时环境监控。由基于 pH 值传感的智能织物、极低功耗的颜色与温度传感器、无线数据传输和无线电池充电系统所集成的低功耗智能穿戴传感平台，可用于环境的 pH 值和温度的监控。

4．信息娱乐领域

智能穿戴设备在通信、娱乐、家居领域具有很大的发展空间，人们可以通过该设备进行拍照、摄像、通话、娱乐，并可利用手势动作远程对智能设备进行操控，具有便捷、高效、科技、前卫等特点。常见用于信息娱乐领域的智能穿戴设备有智能手表和智能眼镜等。智能手表通过将手表内置智能化并连接于网络而实现多功能，可同步手机中的电话、短信、邮件、照片、音乐等，同时可追踪佩戴者走路的步数和消耗的能量，监测佩戴者的身体状况。智能眼镜是指像智能手机一样，具有独立的操作系统，可以由用户安装软件、游戏，可通过语音或动作操控完成添加日程、地图导航、与好友互动、拍摄照片和视频、与朋友展开视频通话等功能，并可以通过移动通信网络来实现无线网络接入的这样一类眼镜的总称。图 8-64 是谷歌公司推出的智能穿戴设备——谷歌眼镜。它由小型 GPS 定位系统、摄像仪器和惯性传感器等装置组成，在联网的情况下通过与手机相连能够实现地图搜索、拍摄照片以及发布消息等功能，且完美结合了谷歌公司其他软件的功能，提升了用户的虚拟现实体验度。

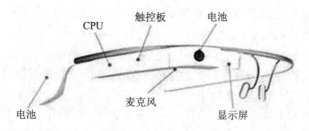

CPU　触控板　电池

麦克风

电池　　　　　　显示屏

图 8-64　谷歌眼镜

　　智能家电控制指环是一种基于智能穿戴设备和体感的通用家电控制设备，可通过体感手势动作远程操控家电设备，以提供更加自然的用户体验，且更容易被市场所接受。它主要分为体感和家电控制模块两个部分。体感部分被设计为一个指环形的智能穿戴设备，侧面为选择设备用的触摸板，通过内置的加速度传感器收集用户手势的加速度信息并识别动作类型，识别出动作类型后，将动作编号和设备编号通过低功耗蓝牙发送给家电控制模块，以控制家电操作。图 8-65 显示了智能家电控制指环的控制方法。

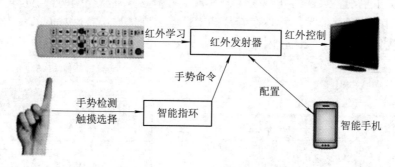

图 8-65　智能家电控制指环的控制示意图

8.4.4　柔性 MEMS 技术

　　随着对智能穿戴设备日益增长的应用需求，对设备的柔性性能要求越来越高，柔性MEMS 技术越来越受到了人们的关注。它是将 MEMS 器件制作在柔性基板材料上，或使用柔性材料加工器件，使得整个器件具备一定柔性，能够承受较大变形和折叠弯曲。它可以很好地贴附在任意类型、形状及尺寸的物体表面，实现对非刚性物体或不规则高弯曲度物体表面的探测。

　　柔性材料的选择是实现理想柔性结构器件的关键。除了像硅、不锈钢等某些无机柔性薄膜外，大多数高分子聚合物因弹性模量低、柔性好、成本低并具有良好的物理和化学综合性能，成为柔性基板材料的理想选择。其中聚酰亚胺(PI)、聚对苯二甲酸乙二酯(PET)、聚二甲基硅氧烷(PDMS)为常见的聚合物柔性基板材料。但是，柔性材料，特别是聚合物柔性材料，其表面能量低，表面活性差，与无机物材料的黏附性能也相对差，而且热膨胀系数大，玻璃转化温度低，不能承受高温加工，这些缺点无疑给材料选择和制作带来很大的问题。

图 8-66 显示了几种常用的柔性 MEMS 技术，具体如下：

(1) 直接在固态柔性基板上制作器件。

制作柔性器件最直接的方法就是将电子器件或ICs通过溅射或沉积并以图形化的方式，直接制作在固态柔性基板上。这种方法制作工艺简单，常用于绝大部分基于有机半导体材料和部分无机功能材料的柔性器件的制备，但柔性基板容易卷曲，这给器件的制作带来一些困难，如在制作过程中，如何保持柔性基板在加工过程中的平整性等。

(2) 将柔性基板贴附在刚性载体上。

为了使柔性基板材料在加工的过程中保持平整、便于加工，首先用黏合剂将柔性基板暂时贴附在硅、玻璃等刚性载体上，然后利用微加工技术在柔性基板表面制作器件，最后将制作好的器件从载体上分离下来。该方法工艺简单，可采用传统的 MEMS 工艺设备完成。但在柔性基板的粘贴过程中存在一个问题，即在柔性基板粘贴时，在柔性基板和载体之间往往存在气泡而影响柔性基板的平整性，明显影响光刻对准率，降低了器件成品率。

(3) 液态柔性材料直接涂敷在刚性载体上。

为了减小柔性基板热循环的影响，制作尺寸更小的图形，可将液态柔性材料直接涂敷刚性载体硅片上，固化形成固态柔性薄膜，然后再沉积和刻蚀其他薄膜层形成柔性基板，最后，借助镊子手动将柔性器件从载体上"剥"下来。其可避免贴附中气泡的产生，从而提高了器件的成品率。但是，涂敷在硅片的柔性基板固化后，与硅片的结合力比较强，将柔性器件从载体上分离下来比较困难。

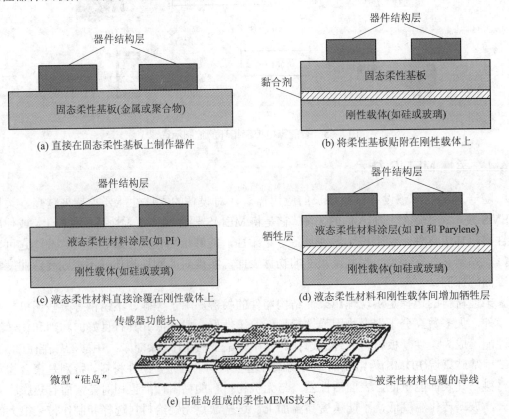

图 8-66　几种常用的柔性 MEMS 技术

(4) 在液态柔性材料和刚性载体之间增加牺牲层。

为了解决柔性器件从载体上分离下来的困难，在液态柔性材料涂覆之前，在刚性载体上沉积一层牺牲层，以便于最后柔性器件的分离。然而，不同的牺牲层也各自存在缺点。如果牺牲层为光刻胶，只需采用丙酮将光刻胶分离下来，但光刻胶的最高耐温较低(如 120℃)。当采用液态涂覆层为柔性基板时，当其固化温度较高时会限制器件的加工温度。多晶硅也常作为牺牲层，采用 BF_3 腐蚀液释放器件，这种方法解决了采用光刻胶为牺牲层时的温度限制问题，但如果分离时间较长，BF_3 腐蚀液将腐蚀聚合物柔性基板(如 Parylene)。

(5) 由硅岛组成的柔性 MEMS 技术。

由硅岛组成的柔性 MEMS 技术以硅为结构层，采用传统的 MEMS 技术在硅片上制作传感器功能块，然后采用微加工的刻蚀技术，将硅片分成含有多个传感器功能块的刚性微型"硅岛"，最后使用柔性基板材料将这些微型"硅岛"包覆起来，形成类似"三明治"式的柔性微系统结构。这种方法最大的优点是扩大了柔性器件结构层的种类及其应用范围，同时能有效解决柔性器件制作中遇到的焊线失效问题。

8.4.5　智能穿戴设备的封装形式

智能穿戴设备常由多个 MEMS 传感器所集成，像智能手表包含加速度传感器、陀螺仪、磁力计、气压传感器、环境温度传感器、血氧传感器、皮肤电导传感器、皮肤温度传感器等多个 MEMS 传感器，智能穿戴跌倒监测设备包含加速度传感器、三轴陀螺仪、地磁传感器等 MEMS 传感器。一方面，由于智能穿戴设备的功能不断增加，导致电路板空间受限，为了能满足智能穿戴设备小型化和高度集成化的需求，系统级(Sip)封装广泛用于智能穿戴设备。它能将性能不同的有源或无源元件集成在一起，以满足产品的需求，保证智能穿戴设备的完整性与智能化。另一方面，智能穿戴设备对可挠性及其能在任意曲面或不规则的物体表面上的黏附性具有很高的要求，采用柔性 MEMS 技术将 MEMS 器件制作在柔性基板上，以实现各种非平面物体表面物理量的实时探测，有利于促进智能穿戴设备的实际应用。

基于系统级封装的柔性 MEMS 器件主要包括柔性基板、多个芯片、可延展导线、键合线和柔性封装体。多个芯片分布于柔性基板上，并与对应的可延展导线之间通过键合线连接，柔性封装体常通过浇注、键合或粘贴的方式覆盖于柔性基板上。柔性基板(采用薄膜)在封装过程中易于卷曲变形，会给封装和键合线焊接时带来很大的挑战，这也是柔性器件封装常遇到的问题。在压焊处沉积比较硬的基底，有助于解决此问题。有的柔性基板上会采用干法刻蚀、湿法刻蚀或者粘贴等方式在柔性基板上加工出凸岛，用于放置对应的芯片并进行键合，从而减小柔性薄膜在封装中易于卷曲变形的影响。

针对器件级的 MEMS 器件柔性封装，主要有以下两种封装方式：

(1) 与常见的 MEMS 器件封装类似，给器件上加一个柔性的聚合物盖板，然后在基板和盖板上之间添加阻挡层以阻挡水汽和氧气的渗透。

(2) 在基板和各功能层上制作单层或多层薄膜阻挡层，实现柔性薄膜封装。

微型柔性传感器由于具有良好的柔韧性、可任意弯曲、穿戴舒适等性能，是智能穿戴设备的重要组成部件。图 8-67 是一种以聚二甲基硅氧烷(PDMS)为柔性基板，具有"三明治"结构的电容式柔性压力传感器。其包含以 PDMS 为支撑体的上、下两电极和以塑料薄膜为绝缘介质的介电层，介电层位于两电极之间，按照"三明治"结构进行贴合封装。

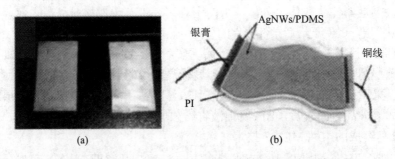

(a) (b)

图 8-67 具有"三明治"结构的电容式柔性压力传感器

柔性有机电致发光二极管(OLED)屏幕，因其低功耗、可弯曲的特性，在智能穿戴式设备中被广泛应用。薄膜封装技术的突破是柔性 OLED 产业化进程推进的关键。在 OLED 柔性基板上采用多层薄膜包覆封装，不仅具有低成本、更轻、更薄的优点，而且可以延长 OLED 器件的寿命。图 8-68 为 OLED 柔性基板多层薄膜包覆封装，其采用薄膜材料对柔性有机发光器件进行密封。其中真空沉积聚合物膜和高密度介电层交替构成，有效地消除了各防护层材料间的相互影响。

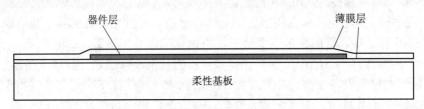

图 8-68 OLED 柔性基板多层薄膜包覆封装

薄膜封装与传统的器件封装相比，封装更薄且更灵活，但这种封装要求薄膜阻挡层在形成过程中必须与柔性基板紧密黏结，该过程一般在较低的温度下完成。

第三篇　微系统技术

中国在迎来科技型产业的崛起同时，但与此同时也遭遇了美国的不公正施压。美国打着国家安全的幌子，对待中国高新技术产业粗暴制裁，尤其是针对华为和中兴等高科技企业。

2018 年，大家都看到了同样的新闻，美国商务部 4 月 16 日宣布，未来 7 年禁止美国公司向中兴销售零部件、商品、软件和软件技术。2018 年美国对中兴的制裁，已经让中兴休克。中兴因此赔了 8.92 亿美元的罚款和罚金，并改组董事会，这也让中兴一度元气大伤。

美国的科技霸权有很大一部分是来自它在半导体领域的超绝实力。这份实力的表现是世界最顶级的半导体公司几乎都在美国。英特尔、AMD、英伟达、美光、高通、德州仪器、Analog、博通、Skyworks、Qorvo、赛灵思、IBM、ON、Maxim、Cypress、Marvell、Microchip、应用材料、泛林、KLA、Keysight、Synopsys、Cadence 这些公司的营收加起来差不多得有3000 亿美元。

也许是中兴事件让美国尝到了甜头，同时也惧怕华为在 5G 技术领域的领先。从 2019 年开始，美国联合全球对华为采取了强制打压的手段，美国封禁，谷歌中止更新安卓，ARM公司也停止了与华为的全部合作，日本也有四家公司中止了跟华为合作。也许美国没有意识到华为的强大，一个科技企业对抗一个超级大国，然而几个回合下来，华为似乎并未落败。

中国自主研发龙芯 3A5000 和龙芯 3C5000 电脑 CPU，打破了国内市场被美国的英特尔和 AMD 公司垄断。

龙芯 3A5000 和龙芯 3C5000

　　自给率，指的就是国内所需的芯片，有多少是来自于国产半导体公司自主生产的比率。中国芯片自给率在 2025 年将达到 70%，中国将生产出更多的"中国芯"。

"中国芯"

第九章　SoC 技术

1946 年 2 月 15 日，世界上第一台计算机 ENIAC 问世，如图 9-1 所示。ENIAC 包含 70 000 个电阻、10 000 个电容、1500 个继电器、6000 个手动开关。ENIAC 长 30.48 米，宽 1 米，占地面积 170 平方米，重达 30 吨。1973 年 4 月，马丁·库帕(美国著名的摩托罗拉公司的工程技术人员)掏出一个约有两块砖头大的无线电话(也许这就是世界上第一部移动电话)，并打了一通电话。在今天看来，这很难想象。庞大体积、高额功耗的电子系统，如今已经很难看到，取而代之的则是小型化、低功耗、高性能、低成本的便携设备。

图 9-1　世界第一台计算机 ENIAC

所有的这一切都要归功于半导体集成工业的迅猛发展。随着制备工艺水平越来越高，半导体器件特征尺寸越来越小，芯片集成度和复杂度也越来越高。人们可以在硅片上制作出电子系统需要的所有部件，包括各种有源和无源器件、互联线，甚至机械部件。因此，目前的半导体工业已经具备了由集成电路(IC)向集成系统(IS)发展的条件。其中最典型的集成系统(IS)就是我们所熟悉的单片机。一款单片机具有内存、I/O、控制逻辑及相应的软件。随着 MCU 的出现及普及，SoC(System on Chip)、SiP(System in Package)和微系统技术已相继诞生了。

9.1　SoC 技术的基本概念和特点

SoC 技术始于 20 世纪 90 年代中期。随着半导体工艺技术的发展，IC 设计者能够将愈来愈复杂的功能集成到单硅片上，SoC 正是在集成电路(IC)向集成系统(IS)转变的大方向下产生的。

1994 年，Motorola 公司发布的 Flex Core 系统，用来制作基于 68000 和 Power PC 定制微处理器。1995 年，LSI Logic 公司为 Sony 公司设计了 SoC。这些技术可能是基于 IP(Intellectual Property)核完成 SoC 设计的最早报道。由于 SoC 可以充分利用已有的设计积累，显著提高了 ASIC 的设计能力，因此其发展非常迅速，引起了工业界和学术界的关注。

SoC 的定义多种多样。由于其内涵丰富、应用范围广，很难给出准确定义。一般来说 SoC 称为系统级芯片，也称为片上系统，指一个产品，或一个有专用目标的集成电路，包含完整系统，并有嵌入软件的全部内容。SoC 又是一种技术，用以实现从确定系统功能开始，到软硬件划分，并完成设计的整个过程。从狭义角度讲，SoC 是信息系统核心的芯片集成，将系统关键部件集成在一块芯片上；从广义角度讲，SoC 是一个微小型系统。如果将中央处理器(CPU)称为大脑，那么 SoC 就是包括大脑、心脏、眼睛和手的系统。学术界一般倾向将 SoC 定义为将微处理器、模拟 IP (Intellectual Property)核、数字 IP 核和存储器(或片外存储控制接口)集成在单一芯片上，通常是由客户定制的，或是面向特定用途的标准产品。

1. SoC 的基本概念

NASA 定义 SoC 为：将所有的电脑部件或者其他电子系统，组合到单一的集成电路或芯片上的一种集成技术。其中可能包含数字、模拟、混合和射频信号功能，所有这些功能模块全部集成在单一的芯片基板上。

SoC 包括以下内容：

(1) 微处理器或者数字信号处理(DSP)核；

(2) 内存块，包含可选择的只读存储器(ROM)、随机存储器(RAM)、可擦可编程只读存储器(EEPROM)和闪存(Flash)；

(3) 时间源振荡器和锁相回路；

(4) 定时计数器和上电复位发生器；

(5) 串行总线(USB)、全双工通用同步/异步串行收发器、外设接口(SPI)等工业标准接口；

(6) 模拟电路接口，包含模数转化(ADC)和数模转化(DAC)模块；

(7) 电压调节器和功控电路。

SoC 定义的基本内容主要表现在结构和过程两方面。

如图 9-2 所示，系统级芯片由控制逻辑模块、微处理器/微控制器(CPU)模块、数字信号处理器(DSP)模块、嵌入的存储器模块、外部通信接口模块、IP模块、含有 ADC/DAC 的模拟前端模块(图中未体现)、电源和功耗管理模块(图中未体现)集成在一起组成。对于无线 SoC，还有射频前端模块、用户定义逻辑(可以由 FPGA 或 ASIC 实现)以及 MEMS 模块。SoC 芯片内嵌有基本软件(如 RDOS 或 COS 以及其他应用软件)模块或可载入的用户软件等。

系统级芯片形成过程包含以下三个方面：

· 基于单片集成系统的软硬件协同设计和验证；

· 大容量存储模块嵌入复用技术；

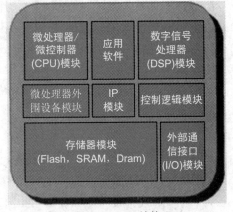

图 9-2   SoC 结构

- 超深亚微米(UDSM)、纳米集成电路的设计理论和技术。

2. SoC 技术的主要特点

SoC 技术具有如下特点：

(1) 规模大、结构复杂。

SoC 通常有数百万门乃至上亿个元器件，而且电路结构还包括 MPU、SRAM、DRAM、EPROM、闪速存储器、ADC、DAC 以及其他模拟和射频电路。为了缩短产品投放市场的时间，要求设计起点比普通 ASIC 高，不能依靠基本逻辑电路单元作为基础单元，而是采用被称为知识产权 (简称 IP) 的更大部件或模块作为设计基础。在验证方法上，要采用数字电路和模拟电路相结合的混合信号验证方法。为了对各模块，特别是 IP 进行有效的测试，必须进行可测性设计。

(2) 速度高、时序关系严密。

高达数百兆的系统时钟频率以及各模块内和模块间错综复杂的时序关系，给设计带来诸如时序验证、低功耗、信号完整性、电磁干扰、信号串扰等许多问题。

(3) 集成工艺要求极高。

系统级芯片多采用深亚微米工艺加工。深亚微米加工中，走线延迟和门延迟不可忽视，并成为设计中需要考虑的主要因素。系统级芯片复杂的时序关系，增加了电路时序匹配困难。深亚微米工艺小的线间距和层间距，使得线间和层间的信号耦合效应增强。高的系统工作频率，导致了电磁干扰、信号串扰等现象，给设计验证带来了困难。

图 9-3 所示为 SoC 结构图，SoC 将多个芯片集成在某单一器件装置中，所以单一器件的成本降低。由于 SoC 减少了板上的器件数量，集成系统的运行就较为简单了(减少了研制周期)，外形尺寸减小了。在多芯片系统中，由于芯片间的互连利用 SoC 互连技术替代，因此，开关电容大大减小，器件功耗也因此减小，芯片边界间的互连传输延迟减少。

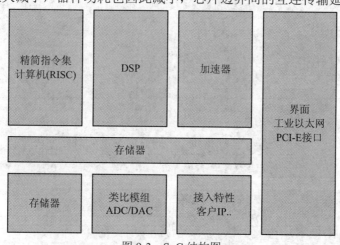

图 9-3　SoC 结构图

如图 9-3 所示，通信电子设备已经经历了多年的 SoC 演变发展，在每一代发展中，越来越多的板上芯片都被集成到单一器件中。目前单芯片解决方案中包含如下内容：

- 数字基带和应用处理功能；
- 数字 RF；

- 模拟基带和电源管理功能；
- 静态随机存取存储器(SRAM)；
- 与 SRAM 集成在一起的非易失性嵌入式或叠层式存储器。

这种集成度对降低成本和功耗、减小外形因素(这个领域内的所有严格需求)来说至关重要。

随着越来越多的功能被集成，如数字相机、无线局域网(WLAN)和全球定位系统(GPS)连通性、数字电视功能等，无线手持通信设备中 SoC 技术将不断得到发展。

(4) 专用 IP。

因为 SoC 的目标主要是针对专用领域，所以它能够按照性能、电源以及芯片尺寸，来构建和集成高效执行特定领域功能的 IP 模块。这些专用的 IP 模块包括硬件加速器、用于执行某些高性能、标准化功能的协处理器。这样的 IP 模块中，有些还包括 Viterbi 和 Turbo 协处理器，用来促进提高无线基础设施空间中的单位设备通道数。在视像处理中，使用具有最佳功率和芯片尺寸的运动评估加速器，将有助于满足每秒帧数(动画或视频每秒放映的画面数)的性能需求。在数字相机应用中，图像处理传递通道被作为专门的硬件加速器，以此来实现低功耗的同时提高性能参数，如每次拍照间隔的延迟和图像的分辨率。专用的 IP 还包括特定的应用界面，如符合 BT656 标准的视频口，因此 IP 才能与视频编码和解码器以及能够直接对音频数字/模拟转换器(DACs)进行讲话的多通道音频串口进行完美的密切结合。

图 9-4 是基于德州仪器 TMS320C6711 通用型 150 MHz 浮点处理器设计的高性能音频 SoC。下一代基于 DA610-SoC 的系统，在芯片上集成了 RAM、ROM 以及无需微控制器的高性能浮点处理器(225 MHz)；提供了多通道音频串口(McASP)——具有与音频 DACs 密切结合界面的外围专用串口；器件数不到 7 个，降低了成本(因为材料成本和制造成本较低)。单片处理器系统也使软件得到了发展，调试更简单，因此能够迅速商品化。

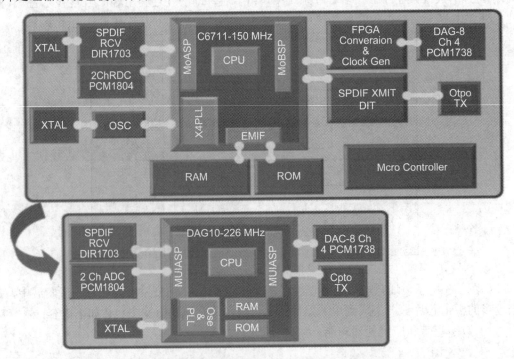

图 9-4 　高性能音频 SoC

图 9-5 展示了一种针对嵌入式控制需求的 TMS320F2812 处理器控制原理。它集成了控制应用的定制型高性能 32 位数字信号处理器(DSP)核，具有 128 KB 的闪存，12 位模拟/数字转换器(ADC)，以及特定控制外围功能。这个例子也说明了 SoC 是如何通过集成度提升特定 IP 应用，来满足用户对系统成本、可编程性、商品化周期等关键需求的。

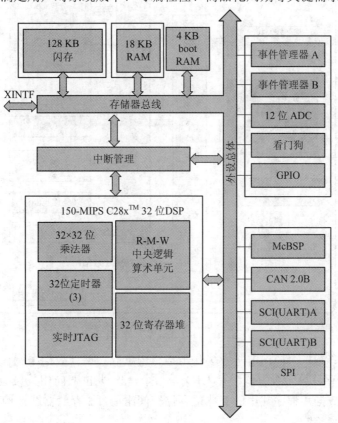

图 9-5　SoC 数字化控制

(5) 具有嵌入式可编程处理器核。

可编程性是以牺牲面积、功率和性能为代价的，处理器核却是针对目标应用需求而定制的最佳解决方案。定制化是按照指令系统体系结构、功能单元、流水操作以及存储管理需求等来进行的。对控制代码、代码大小以及中断延迟的需求促进了对处理器设计的定制化，而对 DSP 应用来说，运算加速器内核的性能驱动了最佳要求。根据不同应用需求，SoC 可以嵌入一个或更多的处理器内核。这些核也可以与研发系统(汇编程序、编译器、调试器)以及驱动器和应用代码的预校正软件库等集成使用。当可用的处理器核不满足面积、功率和性能要求时，采用专用指令集处理器(ASIPs)。这样的 ASIPs 特别适于按照专用指令、功能单元以及寄存器列(标号、宽度等)等对基线结构进行定制。

下面以图 9-6 中的多数字媒介处理器 TMS320DM642 为例进行讨论。该 SoC 采用第二代高性能先进超长指令语句(VLIW)结构(VelociTI.2)的可编程 DSP，在时钟频率为 600 MHz 时，其性能高达 480 亿条指令/秒。带有 VelociTI.2 扩展名的这种 SoC 具有 64 个 32 位字节多用寄存器、8 个高度独立功能单元(两个 32 位运算结果的乘法器和 6 个逻辑算法单元(ALUs))，以及新的视频和图像性能加速处理指令。DM642 每个周期能够进行四次

16 位乘法累积(MACs)，总速度就是每秒 240 亿次 MACs，或者对 8 位来说，每个周期就是每秒 480 亿次 MACs。

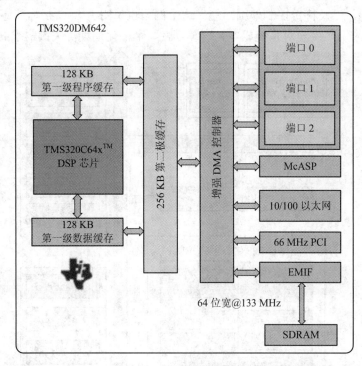

图 9-6　数字多媒介处理器

存储器子系统(片上储存)由两级缓存基本结构组成。第一级程序缓存(L1P)是一个 128 兆位直接映射缓存，第一级数据缓存(L1D)是一个 128 兆位双向相关集缓存。第二级存储/缓存(L2)由一个数据和程序共用的 2 兆位存储空间组成。L2 存储器能被构置为映射存储器、缓存，或两者的结合。

界面引擎由外围设备组成，包括三个可进行视频输入输出或传输串输入的可构置视频端口，为通用视频编码及解码器装置提供了优良界面。视频端口支持多重分辨率和视频标准格式(如 CCIR601，ITU-BT.656，BT.1120，SMPTE 125M、260M、274M 和 296M 等等)。

针对视像应用的数字媒介处理器最佳高性能可编程 DSP 核，满足不同视频处理算法的实时限制存储器子系统，以及外围专用设备(如视频端口)等，使其成为工业化牵引的、针对高性能数字媒体应用的 SoC，这些应用包括视频 IP 电话、视频数字监控录像、待机视频机顶盒等。

9.2　SoC 技术的优缺点

1. SoC 的优势

SoC 具有以下几个方面的优势：

(1) 降低功耗。随着电子产品向小型化、便携式方式发展，省电需求越来越重要，SoC 产品多采用内部信号进行传输，可以大幅降低功耗。

(2) 减小体积。数片 IC 集成为一片 SoC 后，可有效缩小其在电路板上占用的面积，满足质量小、体积小的要求。

(3) 丰富系统功能。随着微电子技术的发展，在相同 IC 内部，SoC 可集成更多的功能元件和组件，丰富了系统功能。

(4) 传输速度快。随着芯片内部信号传递距离的缩短，信号的传输速度显著加快，从而使产品性能得到大幅度提高。

(5) 节省成本。成熟的 IP 模块可以减少研发成本，降低研发时间。但芯片结构的复杂性增加，导致测试成本增加，生产成品率下降。用户关心是否能够实现更低的价格，而成本将被考虑到整个系统中的材料清单(BOM)中。

例如，对含有 SoC 和大容量片外存储功能的数据加速器应用(如视频图像处理)系统，设想两种情况：一种情况下，SoC 的外部界面存储器需要以 100 MHz 频率工作来达到理想系统处理量；而在另外一种情况下，SoC 需要工作在 133 MHz 频率下。工作在 100 MHz 频率界面，SoC 将需要面临微构造的选择，如更宽的工作界面(64 位对 32 位)或更高的片上容量，这将导致高成本的 SoC。而在系统级，100 MHz 工作界面可以使用低速存储器，这比 133 MHz 工作界面的存储器要便宜很多。因此在系统级，性价比更高的解决方案就是采用一种价格相对合理的 SoC。

(6) 可编程性和性能净余空间。当需要用相同的器件装置来实现不同的功能时(例如，打印-扫描-复印-传真多功能设备)，可编程性使得相同的硬件可以有效地用于满足这些不同的功能需求。可编程性也可以用于实现需采用多重标准格式的用途。对于标准不断发展变化的应用，可编程性又突现了其价值，因为它从开始就可以支持标准格式，并能不断更新升级。在满足基线功能需求的基础上，可编程性也能够定制以及增值扩充。因此，在满足基线功能需求的同时，可定制能力需要有适当的性能净余空间才能扩充实现额外的性能。可编程性起初是通过系统中嵌入的可编程处理器核来支撑的，而通过 FPGA 技术，也可以实现硬件的可编程性。

2. SoC 面临的问题

虽然，使用基于 IP 模块的设计方法可以简化系统设计，缩短设计时间，但 SoC 复杂性的提高和设计周期的进一步缩短，也给 IP 模块的复用带来了许多问题和挑战。常见问题主要有如下几个方面。

(1) 要将 IP 模块集成到 SoC 中，要求设计者完全理解复杂 IP 模块的功能、接口和电气特性，如微处理器、存储器、控制器、总线等各自特性。

(2) 随着系统复杂性的提高，要得到完全吻合的时序越来越困难。即使每个 IP 模块的布局是预先定义的，但把它们集成在一起，仍会产生一些不可预见的问题，如噪声、串扰、耦合等，这些对系统的性能有很大的影响。

(3) 功耗问题。对便携式装置来说，功耗日益成为一个关键问题，因为低功耗情况下，电池寿命会延长。随着手机从 2G 发展到 5G 甚至是 6G，运算需求快速增加，动态和转变功耗也随之增加。目前，电池技术的发展可以用成本能量、质量能量、体积能量等术语(参数)来评价，但其发展相对较慢。这就使得低功耗日益成为一个非常重要的需求。在深亚微米级，CMOS 技术使 5G 应用所需的性能和集成水平成为可能的同时，在每一道新工艺技术点上，耗散功率也在大幅度增加。由于这影响到闲置时间(这是移动应用的重要考虑项)，

SoC 设计者需要采用很强的电源管理技术来减小功耗。

"闲置模式"下的功耗对汽车应用来说也是非常重要的，甚至当车子熄火之后，系统的一个小元件还需要不断工作。在基础结构装置中，如无线基站、DSL 中央办公系统、线缆调制解调器终端系统(CMTS)等，系统应用 SoC 阵列来支持数以千计的通信通道。对这些应用来说，每个通道功率就成为一个重要单元。对这些基础结构装置而言，性能是关键的最优化矢量，在考虑功耗限制的同时，性能需要保证并进一步提高。

(4) SoC 制造商与用户的关系。芯片制造商在构思新品时，就要让用户参与。在 SoC 设计时，设计者要在早期就与用户共同商量和研究，这就涉及一个高度信任的问题，为了做好用户的保密工作，有的公司安排不同的设计组，并指定专人与用户接触，不得随意扩散。今天，芯片制造商之间的竞争，不仅来自对手，而且还来自用户。

(5) 缺乏复合型人才。SoC 的设计，实际上是一个系统的设计，要求设计者具有宽广和专业的知识，既具有模拟电路专长，又具有数字电路特长，同时要有丰富的软件知识。目前世界各大半导体公司都深深感到 SoC 设计人才的匮乏。

(6) EDA 工具能力。目前 EDA 工具还不够成熟，其处理能力已跟不上 SoC 工艺的发展，未能充分发挥 SoC 的性能。设计优化和高效率的 IP 表达法，将是 EDA 产业未来应解决的问题。而面向不同系统的软件和硬件的功能划分、理论支撑、软硬件的协同设计等问题是急需解决的问题。

(7) IP 兼容性与多样化。现行标准能否兼容以前设计的 IP，如何使用其他公司开发的 IP，能否制订出一个 IP 设计和再利用的国际标准等问题，都有待于进一步解决。另外，在综合不同来源的 IP 时，逻辑综合软件由于不能改变硬 IP 模块的内部逻辑与时序，使整个芯片的速度面积比及时序预算不能达到最佳值，最终影响芯片的整个性能。

(8) 更高的测试、封装与散热要求。SoC 芯片内部非常复杂，研发制造的技术一直处于不断改进的状态。有关数字和模拟电路的综合测试，测试技术难度较大，使得 SoC 的测试成本几乎占芯片成本的一半，因此未来集成电路测试面临的最大挑战是如何降低测试成本。SoC 芯片中在测试上遇到前所未有的难题是，如何能有效进行 SoC 芯片的测试工作，这也是学术界、产业界与各个研究单位都在不断解决的问题。另外，如何提高电路的测试速度，减小封装成本，提高散热技术也是目前面临的急需解决的问题。

3. SoC 设计问题

针对上述问题，设计者设计时要进行适当折中考虑。SoC 技术设计阶段的决策对参数最优化有着最重要的影响。设计工作量和周期根本上取决于芯片生成阶段。因此，采用如下两阶段研发途径可以诠释 SoC 设计面临的挑战：

- 第一阶段，即 SoC 技术设计阶段，确定好微结构方案，以满足关键的产品技术参数指标，如芯片尺寸、功耗以及性能等；
- 第二阶段，即 SoC 生成阶段，采用基本设计平台减少设计工作量和周期。

SoC 把系统中的多个芯片集成在一个芯片上，主要针对一些专用领域。SoC 以较好的方式(成本、功率、外形因素和其他需考虑的因素)来解决应用需求，但制造 SoC 涉及重大的投资，所以了解 SoC 设计过程中面临的挑战因素是很重要的。

采用先进的 CMOS 工艺制作一个复杂的 SoC 产品，开发成本超过 1000 万美金，从设计开始到准备批产耗时超过 18 个月。假设其毛利润率为 40%，那 SoC 产品的收入需要超过 2500 万美金才能持平，这就意味着可利用的目标市场需求要超过 7500 万美金到 1 亿美金。假定没有那么多应用，SoC 设计还需要解决加速和最大化投资回报问题，以及潜在的较小市场收入问题。这就意味着 SoC 设计时存在下列焦点问题：

(1) 缩短开发周期；

(2) 降低研发成本(降低工作量)；

(3) 提供不同方案得到较高的 GPM；

(4) 降低制造成本(CoB)。

9.3　SoC 关键技术

9.3.1　IP 模块复用设计

SoC 设计的最大挑战之一是 IP 模块的有效使用和复用。由于设计一种复杂的系统芯片需要很长的时间，系统设计、软件开发、工艺制作等的专业人员必须组成紧密配合的团队，以保证产品及时上市。近年来电子产品的更新换代周期不断缩短，而系统芯片的设计时间却在增加。采用传统的设计方法，必将加剧这一矛盾。

SoC 设计是基于已有 IP 模块进行的，这能够缩短 SoC 芯片设计的时间，降低设计和制造成本，提高产品可靠性，从而给 IC 产业带来巨大的商业利益。可复用的 IP 模块越多，设计过程的效率就越高。

IP 核模块有行为、结构和物理三级不同程度的设计，对应描述不同功能行为的 IP 核模块分为三类，即软核、完成结构描述的固核和基于物理描述并经过工艺验证的硬核。

软核通常是用 HDL 文本形式提交给用户，它经过 RTL 级设计优化和功能验证，但其中不含有任何具体的物理信息。据此，用户可以综合出正确的门电路级设计网表，并可以进行后续的结构设计，具有很大的灵活性，借助于 EDA 综合工具可以很容易地与其他外部逻辑电路合成一体，根据各种不同半导体工艺，设计成具有不同性能的器件。

固核的设计程度则是介于软核和硬核之间，除了完成软核所有的设计外，还完成了门级电路综合和时序仿真等设计环节。一般以门级电路网表的形式提供给用户。

硬核是基于半导体工艺的物理设计，已有固定的拓扑布局和具体工艺，并已经过工艺验证，具有可保证的性能。其提供给用户的形式是电路物理结构掩模版图和全套工艺文件，是可以拿来就用的全套技术。

设计复用是将已经验证的各种超级宏单元模块电路制成 IP 模块，以便以后的设计利用。IP 模块通常分为以下三种：

1. 硬 IP 模块

硬 IP 模块的电路布局和工艺是固定的，有全物理的晶体管和互连掩膜信息，完成了全部的前端和后端设计，制造也已固定。

硬 IP 模块提供可预测的性能和快速的设计，具有如下优点：

(1) 硬 IP 模块是安全可靠的。这些 IP 模块的设计可以说是精雕细刻，设计与工艺的结合也是久经考验的，使用这些硬 IP 模块完成系统设计时，不必再为模块担心，系统设计者可以把精力全部用在模块的连接上。

(2) 硬 IP 模块使用方便。IP 模块提供者把模块的芯片尺寸、端口位置、逻辑功能、时序关系以及驱动能量、功耗消耗等数据全部提交出来，系统设计者只需在芯片的适当位置，留出 IP 模块的空间，把 I/O 端口衔接对准，即可完成该模块的处理，可以非常方便地完成 IP 模块的嵌入。

(3) 超深亚微米器件布局密集、线间距短。由互连和高频引起的寄生效应十分严重，导致 IP 模块的设计难度加大，因此设计人员希望硬 IP 模块向使用者提供包括物理版图在内的全套设计的使用权，省去了重复开发的成本与时间。

2. 软 IP 模块

软 IP 模块对电路用硬件语言或 C 语言进行描述，包括逻辑描述、网表和用于测试的文档。软 IP 模块需要综合布局、布线才能完成模块设计。它的优点是灵活性大，可移植性好，不受显示条件的限制，用户能方便地把软 IP 模块设计为自己所需要的模块。它的缺点是对模块的预测性太低，增加了设计的风险，使用者在后续的设计中仍有发生差错的可能。

3. 固 IP 模块

固 IP 模块通常是以 RTL(Register Transfer Level)代码和对应具体工艺网表的混合形式提供的，是一种可综合的并带有布局规划的软核。目前的设计复用方法，在很大程度上依靠固核。将 RTL 描述结合具体标准单元库，进行逻辑综合优化，形成门级网表；再通过布局、布线工具，最终形成设计所需的硬核。只要用户单元库的时序参数与固 IP 模块相同，就具有正确完成物理设计的可能性。这种软 RTL 综合方法设计灵活，可以根据具体应用，做适当修改。

9.3.2 系统建模与软硬件协同设计

SoC 设计集成了复杂的系统，这些系统包含各种软件和硬件，EDA 工具必须提供能够设计和验证这种软硬件系统的开发工具。在传统设计方法中，硬件和软件的设计是分开进行的，最终的集成要在硬件投片完成后才能进行。在软件中不能纠正的设计错误，只能通过硬件的修改和重新投片来解决，因此影响了产品进入市场的时间，增加了设计成本。

在 SoC 设计中，使用软硬件协同设计的方法，可以使软件设计者在硬件完成之前熟悉硬件模块，从而更好地设计硬件的驱动、应用程序以及操作系统等软件；同时，可以使硬件设计者尽早熟悉软件，为软件设计者提供高性能的硬件平台，减少设计中的盲目性。

在 SoC 设计中，对软硬件的划分是很重要的。设计者要从系统的角度，综合分析软硬件功能需求，以目标设计为标准。软硬件设计要保持并行性，在设计过程中，两者交织在一起，互相支持，互相提供开发平台。

软硬件协同设计和验证中的另一个重要问题是，使用多种设计语言(如使用 HDL 描述硬件，使用 C/C++描述软件)和不同的编程环境。在这样的环境中，软硬件之间的通信通常使用程序设计语言接口或某种形式的进程间通信来实现，这将导致许多设计问题。C/C++是目前设计人员使用的主要语言，由于 C/C++ 语言是一个顺序语言，缺少描述硬件所必需的一些关键特性，因此一些 EDA 厂商通过对基本 C 语言的扩展，增加 C++ 式的类库，实现描述硬件所必要的功能。例如 System C，提供了 SC METHOD、SC THREAD 和 SC CTHREAD 三种进程，实现并行性描述。System C 还提供了端口、信号和事件的处理，增加了一些适合硬件描述的数据类型和数据结构。

9.3.3　低功耗设计

系统级芯片，因为有百万门以上的集成度和在数百兆时钟频率下工作，将有数十瓦乃至上百瓦的功耗。巨大的功耗给封装以及可靠性方面都带来了问题。低功耗设计是系统级芯片设计的必然要求。设计中应从以下几方面降低芯片功耗：

(1) 在系统设计方面，降低工作电压。由于工作电压太低将影响系统性能，因此系统有空闲模式和低功耗模式采用可编程电源。在没有任务的情况下，系统处于等待状态或低电压低时钟频率的低功耗模式。

(2) 在电路组态结构方面，尽可能少采用传统的互补式电路结构。由于互补电路结构每个门输入端具有一对 P、N 型 MOS 管，形成较大的容性负载。CMOS 电路工作时，对负载电容开关充放电功耗占整个功耗的 70% 以上。因此，深亚微米级的电路结构组态多选择低负载电容的电路结构组态，如开关逻辑、Domino 逻辑以及 NP 逻辑，使速度和功耗得到较好的优化。

(3) 低功耗的逻辑设计方面，采用低功耗的单元电路。一个工作数百兆频率的系统，不可能处处都是数百兆频率的工作。对于电路中那些速度不高或驱动能力不大的器件，可采用低功耗的单元电路，以降低系统功耗。因此，在逻辑综合时需要考虑低功耗优化设计，在满足电路工作速度的前提下，尽可能用低功耗的单元电路。

(4) 在降低功耗方面，采用低功耗电路设计技术。MOS 输出电路几乎都采用一对互补的 P、N 型 MOS 管，在开关过程中，存在两个器件同时导通的瞬间，造成很大功耗。由于系统级芯片引脚多，电路频率高，这一现象更加严重。因此，在电路设计时，应尽可能避免这一问题出现，以降低功耗。

9.3.4　可测性设计技术

系统级芯片是将芯核和逻辑器件相集成。由于芯核深埋在芯片中，因此芯核不能事先测试，只有在芯片被加工后，作为系统级芯片的一部分，和芯片同时进行测试。

1. 芯核测试存在的问题

对系统级芯片的测试存在以下两方面的问题：

(1) 芯核是别人设计的，选用芯核的设计者不一定对芯核十分了解，因此不具备对芯核的测试知识和测试能力；

(2) 芯核深埋在芯片之中，不能用测试单个独立芯核的方法测试集成后的芯核。

2. 常用芯核测试方法

芯核测试只能通过某种电路模块的接入，导通芯核和外围测试电路。常用的芯核测试方法有以下几种：

(1) 并行直接接入方法。将芯核的 I/O 端口直接接至芯片的引出端，或者通过多路选择器，实现芯核 I/O 端口和芯片引出端公用。对嵌入芯核比较少的芯片，或有较多引出端的芯片常利用并行直接接入方法。并行直接接入方法的优点是，可直接利用独立芯核的测试方法，测试芯片上嵌入的芯核。

(2) 串行扫描链接入方法。在芯核四周设置扫描链，使芯核的所有 I/O 端口都能间接地不时接通。通过扫描链，可以将测试图形传至测试点，也可以将测试响应结果传出。串行扫描链接入法的优点是节约引出端口。

(3) 接入功能测试机构。在芯核周围接入逻辑模块，以产生或传输测试图形。片上自测试是其中一种，在片上接入测试资源，实现对特定芯核的测试。将自测试逻辑和存储器芯核设计在一起，只需简单的测试接口即可完成测试，降低了外围接入模块的复杂性。因此，绝大多数存储器可用接入功能测试机构的测试方法。

一个完整的系统级芯片测试，应包括芯核内部测试，以保证每个芯核正确无误；同时还应通过周围逻辑电路进行跨芯核的测试，以及对用户自定义逻辑电路进行测试。芯片设计时，可测性设计的任务是将测试装置和被测系统级电路通过 DFT 的测试线路连成一体，各个芯核的接入路径和芯片总线相连，将需控制和需观察的测试点接在扫描链中，形成一个统一的由测试装置控制的整体。

9.4 SoC 的 应 用

毫无疑问，SoC 技术是由 CPU 技术发展驱动的，制造厂商像 Intel、AMD 和 Motorola 等不仅资金雄厚，人才设施配套齐全，而且其产品在世界范围内形成垄断趋势。由于国外众多大型公司在 SoC 方面起步较早，所以 SoC 技术领先于国内。

通常意义下，SoC 仍需依赖离散标准产品的组合，如处理器、存储器、数字信号处理器和可编程逻辑器件等，以实现微电子应用产品开发。设计者希望采用系统集成技术，实现产品设计与开发，从而达到节省功耗、减小空间和降低成本的目的。而采取的主要方案是创建混合产品，即可编程系统级芯片，也就是可以在一块现成的可编程芯片上，提供产品所需的系统级集成。目前国外 IC 厂商在可编程系统及芯片领域也迈出了可喜的步伐。

随着微电子技术的发展，单器件上集成的系统元件也越来越多。例如图 9-7 所示，TI 公司研制的数字用户线路(DSL)调制解调器系统就历经了三代发展。

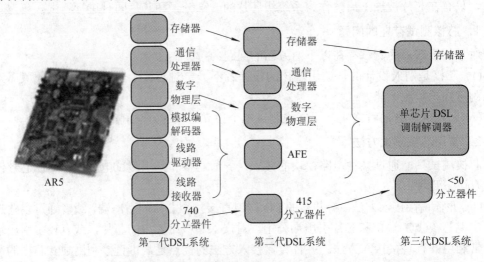

图 9-7 单片 DSL 调制解调器 SoC

第一代 DSL 系统只包含 5 个芯片、存储器和其他分离元件。第二代 DSL 方案中，把模拟编解码器、线路驱动器和线路接收器集成到完整的一个模拟前端(AFE)。第三代 DSL 集成度得到了更大的提高，把通信处理器、数字物理层和 AFE 都集成到单芯片 DSL 调制解调器中。

随着 SoC 的演变发展，系统本身也在发展。DSL 系统还需要提供声音、视像能力，这也驱使 SoC 的集成上升到新的水平。该系统将发展成为"三重功能(数据、声音、视像)驻留通路"，这也驱动了 SoC 的发展，即伴随 DSL 调制解调器、声音和图像处理引擎，把无限 LAN(IEEE 802.11)元件一并集成进去。

SoC 的重要目标就是互联网时代的应用——为互联网时代注入活力，同时也被其补充更新。这些应用的主要特征是通信(无线和宽度有线)和消费功能(数字多媒体等)的集中，它们还包含了进行汽车行业信息集中处理的远程信息处理等领域。图 9-8 列举了这些具体的应用。

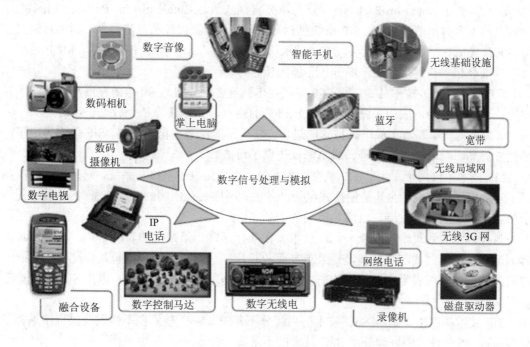

图 9-8　互联网时代的 SoC 应用

在这些应用中，信号处理是关键通用功能，其中 DSP 和模拟部分是这些 SoC 的关键构件。

当前芯片设计业正面临着一系列的挑战。系统级芯片 SoC 已经成为 IC 设计业界的焦点，其性能越来越强，规模越来越大。SoC 芯片的规模远大于普通的 ASIC，同时由于深亚微米工艺带来的设计困难，使得 SoC 设计的复杂度越来越高。在 SoC 设计中，仿真与验证是 SoC 设计流程中最复杂、最耗时的环节，约占整个芯片开发周期的 50%～80%，因此采用先进的设计与仿真验证方法，将成为 SoC 设计成功的关键。

第十章　SiP 技术

10.1　SiP 的概念

国际半导体技术蓝图将 SiP 定义为：将半导体器件、无源器件集成在一个封装体中。SiP 英文全称为 System-in-Package(注意与单列直插式封装 Single in-Line Package 相区别)。相对以前大多数单芯片封装，SiP 系统包括有源器件、无源器件和分离器件，利用封装工艺将多芯片集成在一起，以获得多功能。就板级加工而言，SiP 与 MCP 有区别，MCP 是将多种器件堆叠起来获得高性能，而 SiP 还包括其他封装形式。

SiP 系统级封装技术从 20 世纪 90 年代提出到现在，经过近 30 年的发展，已被学术界和工业界广泛接受，成为国内外电子领域研究的热点，并被认为是今后电子封装技术发展的主要方向之一。随着集成电路技术的进步，以及元器件微型化的发展，SiP 技术为电子产品性能提高、功能丰富与完善、成本降低提供了可能。

SiP 技术不仅用于军用产品、航空航天系统、小型化电子整机与系统，而且在工业产品甚至消费电子类产品，尤其是便携式电子产品中，同样具有广阔的应用前景。SiP 技术促进了微电子技术的不断发展，以满足市场的需求。

封装技术大致每十年更新一代，从第一代插孔元件、第二代的表面贴装、第三代面积阵列，到当今第四代芯片封装，封装承制商和芯片制造商紧密配合，研究开发了若干种先进的封装技术，以满足不同领域的需求。这些不断涌现的封装新技术，也为 SiP 的实现奠定了基础。

SiP 技术的诞生，是与 SoC 技术的兴起分不开的。SoC 技术在不断发展过程中遇到了许多瓶颈，SiP 技术刚好弥补了 SoC 技术的不足。

10.2　SiP 的技术特性

SiP 封装技术具有如下特性：

(1) 引线键合、倒装焊互连、IC 芯片直接内连等封装技术，满足 SiP 所要求的互连、功能和性能要求。

(2) 封装面积比增大。SiP 在同一封装体中，叠加两个或更多的芯片，把垂直方向的空间也利用起来了，同时又不必增加封装引脚，与单芯片相比，两芯片叠装在同一壳内，封装面积比增加到 170%，三芯片叠装时可增至 250%。

(3) 物理尺寸显著减小。例如，SiP 封装体的厚度不断减小，最先进的技术可实现五层芯片堆叠，且只有 1.0 mm 厚的超薄封装，三芯片叠装比五芯片叠装时的质量减小 35%。

(4) SiP 可将不同工艺、加工材料的芯片，通过封装形成一个系统，具有很好的兼容性，并可实现嵌入集成化无源器件集成。无线电和便携式电子整机中，现用的无源器件至少可被嵌入 30%～50%，甚至可对 Si、GaAs、InP 基底的芯片完成一体化封装。

(5) SiP 可提供低功耗和低噪声的系统级连接，在较高的工作频率下，可以获得几乎与 SoC 相等的总线带宽。

(6) 元器件集成封装在统一的外壳结构中，减少了总焊点数目，缩短了元器件的连线路程，从而使电性能得以提高。

(7) 缩短产品研制和投放市场的周期。SiP 在对系统进行功能分析和划分后，可充分利用商品化生产的芯片资源，经过合理的电路互连及封装结构设计，以最佳方式和最低成本，达到系统的设计性能。SiP 易于修改，无需像 SoC 那样进行版图级布局布线，减小了设计、验证、调试的复杂性，可比 SoC 节省更多的系统设计和生产费用，投放市场的时间至少可缩短 1/4。

(8) 采取多项技术措施，确保 SiP 具有良好的抗机械性和抗化学腐蚀能力以及高可靠性。

10.3　SoC 技术与 SiP 技术的关系

虽然 SoC 技术面临许多问题，而 SiP 技术具有许多优势，但是并不是说 SoC 技术不如 SiP 技术，也并不能说 SiP 可以代替 SoC。针对巨大产量规模，又是以 CMOS 技术为基础的产品，SoC 仍然是不可取代的优先选择。SiP 与 SoC 不是两个相互对立的技术，而是两项平行发展的系统集成技术，它们都顺应了电子产品高性能、多功能、小型化、轻量化和高可靠性的发展趋势。从发展的历程来看，SoC 与 SiP 是极为相似的，两者均希望将逻辑组件、数字、模拟、无源器件集成在一个单元中。

单就发展方向来说，两者有很大不同。SoC 是从设计的角度出发，将一个系统集成到一块 IC 芯片上去。SiP 则是由封装的角度出发，将不同功能的芯片集成于一个封装体内。一个是最高级别的芯片，一个是最高级别的封装，不同的方法实现相同的目标。

表 10-1 为 SoC 与 SiP 的性能比较。SoC 性能较 SiP 要高，所以 SoC 应用于相对高端的市场，但是其研发周期长，成本较高，很难以很高的性价比在中端市场中应用。SiP 的优点是高功能、短开发周期、低价格等。SoC 的优点是低功耗、高性能、封装面积小等。两者互为促进，协同发展，并都可以实现系统集成。因此，用户可以根据自己的实际情况进行选择。表 10-2 为 SiP 系统与传统电子系统的构成对比。

表 10-1　SoC 与 SiP 性能比较

性能	SoC	SiP
设计周期	几个月	几天至几十天
带　宽	GHz	GHz
新品设计成本(¥)	百万元	千元
单位成本(¥/cm^2)	20	2

表 10-2 SiP 系统与传统电子系统的构成对比

构 成	传统的电子系统	SiP 系统
电源	DC 适配器，电缆，插座	内置薄膜电池，微流电池
集成电路	逻辑，存储器，图形，控制以及其他 IC 和 SoC	基板中内置的超薄芯片
3D 中芯片叠层及封装	线键合和倒扣焊的 SiP	线键合和倒扣焊的 SiP，TSV 的 SiP 和基板
封装组件/基板	多层有机基板	多层有机基板及带有 TSV 的硅基板
无源器件	组装在 PCB 上的分立无源器件	在有机、晶圆和硅基板中的薄层内置无源器件
散热	大体积散热片或座，对流风扇	先进纳米热界面材料，纳米散热片或座，薄膜热电冷却器，微通道热交换散热管
系统板	基于 PCB 的主板	封装组件和 PCB 组合到 SiP 基板
连接器/插座	USB 接口，串/并口，插槽(DIMM 和扩展板)	超高密度的 I/O 界面
传感器	PCB 上分立式传感器	IC 中集成的纳米传感器，SiP 基板
IC 到封装外壳的互连	线键合，倒扣焊	超小型化纳米级互连
封装件线宽/间距	粗线条 线宽/间距：25/75 μm	超精细间距，低损耗介质布线，线宽/间距：(2~5)/(10~20)/μm
封装件到板级互连	BGA，TAB	无
板级布线	间距非常大 线宽/间距：100~200 μm	无 PCB 布线，封装件和 PCB 组合到超精细布线的 SiP 基板上

10.4　SiP 技术的现状

　　作为整机系统，SoC 技术与 SiP 技术都是其解决方案。可是由于 SoC 技术成本较高，所以对于国内来说，SiP 可以作为一种捷径，利用现有的封装工艺，将系统需要的元件进行组合，以最低的成本、最快的时间实现最优的系统性能。

　　SiP 产业的发展需要依靠整个半导体产业链的配合。相比与国外，国内半导体产业起步较晚，目前整体水平仍有较大差距。面对国外的行业竞争，压力较大。SiP 技术对国内的封装测试产业来说，既是机遇，也是挑战。

　　美国率先开展了 SiP 技术的研究。在 20 世纪 90 年代。美国将 SiP 确定为重点发展的十大军民两用高新技术之一。欧洲和日本也制定了一个长期规划，组织联合研究、开发高度集成封装产品。主要研发公司有 NEC、INTEL、爱立信、三星、三菱公司等国际大型企业。图 10-1 示出了 NEC 采用 SiP 技术加工的超析像系统集成电路。图 10-2 示出了 Skywords Solutions 采用 SiP 技术加工的栅格阵列(LGA)，该阵列是一种完全集成的 GSM/GPRS 无线收发装置。

图 10-1　NEC 发布的超析像系统集成电路

图 10-2　Skywords Solutions 的基于 SiP 的栅格阵列(LGA)

对于 SiP 技术来说，推动其不断发展的有很多关键技术。下面将介绍国内外 SiP 关键技术的进展情况。

10.4.1　新型互连技术

传统的 1 级封装互连主要通过引线键合来实现，即使在目前芯片堆叠封装中，多数也是采用引线键合来实现芯片到基板或者到引线框架的互连。而当 SiP 面向射频以及复杂的系统设计时，倒装芯片技术比引线键合更具优势。采用倒装芯片技术可以实现更高的互连密度、更短的信号传输路径和更低的耦合电感以及优良的噪声控制，同时易于实现薄外形器件的封装。

倒装芯片互连的关键技术之一，是芯片上的凸点成型技术。但是过去很多的开发工作，以共晶焊料和一些单质金属凸点为主。随着无铅时代的到来，共晶凸点向无铅凸点的转化也是目前的开发重点。图 10-3 示出了清华大学研究开发的用电镀法制作的倒装芯片无铅凸点和金凸点。图 10-4 示出了作者采用高精度电镀法研制的金凸点，高度偏差仅为 2 μm。

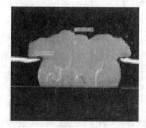

后电镀凸点　　　　　后回流凸点　　　　　金凸点

图 10-3　清华大学制作的无铅焊凸点

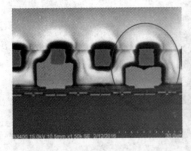

图 10-4　高精度电镀法研制的金凸点

另一种正在开发中的新型互连技术是穿透硅片的互连技术(TEWI)，或称垂直通孔互连技术。通过在硅芯片或者硅片上适当的位置，形成小的穿孔，实现孔内的金属化，形成芯片两面的电连接。这样的电连接通孔类似于倒装芯片的凸点，可以完成堆叠芯片的直接连接。由于芯片间互连线更短，在系统集成时，连线延迟可最小化，从而实现系统性能最优化，以满足器件的高频特性。这种垂直通孔互连技术，对于 MEMS 的封装和集成也有重要的意义。

Tru-Si 公司很早就进行了穿孔互连技术的开发，Rensselaer Polytechnic Institute 以及 Ziptronix Inc 等公司及研究机构也都开展了这方面的研究工作。利用多种刻蚀方法，进行穿孔的制作，如采用物理沉积的手段，在孔内进行种子层和扩散阻挡层的制作，再用电镀等手段，进行穿孔的填充。日本超先进电子技术联盟(AsSoCiation of Super-Advanced Electronics Technologies，ASET)的研究人员，利用反应离子刻蚀技术(RIE)，在硅片上成功制作了深为 70 μm、节距为 20 μm、边长为 10 μm 的方形深腔。这些深腔通过电镀的方式填充铜，将硅片减薄到 50 μm，在底面露出穿孔，并对硅片表面进行抛光。三星公司采用这种垂直通孔互连技术，开发了用于内存芯片的堆叠封装，器件集成了 8 个 2 GB 的 NAND 内存芯片。图 10-5 所示为 Intel 公司研究的垂直通孔互连技术，芯片之间的互连是通过 Cu-Sn 金属键合来完成的。

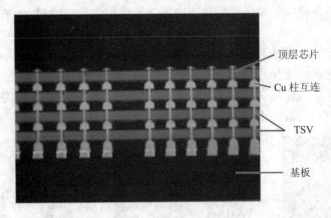

图 10-5　InteI 公司的垂直通孔互连技术

穿透硅片的互连技术涉及多方面的细节。除了穿孔本身的制作之外，由于填充穿孔的铜与硅之间存在互扩散等原因，还会涉及孔内的扩散阻挡层等关键问题。与集成电路铜互连类似，穿透硅片的互连技术需要开发新型的扩散阻挡层材料与工艺。

10.4.2　堆叠技术

堆叠封装(叠装)或者三维封装技术，也是随着电子系统复杂性和元件密度同步增加而出现的一种技术。由于在平面上的封装密度不可能再有突破性的进展，因此必须利用垂直方向来满足密度进一步增加的需求。ITRS 将堆叠封装分为 3 个层次：封装堆叠(Package on Package，PoP)、芯片堆叠封装和芯片到芯片/圆片的堆叠封装。

1．PoP 技术

PoP 的优点是堆叠之前可以对所堆叠的封装芯片进行单独测试，保证堆叠的成品率。图 10-6 所示为 PoP 技术(图中 L 表示层)。图 10-7 所示为 2.5D PoP 技术等。

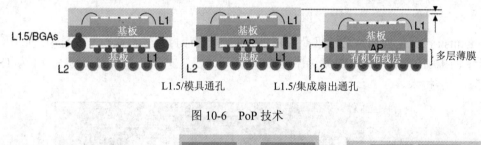

图 10-6　PoP 技术

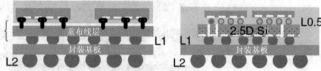

图 10-7　2.5D PoP 技术

2．芯片堆叠封装

如图 10-8 所示，芯片堆叠封装在手机等产品中有大量的应用，主要用于多颗存储器芯片的三维封装集成。对于芯片堆叠封装而言，圆片(芯片)的减薄与传送、芯片堆叠的工艺、低弧度的引线键合技术和低成本高密度的基板是主要的技术挑战。对于更高 I/O 密度的芯片，必须通过倒装芯片技术以及穿透硅片的互连等技术进行更深层次的集成。

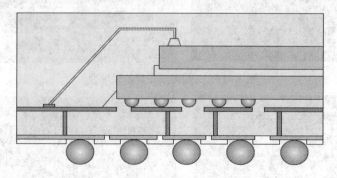

图 10-8　倒扣焊与线键合实现三维集成

3．芯片到芯片/圆片的堆叠封装

NEC、Fraunhofe-Berlin 和富士通等公司联台推出"聚合物芯片"工艺，不采用金丝球

焊，而采用硅垂直互连的直接芯片/圆片堆叠，如图 10-9 所示，即将芯片减薄后嵌入到薄膜
或聚台物基中。

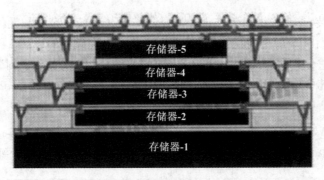

图 10-9   "聚合物芯片" 工艺

Fujitsu 已经生产出八芯片堆叠 SiP，将现有多芯片封装结合在一个堆叠中。如图 10-10
所示。图 10-10 至图 10-13 分别为中电 24 所利用堆叠工艺加工的样品。图 10-14 为 TSV 叠
层芯片封装技术。

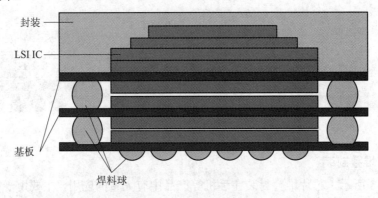

图 10-10   八芯片堆叠 SiP

图 10-11   三层薄膜载体基板堆叠

图 10-12   四层薄膜载体基板堆叠

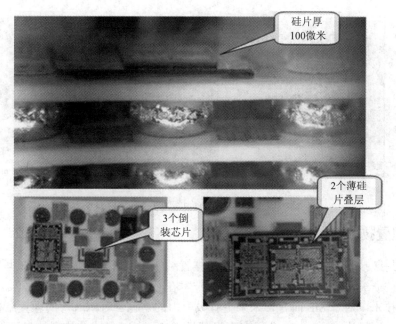

图 10-13　薄芯片堆叠

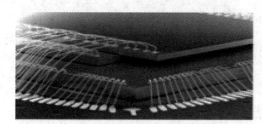

打线式堆叠封装(Chip on Chip)

打线式堆叠封装(Package on Package)

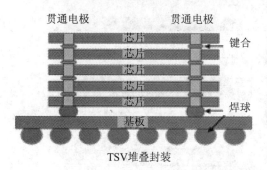

TSV堆叠封装

TSV堆叠封装的互连方式

图 10-14　TSV 堆叠芯片封装技术

如图 10-15 所示，采用芯片-芯片通孔和 TSV 技术，有可能实现多层裸芯片之间的叠层。TSV 技术贯穿了芯片的整个生产过程(包括前端和后端工序即 FEOL 和 BEOL)，主要是用来实现叠层芯片的互连。钻孔、孔化、通孔填充、芯片(或晶圆)键合、3D 叠层芯片(或晶圆)集成化都有不同的技术来完成。与上面讨论过的其他 3D 集成方法相比，TSV 技术在实现更高的垂直互连密度方面有潜在的可能性。

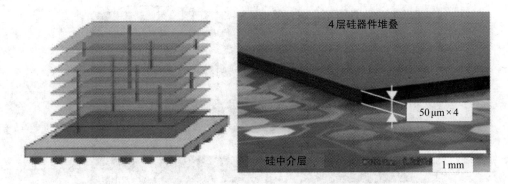

图 10-15   采用 TSV 技术的三维集成

10.4.3   埋置技术

系统级封装技术的另外一个重要挑战是埋置结构的实现。对无源器件的埋置实现已经进行了多年的研究和开发,利用薄膜、厚膜技术在芯片或者基板上集成无源器件,已经有相对成熟的技术。对于 SiP 而言,未来更有吸引力的是包含有源芯片的埋置结构。

图 10-16 是芬兰 Aspocomp 公司在有机基板上实现 SiP 集成的典型技术流程,称为集成模块电路板(Integrated Module Board,IMB)技术。有源芯片被埋置在有机基板中,采用积层方法实现芯片与其他无源器件的互连。

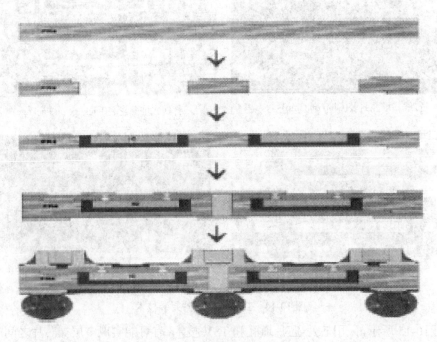

图 10-16   IMB 工艺流程示意图

与 IMB 技术类似,德国 TUB-IZM 开发了称为高分子内芯片(Chip in Polymer,CIP)的技术。其工艺流程如图 10-17 所示。在有机基板中进行有源芯片埋置的最大问题在于,芯片材料与有机基板之间的热膨胀系数不匹配。基板材料的选择、用于埋置芯片的高分子材料的选择以及封装结构等的设计，是有源芯片埋置成败的重要因素。

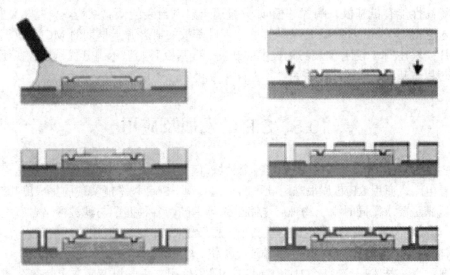

图 10-17　CIP 工艺流程图

　　考虑封装应力以及薄膜工艺，一些 SiP 的集成方法采用在硅基板上集成，IBM 公司是这一方法的开发者之一，其技术被称为基于硅的封装(Silicon Based Packaging，SBP)。

　　如图 10-18 所示，中电 24 所采用薄膜工艺，制作多层布线结构内埋置 MIM 电容、电感、电阻及多层布线单元等。

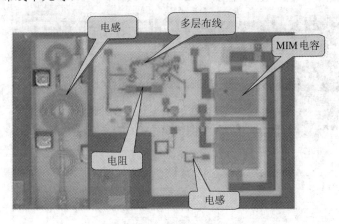

图 10-18　内埋置无源元件

10.4.4　新型基板

　　与传统封装工业不同，在 SiP 产品中，基板扮演着越来越重要的作用。相当一部分的无源元件、不同芯片或器件的互连，都通过基板来实现。传统的基板，按照材料可以分为有机基板、陶瓷基板等。出于对制造机动性的考虑，在有机基板上的集成技术开发，是主要发展方向。SiP 的开发中，基板连线密度越来越高，基板制作甚至需要用到过去集成电路制造中的工艺和设备，同时需要优化基板的系统性能。穿透硅片的互连、堆叠封装以及埋置结构的实现，与基板本身的开发密切相关。一些传统的基板制造厂商也投入新型 SiP 集成技术的研究和开发之中。

除了高性能有机基板、陶瓷基板(如大量用于射频封装的低温共烧陶瓷基板)之外,硅基板技术也得到了新的重视。在某种程度上,硅基板的概念源于早期的 MCM-D(沉积薄膜型多芯片模块)技术。随着倒装芯片技术的开发,硅基板开始显示出其优越性。在使用硅基板时,芯片与基板之间的热膨胀系数不匹配现象可以基本消除。

10.5 SiP 的发展及应用

SiP 技术广泛用于电子信息产业的各个领域,但目前研究和应用最具特色的是无线通信的物理层电路。商用 RF 芯片很难用硅平面工艺实现,SoC 技术能实现的集成度相对较低,性能难以满足要求。同时由于物理层电路工作频率高,各种匹配与滤波网络含有大量的无源器件,而 SiP 的技术优势正好在这些方面凸显了出来。SiP 封装利用更短的芯片互连优势,使系统体积更小、功耗更低、信号传输速度更快、功能更多。

瑞典的皇家技术研究院(KTH)、KAIST、阿肯色州立大学以及阿尔卡特等公司都在开展 SiP 研究工作。新加坡 IME 也在从事光电子混合信号 SiP 的研究。图 10-19 所示为国际上技术的发展状态。

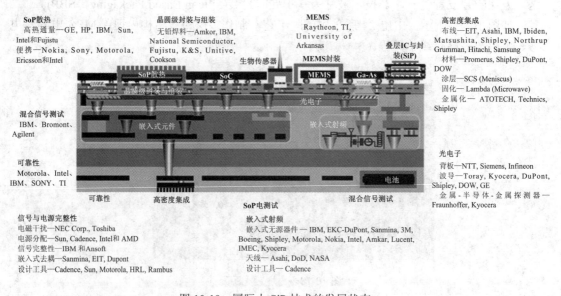

图 10-19   国际上 SiP 技术的发展状态

目前,国内在 SoC、SiP 等系统集成方面发展也非常迅猛,其中复旦微电子技术公司、中科芯集成电路有限公司等的 SoC、SiP 产品已经成熟地应用于各种高端系统中。西安微电子技术研究所以 MCM 技术为基础的 SiP 模块也广泛应用于各种装备中。

图 10-20 示出了中科芯研制的高性能通用信号处理 SiP 模块。其内部集成了 FPGA、DDR3、eMMC、FLASH 等裸芯片和分立阻容器件,产品尺寸与单颗 ZYNQ7Z045 成品芯片尺寸一致,对外接口 SPI、IIC、CAN、UART、SD/SDIO2.0/MMC3.31、USB2.0 OTG、

GTX、10/100/1000Ethernet MAC、PCIe Gen2 × 8，主要应用于通信控制与信号处理等领域。

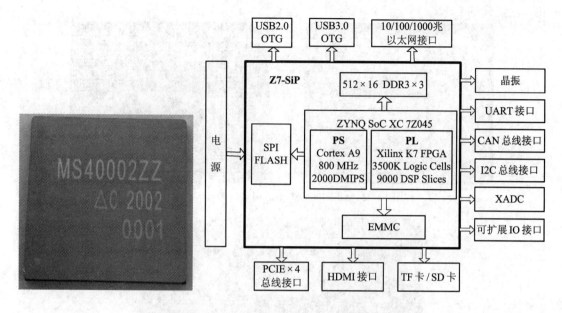

图 10-20　MS40002ZZ 型高性能通用信号处理 SiP 模块

图 10-21 示出了中科芯公司研发的一款全国产业化、采用 RDL 工艺制作的陶封信号处理微系统产品，该产品采用了 DSP 加 FPGA 架构，内部集成了 DSP、FPGA、配置 FLASH 和 DDR2 的存储器芯片和 68 个分立阻容器件，主要应用在图像信号处理等领域，实现了整机、板卡的小型化。

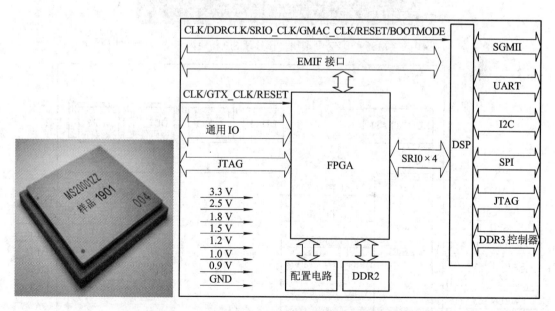

图 10-21　MS20001ZZ 型图像数字信号处理 SiP 模块

图 10-22 至图 10-24 示出了中科芯公司研制的通用多核处理微系统，可用于人机交互

一体机，包含数据处理模块、存储管理模块、存储模块和存储接口模块等部分，满足小型化、轻量化的需求。

图 10-22   MS39001ZZ 型通用多核处理 SiP 模块

图 10-23   MS39001ZZ 型通用多核处理 SiP 模块内部结构示意图

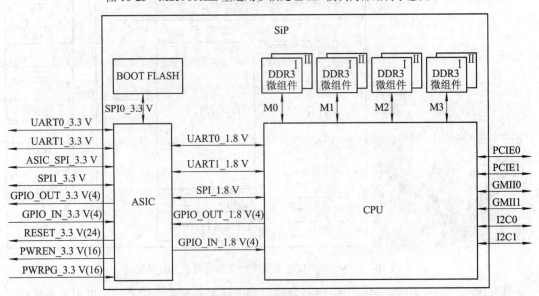

图 10-24   MS39001ZZ 型 SiP 模块原理图

图 10-25 是一款中央控制单元 SiP 模块。其中 LCSOC3233 主频为 80 MHz，包含了 FLASH、SRAM、CAN 总线、1553B 总线、RS422 总线、外部中断、GPIO 接口等，采用 PGA 封装。

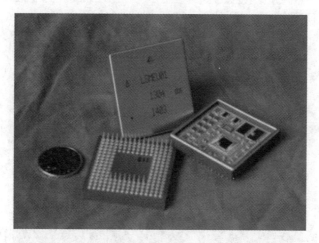

图 10-25　中央控制单元 SiP 模块

图 10-26 和图 10-27 示出了一款西安微电子技术研究所于 2016 年研制的 64 通道 AD 平滑采集 SiP 模块，其转换时间为 5 μs，分辨率为 16 位，采样范围为 −10 V～+10 V。

图 10-26　64 路 OC 指令的安全指令管理 SiP 模块

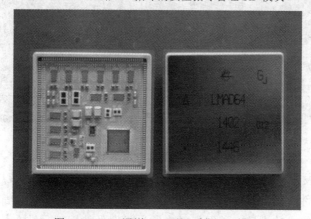

图 10-27　64 通道 AD 平滑采集 SiP 模块

　　图 10-28 示出了西安微电子研究所于 2019 年研制、2021 年量产的一款高可靠接口控制 SiP 单元模块，它具有 8 路 OC 指令，以 8051 为内核，频率为 50 MHz，包含程序存储器、数据存储器、4 路 CAN 总线、9 路 AD(转换器位数为 12 bit)、4 路 DA(转换器位数为 10 bit)，可实现 4 路异步串行通信。

图 10-28　空间 SiP 接口控制电路

　　Intel 也报道了光电子硅器件技术取得的进展，即采用标准的低成本硅加工工艺，在硅片中组装大量的光学元件。如图 10-29 所示，Intel 研究人员宣称通过硅调节器，光电子硅器件的传输速度已达到 10 Gb/s。Intel 和加州圣芭芭拉大学还展示了电驱动混合硅激光器件。这一器件成功地把具有导光能力、低成本优势的硅材料与具有发光能力的磷化铟(InP)材料集成起来。

图 10-29　混合硅激光器(Intel 公司)

　　如图 10-30 所示，IBM 的研究人员采用目前的 CMOS 技术，以 InP 和 GaAs 为材料，制作出了一个光学收发器，用另一个光学元件与其耦合，形成了一个封装尺寸只有 3.25 mm × 5.25 mm 的集成组件。这种紧凑设计包含大量的通信通道，每个通道都具有很高的通信速度。该收发器芯片集成的设计，使得低成本的光学器件能够被黏结在具有聚酯材料波导通道的光学基板上，其中波导通道是采用密集组装工艺来实现的，其间距很小，分布密度很高。根据 IBM 的研究结果，这种光学收发器芯片集成实验模型所达到的通信速度至少要比目前实现的传统分立光学器件的快八倍。

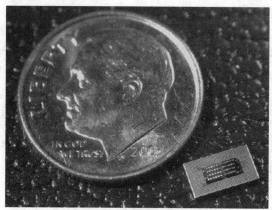

图 10-30　IBM 研制的光学收发器

　　比利时 IMEC 的 Robert Mertens 与其同事开展了 SiP 中最佳型 RF 天线的研究，该 SiP 属于无线通信产品。如图 10-31 所示，IBM 研发了一种小体积、低成本的芯片组，可以让无线电子器件发送和接收速度比目前的 WiFi 网络快 10 倍。由于天线直接内置在封装体中，减少了所需的元器件数量，所以系统的成本也大大降低了。一个试制的芯片组模块(包括一个接收器和一个发射器，两个天线)其面积只有一角硬币大小。生产厂家通过在通用 IC 封装体中集成芯片组和天线，就可以利用目前已有的技术和设施把这种技术移植到他们的产品中。

 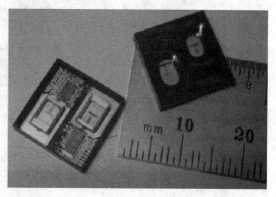

图 10-31　无线芯片组模块(IBM 研制)

　　阿肯色大学开发了一种能在 SiP 板层中埋置电容、电阻和电感的技术。该大学称，系统所需的几乎所有阻抗和很多电容都能通过标准 IC 工艺中的真空沉积技术内置到基板中。

　　一个含有内置无源元件的量产化实例是 Motorola 公司的 C650 型三重频带(GSM/GPRS 以及 V220)手机。与 AT&S、WUS 及 Ibiden 一起合作，Motorola 公司把带有内置元件的手机推向了市场。Motorola 公司的内置电容是采用陶瓷-高分子聚合膜合成技术(CFP)，通过激光过孔互连(Motorola 在这种结构中采用了 IP 技术)，容值为 20～450 pF，容差精度为 15%，击穿电压(BDV)大于 100 V，Q 因子为 30～50，频率达 3 GHz。Motorola 还开发了内置电感及电阻技术，电感量为 22 nH，电感精度为 10%，电阻值为 10 MΩ，电阻精度为 15%，修调精度为 5%。

日本对所有 PCB 和封装公司进行了一次调查，结果表明，从 2004 年开始很多公司都进行了非分立的内置电容的生产，并有可能快速扩展。另外，内置的分立式或薄膜式电感和电阻将于 2006 年开始生产。同样的研究表明内置有源器件也将于 2006 年开始生产。调查结果指出，五年内内置无源和有源器件(EMAP)的市场有望急剧增长扩大。结果表明，这种增长在于基板的有机组成结构或封装基板技术，这一点已经成功得到验证。图 10-32 所示为乔治亚技术中心发明的概念性的宽带系统——智能网络通信机(INC)。

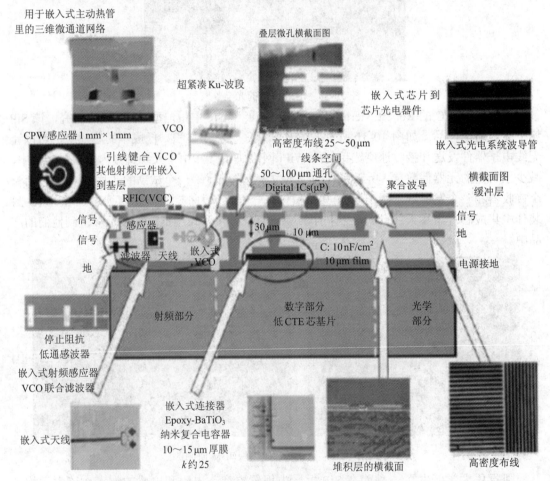

图 10-32   乔治亚技术中心发明的概念性的宽带系统——智能网络通信机(INC)

日本 NEC、Casio、Matsushita、Shinko、Ibiden 等公司都积极地参与了 EMAP 技术的研究开发，历史超过 5 年。Casio 和 Matsushita 已经实现了在多层基板中内置无源元件和 IC 元件。图 10-33 示出的是 Matsushita 公司 2001 年应用 SIMPACT 技术的一个实例，其中分立无源和有源器件内置在介质层中。Matsushita 指出他们的分立内置的项目将要移植到薄膜中去，并以此作为公司的主打产品。

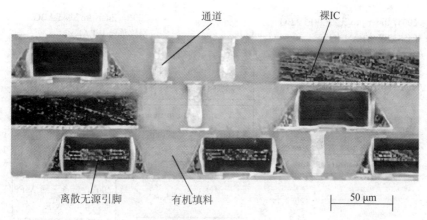

图 10-33　Matsushita 研发的 SIMPACT 产品(内置有源及无源器件)

　　如图 10-34 所示，Motorola 应用部分 SiP 技术，在两个模型(GSM/ GPRS 四频带手机)中实现了板级面积减少 40%。该模块包含了手机的所有基本功能：RF 处理、基带信号处理、电源管理以及声音和储存功能等，它不但为新的功能特征释放了空间，同时也为具有不同形状和功能的手机(如照相机或蓝牙)的快速设计提供了支撑平台。Motorola 称它为模块上系统(SoM)，为此 Motorola 公司开发了自己的定制的内置电容技术。

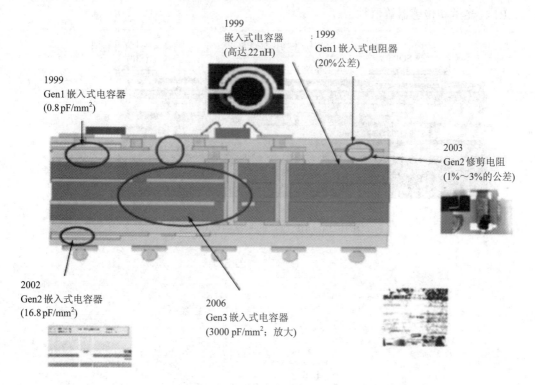

图 10-34　Motorola 在产应用的 SiP 技术

　　图 10-35 示出了 2006 年 Intel 研制的无线局域网(WLAN)，它与 2004 年研制的 VLAN 相比，功能增加了，而体积减小了 43%。它主要是采用自顶向下的系统设计方法，在 RFIC 设计中采用自校正原理和模块化方法，并应用了定制板和前端元件来减少分块数。

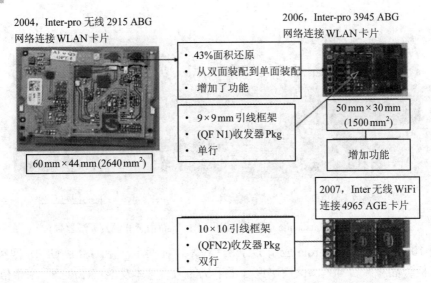

图 10-35　SiP 技术在 Intel 的 WLAN 和无线 WiFi 链接卡中的应用

如图 10-36 所示，SiP 技术寻求一种方法，能把多重系统功能集成，形成一个紧凑、小质量、低成本及高性能的封装体或模块系统。这样的系统设计要求在 SiP 中要有高性能的数字、RF、光学和传感器等器件。

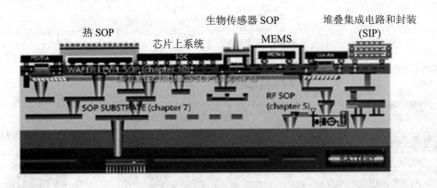

图 10-36　SiP 包含的系统组成模

第十一章 微 系 统

电子产品总体的发展趋势是小型化、高性能、多功能、高可靠和低成本。微系统集成技术成为继 MCM、SiP、SoC 之后的新兴技术。由于其采用的加工手段多来源于半导体微细加工技术，如深槽刻蚀、精密光刻布线、溅射或 CVD，因此同以往传统的系统集成技术相比，具有更高的性能指标及集成度。

11.1 IC 摩尔定律

1958 年 9 月 12 日，杰克·基尔比(Jack Kilby)发明了集成电路，也为现代信息技术奠定了基础。42 年后，基尔比因为发明集成电路获得了 2000 年诺贝尔物理学奖，如图 11-1 所示。科学技术的进步往往是由一连串梦想而推动的，集成电路自然也不例外。基尔比的梦想就是"用硅一种材料来制作电路所需的所有器件"。

集成电路发明 7 年后，Intel 创始人戈登·摩尔(见图 11-2)提出了他的预言式梦想："集成电路上的器件数量每隔十八个月将翻一番"，这就是我们今天所熟知的摩尔定律。

图 11-1 杰克·基尔比

图 11-2 戈登·摩尔

最终，他们都实现了自己的梦想，推动了科技的巨大进步。两个伟大的梦想叠加在一起，也造就了今天的半导体产业。"所有的器件都可以在一个硅片上集成，器件数量将以指数方式增长"，这就是我们对两个伟大的梦想的总结，如图 11-3 所示。六十多年后的今天，整个集成电路产业的发展依然以他们为基石。

图 11-4 所示为 IC 摩尔定律(Moore's Law for ICs)。IC 摩尔定律预测了每 18～24 个月晶体管数量增加一倍，与此同时成本也随之降低。在过去的六十年，IC 摩尔定律是晶体管尺寸缩小、晶体管集成和降低成本的驱动力，IC 摩尔定律被事实证明是精准的，且被作为半导体产业的 R&D 目标。

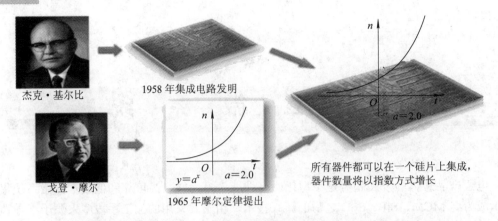

图 11-3　集成电路发展的基石

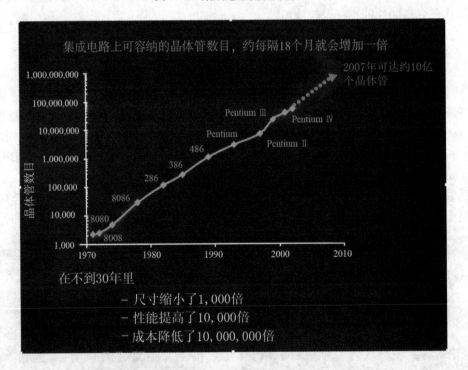

图 11-4　IC 摩尔定律

但是电子系统，比如智能手机、无人驾驶汽车、类人机器人，则不仅仅包含晶体管和 IC。IC 摩尔定律将电子信息产业引导成长为万亿美元产业，但是 IC 摩尔定律(包括约每两年就增加晶体管集成度、降低成本)由于量子隧穿效应等因素，即将到达物理极限。

在晶体管尺寸减小方面，由于量子效应，当减小至分子级尺寸时，量子隧穿效应会导致短路。这是 IC 摩尔定律的极限，被称为"摩尔定律终结的开始"。如图 11-5 所示，在成本方面，摩尔第二定律指出，在给定尺寸的晶片上，随着节点到节点之间每单位面积晶体管的数量的增长，每个晶体管的制造成本会下降。而半导体产业已得出结论，即当晶体管栅长低于 14 nm 时，单个晶体管的制造成本鲜有降低，反而随着栅长继续减小而有所增长。

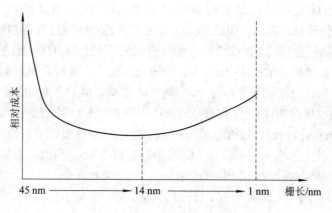

图 11-5 晶体管栅长与制造成本的关系

11.2 封装摩尔定律

图 11-6 所示为封装摩尔定律。美国佐治亚理工学院(Georgia Tech)的 Rao R. Tummala 教授认为，封装摩尔定律(Moore's Law for Packaging)在短期内，至少于降低成本方面，将会替代 IC 摩尔定律(Moore's Law for ICs)。减小晶体管尺寸(即晶体管缩放比例)以及它们的互连和集成度是 IC 摩尔定律的基础；而有源、无源系统元件的尺寸减小，及其互连和集成度增加，成为封装摩尔定律的基石。因此，Tummala 提出封装摩尔定律。其中，互连由计算系统(逻辑和存储器)驱动，而模拟人脑的人工智能时代的到来，也是封装摩尔定律的另一驱动力。

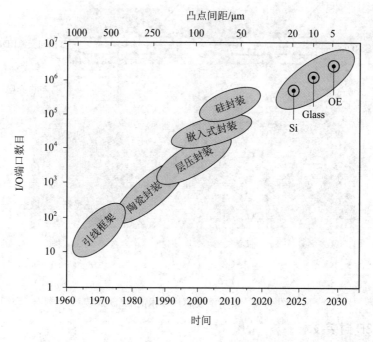

图 11-6 封装摩尔定律

封装摩尔定律的概念可以从 20 世纪 60 年代后期出现的双列直插式(DIP)封装形式开始。DIP 的 I/O 端口数小于 16，随后出现的外围四方扁平封装(QFP)的 I/O 端口数达到 64～304。在 80 和 90 年代，陶瓷封装的 I/O 端口数已经分别达到了 121 和 1000。但是这个时期的陶瓷封装有诸多限制，如厚膜粘贴技术中 100 μm 的线宽和过孔，限制了 I/O 端口数的继续增加。

此外，陶瓷的高介电常数和低电导率(共烧金属如 W，Mo 或 Ag-Pd)也限制了陶瓷封装的性能，虽然后期出现的 LTCC 技术部分地解决了这些限制，特别是在顶部制作了类似于重布线层(Redistribution Layer，RDL)的薄膜布线。这些局限性促进了有机层压封装的发展，包括薄膜材料积层及工艺技术，可以使 I/O 端口数超过 5000。当前，大幅提高 I/O 端口数的唯一办法是基于晶圆的硅封装，其 I/O 端口可达到 200 000 个。

2010 年后出现了两种封装形式：硅封装(Silicon Package)及嵌入式封装(Embedded Package)。

硅封装是最先进的多芯片封装，延续了 IBM 在 20 世纪 90 年代的 "100-chip" 的多芯片陶瓷封装的概念，沿用了同样的功率分配、信号传输、芯片背面散热、倒装芯片组装技术。除此之外，还新开发了两个关键技术：硅通孔(TSV)和 RDLs。博世(Bosch)在高带宽存储产品中的 TSV 制造工艺将 TSV 与硅中介层的整合度提升到了相当成熟的水平。RDLs 是后段制程 BEOL(Back End of Line)工艺前身的重组；与有机封装或陶瓷封装相比，BEOL 的制造设备是 Si 中介层能实现高 I/O 端口数的重要因素。下面介绍下先进封装技术。

1. 采用倒装芯片技术的 2.5D 封装

如图 11-7 所示，采用倒装芯片技术的 2.5D 封装搭配硅通孔技术，使 2 个芯片通过焊点连接硅中介层，芯片与芯片之间通过硅中介层产生互连并通过 TSV 连接到基板。

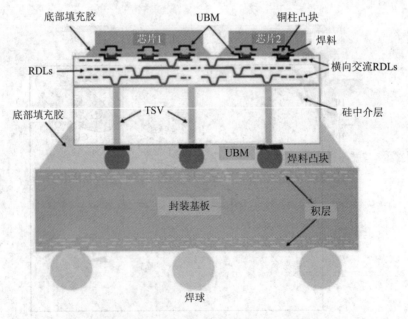

图 11-7 采用倒装芯片技术的 2.5D 封装

2. 新型 3D 封装技术

图 11-8 所示为新型 3D 封装。为了减少信号损失，提高集成密度，采用新型叠层

FLASH/DDR 芯片。新型 3D 封装搭配 TSV 技术，堆叠的多层芯片通过 TSV 连接起来。

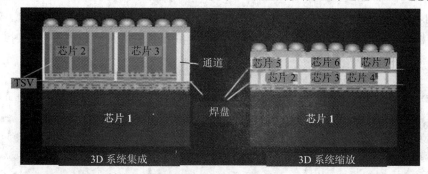

图 11-8　新型 3D 封装

3. EMIB 技术

如图 11-9 所示，英特尔研发的嵌入式多芯片互连桥(Embedded Multi-die Interconnect Bridge，EMIB)作为硅中介层的替代方案，只需一块很小的硅片和布线层，即可实现 3D 芯片互连。与插入一整块硅中介层相比，EMIB 占用的硅面积要小得多，也没有像硅中介层这样的尺寸限制，人们可以在基材上放置任意数量的 EMIB。这种方法使芯片架构能够灵活地搭配设计新产品。

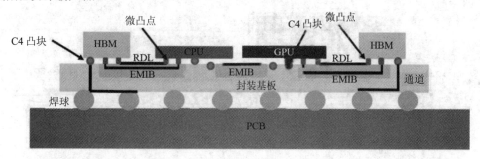

图 11-9　含 EMIB 的 3D 封装

如图 11-10 所示，EMIB 属于有基板类封装，因为 EMIB 也没有 TSV，因此也被划分到基于水平方向延伸的先进封装技术。EMIB 理念跟基于硅中介层的 2.5D 封装类似，是通过硅片进行局部高密度互连。由于无 TSV，因此 EMIB 技术具有高的封装合格率、无需额外工艺和设计简单等优点。嵌入式封装意味着芯片是嵌入/埋入到封装体或板内，且嵌入的 IC 之间的互连可通过晶圆 BEOL 工具或封装工具来实现。

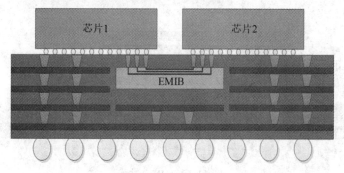

图 11-10　EMIB 技术

4．CoWoS 技术

图 11-11 所示为台积电推出的 CoWoS(Chip on Wafer on Substrate)封装技术。芯片封装到硅转接板(硅中介层)上，利用硅转接板上的高密度布线进行互连，再安装在封装基板上。

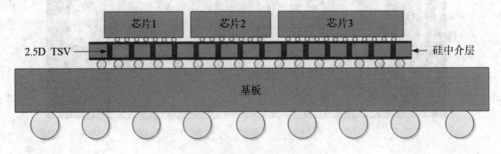

图 11-11　CoWoS 封装技术

5．HBM 技术

图 11-12 所示为应用于高端显卡的高带宽内存(High-Bandwidth Memory，HBM)技术。HBM 技术利用 3D TSV 把多块内存芯片堆叠在一起，利用 2.5D TSV 技术把堆叠内存芯片和 GPU 在载体上实现互连。

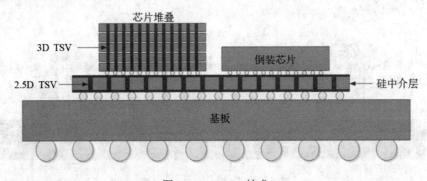

图 11-12　HBM 技术

6．MC 技术

图 11-13 所示为美光公司推出的混合存储立方体 (Hybrid Memory Cube，HMC)技术。HMC 技术利用堆叠 DRAM 芯片实现更大内存带宽，通过 3D TSV 集成技术，把内存控制器(Memory Controller)集成到 DRAM 堆叠封装里。HMC 技术主要应用在高端服务器市场和多处理器架构。

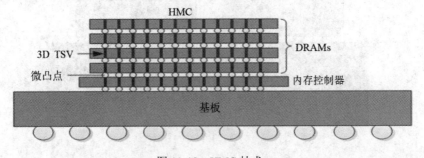

图 11-13　HMC 技术

7．Wide-IO 技术

图 11-14 所示为三星研制的宽带输入输出(Wide Input Output，Wide-IO)技术，主要应用在智慧型手机、平板电脑、掌上型游戏机等低功耗移动设备。Wide-IO 宽带输入输出技术将 Wide-IO 存储芯片堆叠在逻辑芯片上，利用 3D TSV 和逻辑芯片及基板相连接。内存接口位为 512 bit，内存接口频率为 1GHz，内存带宽为 68 GB/s，是 DDR4 接口带宽(34 GB/s)的两倍。Wide-IO 技术具备 TSV 架构垂直堆叠封装优势，可制成兼具速度、容量与功率特性的移动存储器。

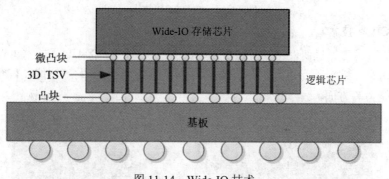

图 11-14　Wide-IO 技术

8．Foveros 3D 封装技术

图 11-15 所示为 3D 面对面异构集成芯片堆叠的 Foveros 3D 封装技术。EMIB 与 Foveros 3D 封装的区别在于前者是 2D 封装技术，而后者则是 3D 堆叠封装技术，与 2D 的 EMIB 封装方式相比，Foveros 3D 封装更适用于小尺寸产品或对内存带宽要求更高的产品。

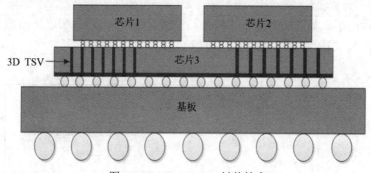

图 11-15　Foveros 3D 封装技术

EMIB 和 Foveros 3D 封装在芯片性能、功能方面的差异不大，都是将不同规格、不同功能的芯片集成在一起来发挥不同的作用。在体积、功耗等方面，Foveros 3D 封装的优势就显现了出来。Foveros 3D 封装每比特传输的数据的功率非常低，Foveros 3D 封装技术是焊点间距小、密度大以及芯片堆叠的技术。

9．Co-EMIB 技术

图 11-16 所示为 Co-EMIB 技术，也称为 EMIB+Foveros 技术。EMIB 主要是负责横向连接，不同内核的芯片像拼图一样拼接起来；Foveros 是纵向连接，就好像盖高楼一样，每层楼都可以有完全不同的设计，比如说一层为健身房，二层当写字楼，三层作公寓。

Co-EMIB 即考虑了横向连接，也兼顾了纵向连接。

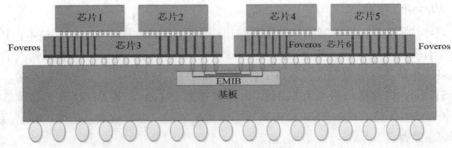

图 11-16　Co-EMIB 技术

10. X-Cube 技术

图 11-17 所示为三星研制的 X-Cube(Xtended-Cube)技术。X-Cube 技术可在较小的空间中容纳更多内存，缩短单元之间的信号距离，主要应用在 5G、人工智能、可穿戴、移动设备、高计算能力等方面。

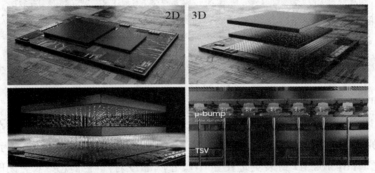

图 11-17　X-Cube 技术

图 11-18 示出了从晶圆级封装(WLP)、芯片级封装(CSP)到晶圆级扇出型封装(WLFO，如 eWLB、InFO)、面板级封装(PLP)技术的 I/O 端口数演变进程。

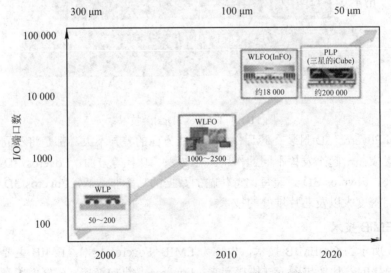

图 11-18　焊点尺寸间距随 I/O 端口数变化

WLFO 封装的 I/O 端口数和终端应用场合都在增长，但是也存在着一系列的技术限制，如裸片放置精度、裸片位置漂移、塑封化合物收缩、晶圆翘曲、大尺寸封装的板级可靠性、多芯片的可修复性、散热、大于 15 mm 尺寸封装的高成本等。面板扇出(Panel-Fanout)技术的开发就是为了在有机、无机层压板的层面上解决上述部分技术限制，比如佐治亚理工学院推出的玻璃面板嵌入(Glass Panel Embedding，GPE)技术及三星的 iCube 技术。

11.3 微系统的概念

如图 11-19 所示，美国 DARPA 的微系统办公室(MTO)定义微系统技术为将微电子器件、光电子器件和 MEMS 器件融合集成在一起，开发芯片级集成微系统的新技术。如图 11-20 所示，芯片级集成微系统的主要特点是异类器件通过三维集成途径，形成芯片级高性能微小型电子系统。它比目前的 SoC、SiP、MEMS 以及各种三维集成的混合集成电路、功能模块具有更高的集成水平和更强的功能。

微系统办公室(Microsystems Technologh Office)
微电子器件、光电子器件、MEMS器件

E.P.M芯片级集成技术

图 11-19 微系统技术

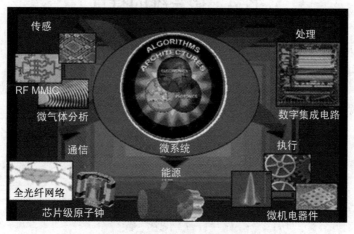

图 11-20 集成微系统

微系统技术从微观角度出发，通过集成各种先进技术，以期实现功能突破。微系统包括微电子、光电子、MEMS、架构(Architectures)、算法(Algorithms)五方面的集成。微电子、光电子和 MEMS 器件是微系统的核心硬件，而架构和算法是构筑微系统的宏观基础。

欧洲定义微系统技术为，两类以上技术的微集成。MEMS 是微系统的可动器件或可动模块，通过 MEMS 与微电子的结合，来实现性能的改善和新功能的增加。

如图 11-21 所示，微系统区别于微电子产品的最主要特征是"能看、能动"，即不但拥有计算、存储模块，还新增感知与执行模块(MEMS)，而且计算与存储模块的性能得到显著提升。

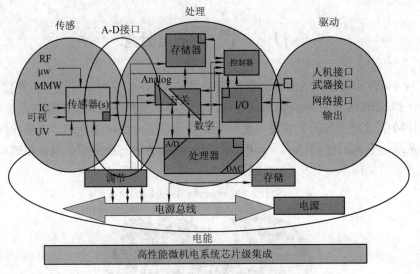

图 11-21　微系统开发平台

集成微系统可以在一个三维集成的芯片级微结构内，综合集成微电子器件(包括数字、模拟、混合信号集成)、光电子/光子器件和 MEMS 器件等各类器件的芯片，具有多种传感器互相补充的探测能力，可完成复杂信号海量数据的传输、存储和实时处理，并能有效地通过网络和人机界面实现对系统的控制与指挥。

11.4　微系统的特点

微系统具有以下特点：

(1) 更高性价比，更快计算速度。

如图 11-22 和图 11-23 所示，随着系统复杂度的不断提升，开发周期和制造成本迅速增长。采用 SiP 或 3D 封装，开发复杂的电子系统更快捷有效、更经济合算。

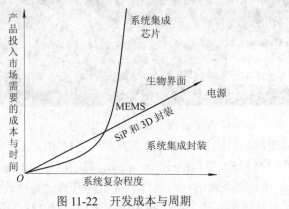

图 11-22　开发成本与周期

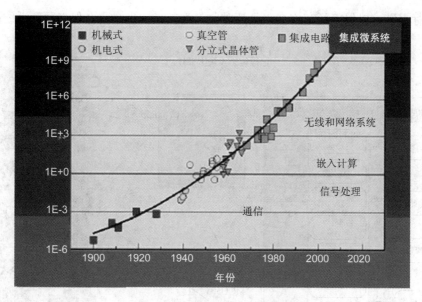

图 11-23　微系统计算速度发展

（2）集成更多功能。

自摩尔定律首次预测硅片上晶体管的数量约每 18 个月翻一番以来，高集成度一直都是 IC 人员追求的目标。然而随着晶体管的密度增加，开发所需相应生产工艺的成本也随之增加，CMOS 技术成为最昂贵的技术，尺寸与经济的平衡点即被打破。

图 11-24 所示为后摩尔定律。后摩尔定律的核心是"功能集成"。按照后摩尔定律，微系统不必一味追求"特征尺寸的缩小"，而是以"功能集成"为新的发展方向。

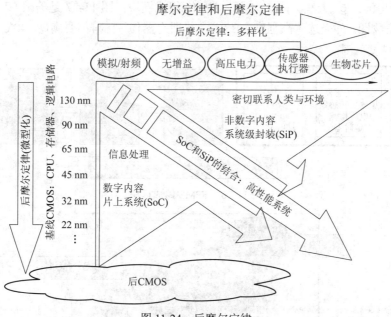

图 11-24　后摩尔定律

图 11-25 所示是飞思卡尔公司研制的 TPMS(胎压测试系统)模块示意图。TPMS 出现于 20 世纪 80 年代后期，主要用在汽车行驶时实时对轮胎气压进行自动监测，对轮胎漏气和

低气压进行报警,以保障行车安全,是驾驶员、乘车人的生命安全保障预警系统。

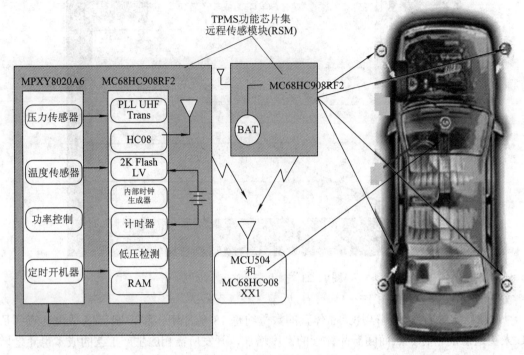

图 11-25   TPMS 模块示意图

TPMS 的轮胎气压监测模块由五个部分组成:① 具有压力、温度、加速度、电压检测和后信号处理 ASIC 芯片组合的智能传感器 SoC;② 4~8 位单片机(MCU);③ RF 发射芯片;④ 锂亚电池;⑤ 天线。图 11-26 是 TPMS 组成模块,图 11-27 是美国 GE 公司研制的 TPMS 成品实物图。外壳选用高强度 ABS 塑料。所有器件、材料都要满足 −40℃到 +125℃的汽车级使用温度范围。

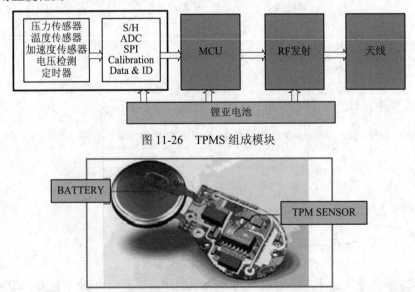

图 11-26   TPMS 组成模块

图 11-27   TPMS 成品实物图

(3) 更小尺寸。

微系统集成的目标是电子系统装备的集成尺寸实现类似摩尔定律的减小规律。如图 11-28 所示的芯片原子钟，尺寸从 230 cm³ 缩小到 1 cm³，减小了 95.65%；功耗从 10 W 减小到 30 mW，降低了 99.7%；精度高达 1 微秒/天。图 11-29 所示导航微陀螺，质量从 1587.5 g 减小到 10 g，尺寸从 15 cm×8 cm×5 cm 减小到 2 cm×2 cm×0.5 cm，功耗从 35 W 减小到约 1 mW。

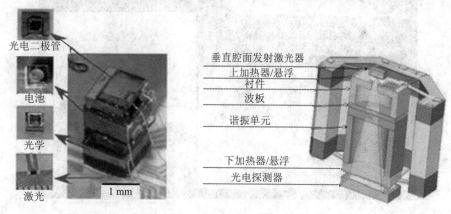

图 11-28　芯片原子钟

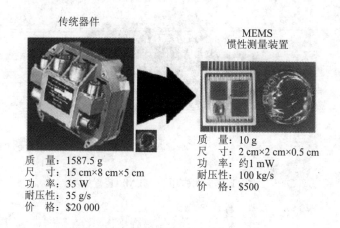

图 11-29　导航微陀螺

(4) 昆虫 MEMS。

如图 11-30 所示，在昆虫早期变态阶段(例如蛾蛹期)，把 MEMS 植入昆虫体内，开发机械-昆虫紧密耦合技术。昆虫内部的 MEMS 系统，通过 GPS、射频、光、超声信号等无线控制方式获取信息，从而可以控制昆虫运动。用植入昆虫的微系统，使昆虫依靠机械装置延续生命，并通过携带的传感器(如麦克风或气体传感器)，实现信息反馈。

2010 年 1 月美国加州大学伯克利分校的研究人员做了一个演示。他们将 6 个神经电极刺入犀牛甲虫的蛹中，当犀牛甲虫成熟后，神经电极就能接收电信号。实验人员通过无线电，遥控犀牛甲虫进行起飞、着陆，向前、向后飞行，向左、向右转弯。鉴于微型控制板和电池的总质量为 1.3 克，而犀牛甲虫能够携带大约 3 克的物体飞行，如图 11-31 所示，因此，犀牛甲虫还有很大的空间，可再携带微型传感器、摄像头或者麦克风等装置。

图 11-30　昆虫 MEMS

图 11-31　犀牛甲虫 MEMS 装置

11.5　微系统的关键问题

微系统发展面临如下关键问题：

1. 总体规划与综合设计

芯片级集成微系统的研制与应用涉及使用、开发、设计、制造等方面的密切配合。发展芯片级集成微系统，首先要做好顶层设计和总体规划。

2. 芯片级微系统三维结构异构集成

如图 11-32 所示，微系统包含 SiP、SoC、MEMS 等高性能的芯片，整个系统结构包括器件层、互连层、隔离层、层间互连通孔、散热通孔和引出压点等部分。器件层包含数字电路、模拟电路和各种可重构的电路，可以是微电子、光电子和 MEMS 器件。实现各种芯片、电路的异构集成，是微系统成败的关键。

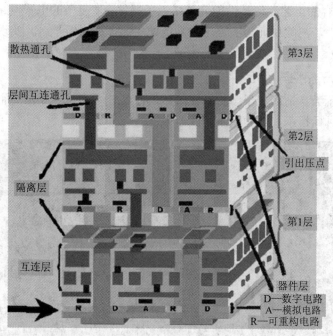

图 11-32　微系统三维结构

3. 异类器件接口及工艺兼容

采用正确的工艺和先进的功能材料，加工具有不同类型的器件、电路，以保证微系统具有优异性能和可靠性，进而完成各种复杂的集成功能。

4. 光互连技术

如图 11-33 所示，芯片级集成微系统结构的内部如何采用光互连技术，以改善结构内部的电磁环境，从而降低电磁信号的互相影响，提高系统处理数据、传递信号的能力，这也是微系统必须考虑的。

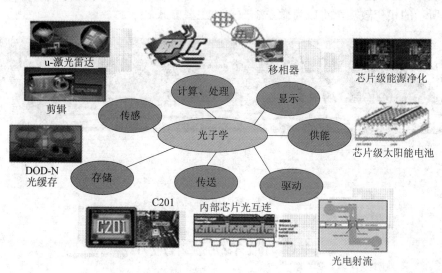

图 11-33　芯片级集成微系统结构内部光互连技术

用 CMOS 兼容的工艺制造高性能硅纳米光子器件，使复杂的电子电路和光子回路集成在单一的硅芯片上，消除目前为实现这种功能使用的多种材料平台，实现光子和电子之间无缝接合。

5. 自适应光子相控阵单元

图 11-34 所示为自适应光子锁相单元(简称 APPLE)，可应用于激光雷达、激光通信、激光对抗、激光目标指示和高功率激光武器系统。

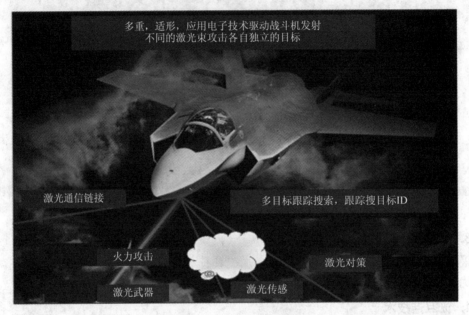

图 11-34   自适应光子锁相单元

6. 高效散热技术

针对微系统多功能集成，如何快速散去大量热量是微系统研究人员必须面对的问题。图 11-35 所示的相变散热，将成为微系统散热的主要方式之一。

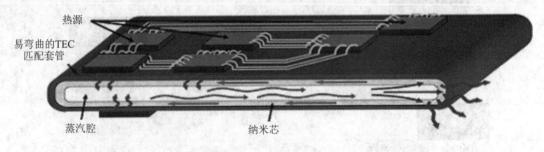

图 11-35   相变散热

11.6   微系统技术应用

随着微系统技术不断发展，其应用领域也在不断扩展。微系统技术在导弹、雷达、通信和医疗等领域应用日益广泛，并产生了显著的效益。

1. 导弹武器系统上的应用

导弹武器系统采用系统级封装或片上系统技术实现了功能整合，其信息传输长度大大缩减，延迟显著降低，对付高速高机动目标具有重要的意义。这些采用了微系统技术的小型化武器都能实施机动、精确打击，并能缩小杀伤范围，降低战场附带损伤。

美欧日等国家处在微系统技术发展的前沿，在导弹武器系统研制上已大量采用微系统技术，尤其在小型化导弹方面。典型的有美国的"长钉"微型导弹，它采用激光制导，是一种可装备无人机的新一代多兵种、多平台超小型导弹，具有"发射后不管"的特点，弹径为 56 mm、发射质量仅 2.4 kg、最大射程为 3.2 km，如图 11-36 所示。

图 11-36 "长钉"微型导弹

如图 11-37 所示，英国泰勒斯公司的轻型多用途导弹(LMM)，以两级固体火箭发动机为推进系统，采用 INS/GPS 导航，其发射质量为 13 kg、最大射程达 8 km，用以打击海陆空多种目标。

图 11-37 无人机模型装备的 LMM 导弹

如图 11-38 所示，美国洛马公司的激光制导子弹，弹径仅为 12.7 mm，弹长仅 10.16 cm，适合于普通点 50 口径的枪族武器，且飞行时能自动调整方向，像微型导弹一样能集中瞄准 1.6 km 以外的目标。

图 11-38   激光制导子弹

如图 11-39 所示，QN-202 微型导弹由中国高德红外有限公司研制，于 2018 年在珠海航空航天展展出，其长度只有 60 cm，弹口直径有 6～8 cm，射程为 2 km，质量约 1.2 kg，采用红外成像制导系统，能自动搜索和跟踪目标，实现"发射后不管"。这个单兵便携式导弹发射系统由一个 7.5 kg 的背包和导弹发射器组成，背包一般可以装载 6 枚导弹。

图 11-39   QN-202 微型导弹

2. 雷达应用

美国的 F-15、F-16 战斗机的相控阵雷达中都用到 MMIC。MMIC 还在精确制导等灵巧武器和军事通信中得到广泛应用，其优越性在海湾战争中得以体现。

美国 DARPA(美国国防高级研究计划局)的"用于雷达上可重构收发机的扩展型毫米波体系架构"和"三维微电磁射频系统"两个项目，主要研究了微系统器件的 3D 层叠架构和 3D 加工技术。

目前，雷达系统中的有源电路、天线、滤波器等部件已利用 SoC 和 SoP 技术来实现。对于体积较小的部件或雷达系统，通过 3D 微加工实现一体化成型已是未来发展趋势。

美国军方已将 GaN 器件应用于新的雷达系统。军工企业如雷声公司、洛克希德·马丁公司等，都在将现有雷达系统中的 GaAs 器件更换成 GaN 器件。美国新一代"空间监视系统"采用了 GaN 器件。"阿利·伯克"级驱逐舰上的雷达系统主要 T/R 组件采用 GaN 替代 GaAs，功率密度、耐压和耐电流特性及热传导效率都有极大提升。

3. 通信应用

日本 NEC 公司在卫星微波通信系统中采用 MCM-LTCC 技术，大大缩小了卫星微波通信系统收发组件的尺寸，体积仅为传统 SMT 组件的 1/10～1/20。

日本几家通信公司和日本国家信息与通信技术研究所联合研发出世界首个 300 GHz 太赫兹无线通信紧凑型收发器。磷化铟(InP)基高电子迁移率晶体管(HEMT)的使用与单片集成技术，在这套微系统中发挥了至关重要的作用。

4. 医疗应用

如图 11-40 所示，针对数字助听器等医疗器件中的几个关键部件，已有企业采用微系统技术中裸芯片 3D 堆叠封装工艺，使医疗器件主体部分体积大大缩小。

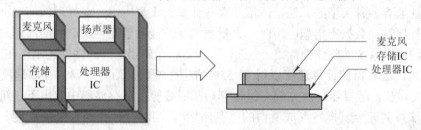

图 11-40　3D 堆叠封装助听器

5. 电子战应用

美国战略与国际研究中心发布《国防 2045：为国防政策制定者评估未来的安全环境及影响》报告，该报告提出了先进计算技术/人工智能、3D 打印、合成生物学与性能增强、机器人、纳米技术与材料科学五大颠覆性技术。

为了应对复杂多变的电磁环境干扰，美国海军已启动"下一代干扰机(NGJ)研发计划"，他们将采用 GaN 组件有源电扫阵列天线，大幅提高发射功率和抗干扰效果，该无线可与 EA-18G 电子战飞机的机载电子设备实现无缝集成，提高美国海军的全频谱抗干扰能力。

多功能芯片和多功能基板等微系统集成，已应用于实际的电子战接收机架构中。

6. 其他应用

在汽车领域，已使用微系统中的 MEMS 压力传感器对燃油压力、轮胎压力、气囊压力以及管道压力进行测量；在生物医学领域，微系统技术已用于诊断系统及检测系统；在工业领域，微系统用于提高精度、功耗和可靠度这三个指标；在消费电子领域，微系统更是无处不在，小型无人机、运动手表、智能穿戴设备等皆是微系统，能实现系统的运动/坠落检测、导航数据补偿、游戏/人机界面交互等功能。

11.7　冯·诺伊曼架构的局限性

超大规模集成电路生产制造技术经过几十年的迅猛发展，已经成为支撑信息化社会不断发展演进的支柱。在信息系统中广泛应用的各类芯片常依赖于 IC 工艺制程的升级以实现其性能提升和功耗优化。目前，IC 制造可量产工艺已达到 7 nm，并向 5 nm 及 3 nm 推进。

然而，随着 IC 工艺制程的复杂度急剧攀升，相应的流片成本也在急剧增加，7 nm 工艺单次全掩模流片甚至超过 10 亿元人民币，这对多领域芯片的设计实现带来巨大挑战。相比于技术节点 90 nm，3 nm 的投资成本增加了 35～40 倍，仅英特尔(Intel)、三星(Samsung)和台积电(TSMC)3 家企业有能力跟随，并继续在该赛道上竞争。到 2018 年，摩尔定律预测的芯片上集成晶体管的数目大约是芯片实际集成数目的 15 倍。

同时，随着近年来移动互联网、云计算、物联网、人工智能等技术的快速发展，我们正全面步入大数据时代。随着应用数据处理需求的激增，在传统冯·诺依曼(John von Neumann)体系结构中，处理器到主存之间的总线数据传输逐渐成为瓶颈。传统的计算机结构是基于冯·诺伊曼架构的，如图 11-41 所示，由运算器、控制器、存储器以及输入输出设备组成，各个模块之间通过总线互连。这种架构逻辑清晰、结构简单、功能完备、以计算为主，能兼容各种类型的算法，适用于那些计算密集型应用。在处理像深度神经网络、图像处理程序这类数据密集型应用时，大量数据在总线频繁迁移所产生的高延时和大功耗会严重制约整个系统的整体性能。一方面，运算器和存储器之间的性能差距正在逐步拉大。近几十年来，运算器的计算速度以每年 55%的速度增长，而存储器的存取速度则以每年 10%的速度增长。运算器每次完成一组计算后都需要等待从存储器中取出下一组数据，运算性能无法得到充分发挥，形成所谓的"存储墙"。同时，数据的有限带宽进一步限制了系统性能。如图 11-41 所示，CPU 运行速率为 92 TB/s，而存储速率和总线传输速率分别为 1 TB/s 和 167 GB/s，存储速率和总线传输速率严重制约了系统速度。另一方面，频繁的数据迁移还会带来严重的功耗问题。例如，在进行一次 32 位加法运算时，数据运算仅需要 0.2 pJ，而搬运数据的功耗是 42 pJ，这是运算功耗的两百多倍，大部分能量都被用于搬运数据，造成了"功耗墙"问题。在电子信息领域，"存储墙"与"功耗墙"共同造成了冯·诺伊曼瓶颈。

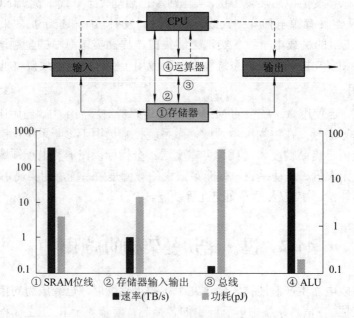

图 11-41   冯·诺伊曼架构

为了解决上述两个问题，延缓摩尔定律以及解决存储墙和功耗墙问题，新的技术亟待提出。近年来兴起的 Chiplet 异构集成技术能够有效解决或延缓上述两个问题。Chiplet 异构集成微系统满足了当今电子系统小型化、高集成、高性能的迫切需求，并且伴随着功能密度的不断提升能够持续为微电子技术的发展注入新的活力。在高性能、计算飞速发展的今天，各行业对高性能信息处理、数据运算的需求快速增长，信息处理也成为了当前 Chiplet 异构集成微系统应用最广泛、发展最迅速的领域之一。

11.8　Chiplet 技术

从基尔比开始，人类就致力于在硅片上制作出电路所需要的所有器件，在摩尔定律的推动下，集成在硅片上的器件数量以指数方式增长。今天，在一平方毫米的硅片上可集成的器件数量轻松超过一亿，主流芯片都集成了百亿量级的晶体管。

同构集成技术的发展已经如此成熟，同样不可避免地会经历走向终结的过程，在同构集成逐渐成熟并难以再持续发展的过程中，人类必须寻找一种新的集成方式，这就是异构集成。Chiplet 是异构集成中的一个重点概念。

11.8.1　Chiplet 技术的概念

Chiplet 意为小芯片或称芯粒，就是将现有的大芯片切割成小芯片，然后再进行集成。如图 11-42 所示，除了大芯片切割为 Chiplet 之外，芯片上的器件数量也不再以指数方式增长。

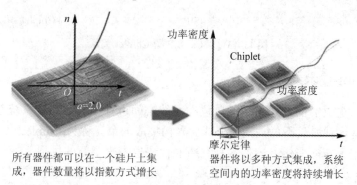

所有器件都可以在一个硅片上集成，器件数量将以指数方式增长　器件将以多种方式集成，系统空间内的功率密度将持续增长

图 11-42　摩尔定律走向 Chiplet

首先将复杂功能进行分解，然后开发出多种具有单一特定功能、可进行模块化组装的"小芯片"(Chiplet)，如实现数据存储、计算、信号处理、数据流管理等功能，并以此为基础，建立一个"小芯片"的集成系统。

简单来说，Chiplet 技术就是像搭积木一样，把一些预先生产好的实现特定功能的裸芯片通过先进的集成技术封装在一起形成一个系统级芯片，而这些基本的裸芯片就是 Chiplet。Chiplet 可以使用更可靠和更便宜的技术制造。较小的硅片本身不太容易产生制造缺陷。Chiplet 也不需要采用同样的工艺，不同工艺生产制造的 Chiplet 可以通过 SiP 技术有机地结合在一起。

基于 Chiplet 的异构集成技术作为一种可以延续摩尔定律以及缓解存储墙和功耗墙的解决方案受到半导体产业的关注。该技术将传统的系统级芯片划分为多个单功能或多功能组合的"芯粒"，然后在一个封装内通过基板互连成为一个完整的复杂功能芯片。

Chiplet 异构集成封装技术中，多个 Chiplet 通过基板进行互连组成一个芯片系统，常用的基板包括硅基板和有机基板等，其采用的封装技术即为高性能封装技术。高性能封装作为一种前沿的封装技术，其主要特点为 I/O 的高密度($\geqslant$16/mm^2)和细间距($\leqslant$130 μm)。其典型的代表为高速专用集成电路(application specific integrated circuit，ASIC)处理芯片和大约 4000 个端口的高带宽存储器(high bandwidth memory，HBM)的超高密度连接，该异构芯片集成封装技术将芯片的整体性能推向极致。

单片 SoC 技术产品的面积很大，复杂程度很高，研制的时间也比较长，而且容易出现缺陷。SiP 则将产品分成几块，做成不同的芯片，然后在封装体内集成。Chiplet 比 SiP 更进了一步，将单片的芯片面积分成更小的几块，把每个 IP 都做成小芯片，然后再把它们集成在封装体内。

如图 11-43 所示，Chiplet 可以把每个 IP(SiP 里面有很多 IP)都做成一个小芯片，然后再集成。

SoC   SiP   Chiplet

图 11-43   SoC、SiP 与 Chiplet 关系

11.8.2   Chiplet 技术的特点

异构集成以更灵活的方式让功能单位在系统空间进行集成，并让系统空间的功能密度持续增长，只是这种增长不再是指数方式。异构集成的单元称为 Chiplet，Chiplet 技术给集成电路产业带来了新的变化，该技术既有新的优势也带来了新的挑战。

1. IP 芯片化

如图 11-44 所示，当 IP 硬核以硅片的形式存在时，就变成了 Chiplet。SiP 中的 Chiplet 对应于 SoC 中的 IP 硬核。Chiplet 是一种新的 IP 重用模式，即硅片级别的 IP 重用。

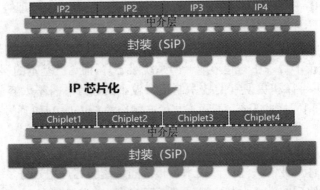

图 11-44   IP 芯片化

设计一个 SoC 系统级芯片，以前的方法是从不同的 IP 供应商处购买一些 IP(软核、固核或硬核)，结合自己研发的模块，集成为一个 SoC，然后在某个芯片工艺节点上完成芯片设计和生产。Chiplet 出现以后，对于某些 IP，就不需要自己设计和生产了，而只需要买别人实现好的硅片，然后在一个封装体里集成起来，形成一个 SiP。Chiplet 可以看成一种硬核形式的 IP，但它是以芯片的形式提供的，因此称为 IP 芯片化。

2. 集成异构化

在半导体集成中，Heterogeneous 是异构异质的含义，可分为异构(HeteroStructure)和异质(HeteroMaterial)两个层次的含义。异构集成(HeteroStructure Integration)主要指将多个不同工艺单独制造的芯片封装到一个封装内部，以增强功能和提高工作性能，可以对采用不同工艺、不同功能、不同制造商制造的组件进行封装。

如图 11-45 所示，将 7 nm、10 nm、28 nm、45 nm 的 Chiplet，通过异构集成技术封装在一起。采用异构集成技术，工程师可以像搭积木一样，在芯片库里将不同工艺的 Chiplet 组装在一起。

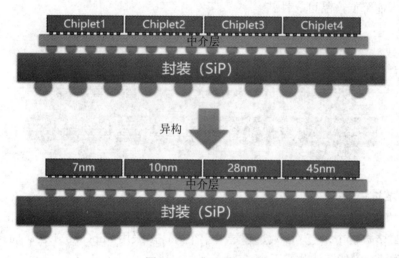

图 11-45　集成异构化

3. 集成异质化

近年来集成硅(CMOS 和 BiCMOS)射频技术已经在功率上取得巨大的进步，同时也将频率扩展到了 100 GHz 左右。然而还有众多应用只能使用像磷化铟(InP)和氮化镓(GaN)这样的化合物半导体才能实现。磷化铟能提供最大频率为 1 THz 的晶体管，具备高增益和高功率，被广泛应用于超高速混合信号电路。而氮化镓能使器件具备大带宽、高击穿电压以及高达 100 GHz 的输出功率。因此将不同材料的半导体集成为一体，即异质集成(HeteroMaterial Integration)，可生产尺寸小、经济性好、设计灵活性高、系统性能更佳的产品。

如图 11-46 所示，将 Si、GaN、SiC、InP 生产加工的 Chiplet，通过异质集成技术封装到一起，形成不同材料的半导体在同一款封装内协同工作的场景。在单个基板上横向集成不同材料的半导体器件(硅和化合物半导体)以及无源元件(包括滤波器和天线)等是 Chiplet 应用中比较常见的集成方式。

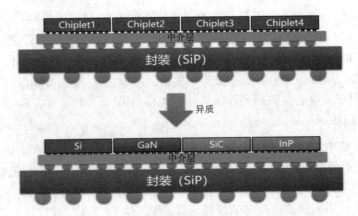

图 11-46   集成异质化

如图 11-47 所示，目前不同材料的多芯片集成主要采用横向平铺的方式在基板上集成，对于纵向堆叠集成，则倾向于堆叠中的芯片采用同种材质，从而避免了由于热膨胀系数等参数的不一致而降低产品可靠性。

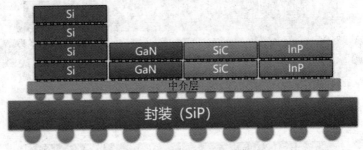

图 11-47   Chiplet 立体堆叠集成

4．I/O 增量化

在传统的封装设计中，I/O 数量一般控制在几百或者数千个，Bondwire 工艺一般支持的 I/O 数量最多数百个，当 I/O 数量超过一千个时，多采用 FlipChip 工艺。而在 Chiplet 设计中，I/O 数量有可能多达几十万个。

一块 PCB 的对外接口通常不超过几十个，一款封装对外的接口为几百个到数千个，而在芯片内部，晶体管之间的互连数量则可能多达数十亿到数百亿个。越往芯片内层深入，其互连的数量会急剧增大。Chiplet 是大芯片被切割成的小芯片，其间的互连自然不会少，一款 Chiplet 封装的硅转接板有超过一百万个的 TSV 和二百五十万个的互连，这在传统封装设计中是难以想象的。

由于 I/O 的增量化，Chiplet 的设计也对 EDA 软件提出了新的挑战，Chiplet 技术需要 EDA 工具从架构探索、芯片设计、物理及封装实现等提供全面支持，以在各个流程提供智能、优化的辅助，避免人为引入的问题和错误。

全球多个国家在 20 世纪末就开始了对异构集成微系统技术的研究。美国国防部先进研究计划局(DARPA)在微系统技术办公室基础上，针对专门进行微系统技术领域的前沿技术，于 2017 年启动"通用异构集成和 IP 复用策略"，即 CHIPS 项目。该项目致力于标准化物理接口，形成针对不同产品和应用可多次重复使用的复用组件，建立标准化 IP 模块(即功能性、可验证、模块化、可复用的物理 IP 模块)。组装系统以实现微系统的快速迭代设计，并由此衍生出芯粒(Chiplet)的概念。

11.8.3　Chiplet 的典型应用

随着摩尔定律的失效,以及冯·诺伊曼架构所带来的瓶颈,Chiplet 异构集成技术成为了此瓶颈的突破口,它涉及了 FPGA、CPU、GPU、HBM 等信号处理与存储等器件。开展 Chiplet 技术研究的企业包括 Samsung、SK Hynix、Xilinx、Intel、AMD、Fujitsu、Apple、华为、NVIDIA 等。

1. HBM

多核 CPU 芯片和 GPU(以及其他加速器)在延迟和带宽方面对内存系统提出了严格的要求。如果没有低延迟、高带宽的内存连接,这些处理引擎的性能潜力就无法完全释放,这就要求在封装内实现高通道数和短互连,HBM 动态存储设备已经成为满足上述需求的有力解决方案。HBM 高带宽内存由堆叠在基础芯片上的核心芯片组成,通过 TSV 技术实现互连,大幅提高了容量和数据传输速率,图 11-48 所示为 8 层堆叠的 HBM 架构图,基础芯片控制具有存储单元的核心芯片以及与控制器之间的接口。图 11-49 所示为 HBM 与 CPU 等处理器异构集成的典型方案图。与其他动态随机存取存储器(DRAM)解决方案相比,它以较小的外形提供更快的数据传输速率,功耗更低,总线范围更广。

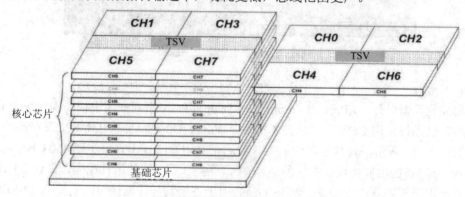

图 11-48　8 层堆叠的 HBM 架构图

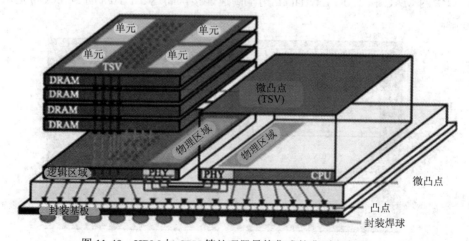

图 11-49　HBM 与 CPU 等处理器异构集成的典型方案图

2013 年 SK Hynix 利用 TSV 技术研发出业界首款 HBM。2015 年，AMD 在 Fury 系列显卡上首次实现 HBM 技术的商用。

2．FPGA

随着可编程技术的不断发展，FPGA 被广泛应用于信号处理类产品中，它也是异构集成的重点研究对象。Xilinx 开发了系统 FPGA 集成产品，如图 11-50 所示，Virtex7 HTF PGA 作为第一个异构集成产品，将增强型超级逻辑区域 SLR FPGA 与收发器集成在一个 Si 转接板上，具备提供不同比例的收发器与 FPGA 能力，可提供多达 16 个 28 Gb/s 收发器，将数字 FPGA 与收发器物理分离，实现了噪声隔离，以简化设计难度、降低成本。

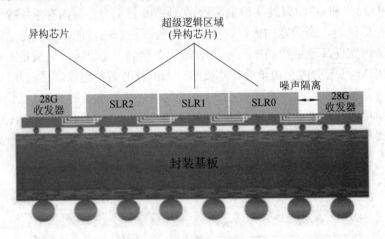

图 11-50　Virtex7 HT FPGA 架构

除集成收发器以外，Xilinx 将 16 nm UltraScale+FPGA 系列产品中相同构建块与 HBM 控制器与存储堆栈采用 CoWoS 封装技术实现了 Virtex UltraScale+HBM FPGA 产品的异构集成，如图 11-51 所示，其具有高达 16 GB 的高带宽内存(HBM)，可实现 460 GB/s 内存带宽，具有 7 pJ/bit 的极低功耗，扩展的 AXI 接口支持 3.7 Tb/s 的运行速度，高达 29 Mb 系统逻辑单元用于新兴算法和协议，PCIe Gen4 用于主控制和数据接口，支持 KR4-FEC 的 100G 以太网 MAC 和 150G Interlaken 用于高速连接，高达 3.1 Tb/s 的 Serdes 带宽用于高吞吐量系统。

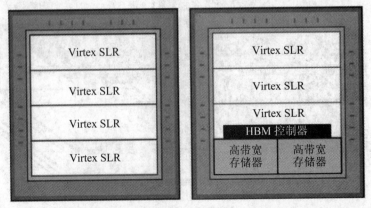

图 11-51　Virtex UltraScale+HBM FPGA 架构

如图 11-52 所示，Intel 的 Stratix 10 FPGA 系列产品采用 HyperFlexTM FPGA 架构，结合 EMIB 技术、高级接口总线 AIB 和不断壮大的 Chiplet 产品组合，解决了高带宽、低功耗、小尺寸、高性能以及高灵活性对产品需求的问题。如图 11-53 所示，该系列产品还支持可扩展的、友好 DFM 的集成，高效混合不同功能和制程节点，以实现所需要的多种微系统产品变体，可与模拟、内存、ASIC、CPU 以及不同工艺节点的收发器等实现异构集成。Stratix 10 FPGA 利用经过验证的收发器 IP，显著减少了验证时间，并加快了产品的上市时间。Chiplet 异构集成技术提供了一个可扩展的解决方案，能够支持 56 Gb/s PAM-4、PCIe Gen4 以及以太网收发器等。

图 11-52 Stratix 10 FPGA 构架

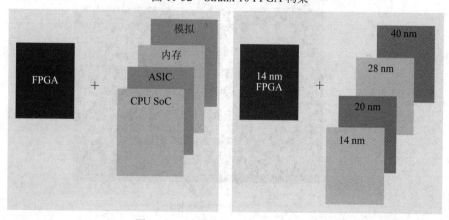

图 11-53 Stratix 10 FPGA 异构集成

3. 光子传输

除电气互连方式外，光子传输也已经用于微系统中。如图 11-54 所示，Ayar Labs 公司利用新发明的环形谐振器实现了光信号的"调制"与"解调"，研制了一款名为 TeraPHY 的具有 AIB 电接口和 O-DWDM 光接口的太比特速率的光学 PHY 芯粒。图中从左至右依次为 AIB 接口、数字胶合逻辑、光学宏单元和光学连接器。如图 11-55 所示，通过 EMIB 技术将 TeraPHY 芯粒与英特尔 Stratix10 FPGA 在同一封装内实现集成，其传输距离最高可达 2 km，能耗不超过 5 pJ/bit。

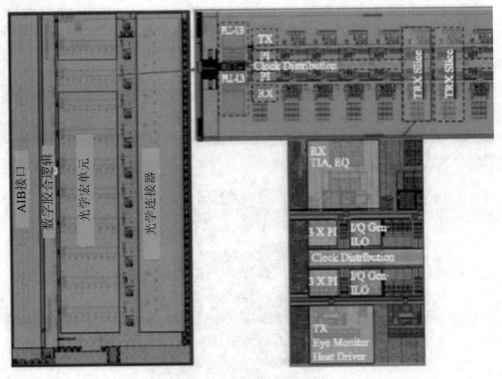

图 11-54 TeraPHY Chiplet 平面

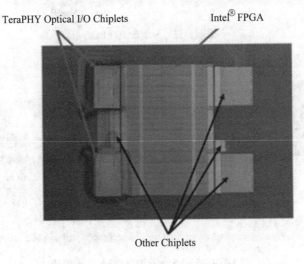

图 11-55 Tera PHY Chiplet 异构集成

4. CPU

如图 11-56 所示，Intel 基于先进 Foveros 3D 封装技术，开发了 Lakefield 产品。其整体尺寸只有 12 mm × 12 mm × 1 mm，产品结构从上到下依次为 PoP 封装的 LPDDR4X 内存、10 nm 工艺的运算芯片(CPU、GFx、显示引擎、IPU、缓存等)、22 nm 工艺的基底(I/O、安全模块、ISH 和 EClite 等)、封装基板。它采用混合 CPU 设计，一个 Sunny Cove 大核心搭配 4 个 Tremont 架构的小核心，前者倾向于性能，后者倾向于低功耗。

图 11-56 Lakefield 产品架构

如图 11-57 所示,Intel Kaby LakeG 系列产品是 Intel 首次将离散图形处理器与微处理器集成在同一封装中。该产品包含一个定制的离散 RadeonTM RX Vega M 图形处理器和 4 GB HBM2。HBM2 通过 EMIB 与图形处理器实现连接。CPU 本身通过 8 个 PCIe 通道与 GPU 互连,剩下 8 个通道供其他外设与 CPU 通信。

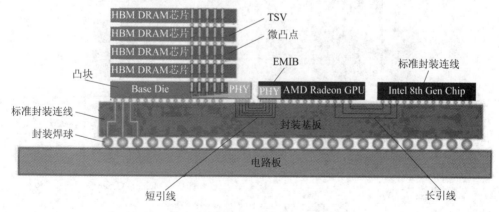

图 11-57 Kaby LakeG 产品架构

如图 11-58 所示,AMD 依次推出了 EPYC 7001 系列(代号为 Naples)、EPYC 7002 系列(代号为 Rome)、EPYC 7003 系列(代号为 Milan)处理器。为提高产量,EPYC 7001 系列将大型单片 SoC 划分成 4 个紧密耦合的 Chiplet,在有机基板上实现同构集成,该系列基于 Zen 架构,最高可达 32 核心、8 个内存通道、2 TB DDR4 内存容量和 128 条 PCIe 3.0 通道。EPYC 7002 系列由 2 组 4 个 7 nm Chiplet 放置在 14 nm I/O 裸芯片两侧,采用异构集成技术降低单位面积的裸芯片成本,该系列基于 Zen2 架构,最高可达 64 核心,8 个内存通道、4

TB DDR4 内存容量和支持 128 条 PCIe 4.0 通道。EPYC 7003 系列于 2021 年推出，采用 Zen3 架构，基本延续上一代的整体设计和布局，对微架构的改进使 IPC 提升了 19%，具有更高的效率，新增 4 和 6 通道内存配置选项等。

(a) EPYC 7001 系列   (b) EPYC 7002 系列   (c) EPYC 7003 系列

图 11-58   EPYC 系列架构

如图 11-59 所示，日本 Fujitsu 和 RIKEN 联合设计了基于 ARM v8.2-A 结构的通用处理器 A64FX，该处理器采用台积电 7 nm FinFET 工艺，以及 CoWoS 技术集成 HBM2 高带宽内存，具有可伸缩矢量扩展(SVE)配置。A64FX 具有 4 个被称为"核心内存组(CMG)"的 NUMA 节点，每个节点内具有 12 个计算核心、1 个共享 L2 缓存和 HBM2。此外，片上网络连接 CMG、PCIe 控制器和 TofuD 控制器。整个处理器在 2.0 GHz 频率下的双精度和单精度理论峰值性能分别为 3.072 TFLOPS 和 6.144 TFLOPS，每个 HBM2 的内存容量为 8 GB，内存带宽为 256 GB/s，所以内存总量为 32 GB，理论峰值内存带宽达到 1024 GB/s。DGEMM 的实际效率超过 90%，Stream Triad 基准测试的实际效率超过 80%。

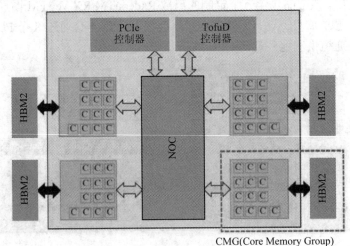

图 11-59   A64FX 处理器配置

5. 智能手机

智能手机行业也是 Chiplet 异构集成微系统技术的受益者，异构集成技术加速了小型化、协同设计模块化和性能提高。手机中的应用处理器通常采用最先进的技术节点，通过 PoP 封装技术与存储组件进行集成。图 11-60 为苹果 iPhone XS Max 采用的 Apple A12 处理器 PoP 封装结构。图 11-61 为三星 Galaxy S9+ 采用的 Samsung EXYNOS 9810 处理器 PoP 封装结构。图 11-62 为华为 P30 Pro 3 采用的 HiSiLicon Kirin 980 处理器 PoP 封装结构。

图 11-60 Apple A12 处理器 PoP 封装结构

图 11-61 Samsung EXYNOS 9810 处理器 PoP 封装结构

图 11-62 HiSiLicon Kirin 980 处理器 PoP 封装结构

6. GPU

NVIDIA 为加速并行计算，对 GPU 进行了优化，采用 Pascal 架构推出 GP100 芯片以及相应产品。GP100 面积为 610 mm^2，采用台积电 16nm FinFET 工艺，包含 6 个具有 10 个微处理器的图形处理核心、4 MB 的 L2 缓存和超过 14 MB 的寄存器文件。如图 11-63 所示，GP100 支持 4096 bit 的 HBM I/O，采用 CoWoS 封装技术将 GP100 与 4 个 HBM 相集成的结构图，整体封装尺寸为 55 mm × 55 mm。每个 HBM 由上到下分别为通过 TSV 堆叠的 4 个 DRAM 裸片和一个内存控制器。GPU 裸片与 HBM 的高度大致相同。

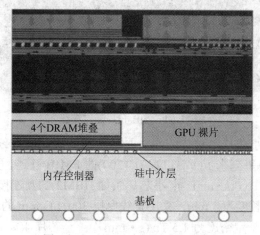

图 11-63 GP100 与 HBM 集成构成

11.8.4　Chiplet 的互连

Chiplet 异构集成技术一方面依赖于先进封装工艺的物理实现，另一方面也需攻克接口标准这关键技术难点。接口的设计一方面需要考虑与制造工艺和封装技术、系统集成和扩展相匹配，另一方面也要关注关键性能指标，这两者通常相互矛盾，如何处理两者之间的平衡问题是接口标准发展的巨大挑战。

1．Intel 的 AIB 技术

英特尔的高级接口总线 AIB 是一种类似于 DDR DRAM 接口的物理层并行互连标准，占据开放系统互连参考模型(OSI)七层中最低级别，其一侧连接 Chiplet AIB(高级接口总线)接口，一侧连接媒体访问控制器(MAC)，实现从 MAC 中获取数据传送到连接的 Chiplet，或者从连接的 Chiplet 接收信号传递给 MAC 的功能。

如图 11-64 所示，AIB 物理实现包含了小芯片边缘的接口电路、EMIB 的桥接硅片或有机基板互连线路，长度一般在数百微米到数毫米。为改进互连线的信号完整性和带宽，AIB 物理布局关注点在于微凸点交错排列在每一行中，并行信号在微凸点及互连线路长度上较短且大致相等，其他非 AIB 信号互连凸点不放置在 AIB 使用的任何区域内。EMIB 采用 4 层布线，其中 2 层输出信号、2 层屏蔽接地，这可降低信号传输串扰。基于线宽 2 μm 和线厚 2 μm 的布线，可支持布线密度每毫米 300 个 I/O 接口，5 mm 线长数据传输速率为 5 Gb/s；基于 0.5 μm 线宽和 0.5 μm 线厚的布线，可支持布线密度每毫米 1200 个 I/O，5 mm 线长数据传输速率小于 1 Gb/s。

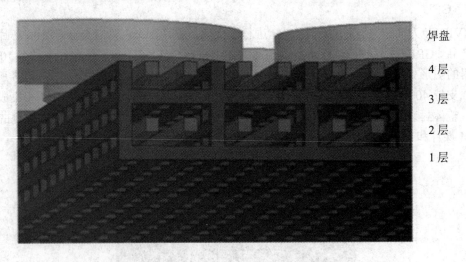

焊盘

4 层

3 层

2 层

1 层

图 11-64　AIB 布局互连布线

如图 11-65 所示，小芯片 1 和 2 的面对面互连接口 A 的互连线长度为 1.5 mm，采用窄线薄层 1200-I/O/mm(每毫米 I/O 端口数为 1200)的 EMIB 互连，实现数据传输速率约为 3 Gb/s，带宽密度为 3.6 Tb/(s·mm⁻¹)；小芯片 3(如 HBM2)的互连接口 B 不靠近芯片边缘，小芯片 2 和 3 的互连线长度为 3 mm，采用宽线厚层 300-I/O/mm 的 EMIB 互连，实现数据传输速率约为 5 Gb/s，带宽密度为 1.5 Tb/(s·mm⁻¹)；小芯片 4(如光电收发芯片)与小芯片 2(如 CPU)不能完全靠近，互连线长度为 25 mm，采用 40-I/O/mm 的 FCBGA 基板互连，实

现带宽密度为 1 Tb/(s • mm^{-1})。

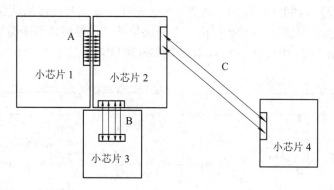

图 11-65　AIB 接口布局方案

2．台积电 LIPINCON 技术

LIPINCON 是台积电公司提出的一种用于 Chiplet 的高性能互连接口，通过使用先进的硅基互连封装技术(如 InFO 和 CoWoS)和定时补偿技术，LIPINCON 可以在没有 PLL/DLL 的情况下减少功耗和面积。LIPINCON 接口包含 2 种 PHY：PHYC 和 PHYM。PHYC 用于 SoC 模块，PHYM 用于内存模块和收发模块。图 11-66 所示为双 Chiplet CoWoS 转接板布局。4 个 4 GHz ARM Cortex -A72 处理器核在 7 nm CMOS 下实现双 Chiplet 处理器布局；2 个 Chiplet 通过使用 LIPINCON 并行接口的超短(0.5 mm)转接板通道，以相对较低的功耗进行通信，数据传输速率可达 8 Gb/s。

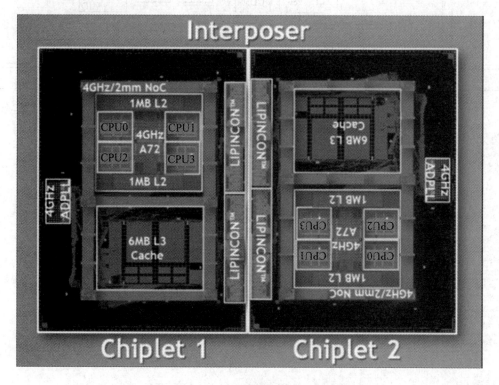

图 11-66　双 Chiplet CoWoS 转接板布局

　　图 11-67 所示为 LIPINCON 接口顶层架构，每个 Chiplet 包括两个 LIPINCON 通道。一个作为 CPU 下游通信到 L3 缓存的主通道，另一个作为反向数据流的从通道。每个通道由 20 个 TX 数据 DQ 位和 20 个 RX 数据位 4 个模块化子通道组成，两个通道可以独立操作，易于扩展。Chiplet 间 LIPINCON 接口以 0.56 pJ/bit 的能耗提供了 $1.6\ \text{Tb} \cdot \text{s}^{-1} \cdot \text{mm}^{-1}$ 的带宽密度。

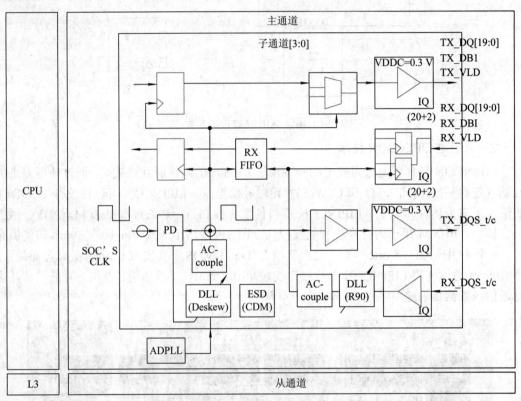

图 11-67　LIPINCON 接口顶层架构

参 考 文 献

[1] TUMMALA R R, RYMASZEWSKI E J, KLOPFENSTEIN A G. 微电子封装手册. 中国电子学会电子封装专业委员会，电子封装丛书编辑委员会，等译. 北京：电子工业出版社，2001.

[2] 林定皓. 电子封装技术与应用. 北京：科学出版社，2019.

[3] TUMMALA R R. 器件和系统封装技术与应用. 2 版. 李晨，王传声，杜云飞，等译. 北京：机械工业出版社，2021.

[4] 田文超. 电子封装、微机电与微系统. 西安：西安电子科技大学出版社，2012.

[5] 理查德 K U，威廉 B D. 高级电子封装. 李虹，张辉，郭志川，译. 北京：机械工业出版社，2010.

[6] 邱成军，曹姗姗，卜丹. 微机电系统(MEMS)工艺基础与应用. 哈尔滨：哈尔滨工业大学出版社，2016.

[7] 李科杰. 现代传感技术. 北京：电子工业出版社，2005.

[8] 孟光，张文明. 微机电系统动力学. 北京：科学出版社，2008.

[9] 徐泰然. MEMS 与微系统：设计、制造及纳尺度工程. 2 版. 北京：电子工业出版社，2017.

[10] 于博. MEMS 传感器应用日趋多元. 中国电子商情(基础电子)，2008，9：52-54.

[11] 李志宏. 微纳机电系统(MEMS/NEMS)前沿. 中国科学(信息科学)，2012，42(12)：1599-1615.

[12] 曾晓洋，黎明，李志宏，等. 微纳集成电路和新型混合集成技术. 中国科学(信息科学)，2016，46(8)：1108-1135.

[13] 刘宏新. 机电一体化技术. 北京：机械工业出版社，2015.

[14] 王培华，张子鹏. 精微视界：微系统技术、产业与专利. 北京：电子工业出版社，2018.

[15] 徐开先，钱正洪，张彤，等. 传感器实用技术. 北京：国防工业出版社，2016.

[16] 方震华，黄慧锋. 微电子机械系统(MEMS)技术在军用设备中的应用现状. 电子机械工程，2010，26(4)：1-4，13.

[17] 童志义. MEMS 封装技术及设备. 电子工业专用设备，2010，39(9)：1-8.

[18] 王喆垚. 三维集成技术. 北京：清华大学出版社，2014.

[19] 金玉丰，陈兢，缪旻. 微米纳米器件封装技术. 北京：国防工业出版社，2012.

[20] 袁永举，王静. MEMS 器件封装技术. 电子工业专用设备，2012，41(7)：6-8，18.

[21] 蒋庄德. MEMS 技术及应用. 北京：高等教育出版社，2018.

[22] 吴慧，段宝明，秦盼，等. 粘片工艺对 MEMS 器件应力的影响研究. 新技术新工艺，2016，6：46-51.

[23] 张为民，李怀侠. 中国军工电子工艺技术体系. 北京：电子工业出版社，2017.

[24] 黄传河，张文涛，刘丹丹，等. 传感器原理与应用. 北京：机械工业出版社，2015.

[25] 张冀，王晓霞，宋亚奇，等. 物联网技术与应用. 北京：清华大学出版社，2017.

[26] 曲学基，曲敬铠，于明扬. 电力电子元器件应用手册. 北京：电子工业出版社，2016.

[27] 赵正平. 典型 MEMS 和可穿戴传感技术的新发展. 微纳电子技术，2015，52(1)：1-13.

[28] 刘磊，展明浩，李苏苏，等. 基于 BCB 键合的 MEMS 加速度计圆片级封装工艺. 电子科技，2012，25(9)：9-12.

[29] 田文超. 微机电系统(MEMS)原理、设计与分析. 西安：西安电子科技大学出版社，2009.

[30] REBEIZ G M. RF MEMS 理论··设计·技术. 黄庆安，廖小平，译. 南京：东南大学出版社，2015.